LE TRIOMPHE DES GRAINES

THOR HANSON

LE TRIOMPHE DES GRAINES

Traduit de l'anglais (États-Unis)
par Cécile Leclère

BUCHET • CHASTEL
LA VERTE

Titre original : *The Triumph of Seeds, How Grains, Nuts, Kernels, Pulses, & Pips Conquered the Plant Kingdom and Shaped Human History*

Première édition : Basic Books, membre du groupe Perseus Books
Illustrations : Suzanne Olive, 2014

ISBN : 978-2-283-03003-5

À Eliza et Noah.

NOTE DE L'AUTEUR

Tout au long de ce livre, j'ai choisi de m'en tenir à la définition fonctionnelle des graines, admettant que dans certains cas la partie semblable à une graine, dans une plante, peut inclure des tissus dérivés du fruit (par exemple, la coque d'une noix). J'ai fait de mon mieux pour limiter au maximum le jargon botanique ou, le cas échéant, pour l'expliquer par le contexte, mais j'ai néanmoins compilé un court glossaire, en fin d'ouvrage. Suit une liste complète des plantes, toujours citées dans le texte par leur nom vernaculaire, avec leur nom latin et leur famille. Pour finir, j'encourage le lecteur à ne pas négliger les notes de bas de page, comptant toutes sortes d'anecdotes croustillantes qui ne trouvaient pas leur place dans le corps du texte, mais qui semblaient trop savoureuses pour être totalement oubliées.

SOMMAIRE

PARTIE IV
LES GRAINES SE DÉFENDENT

PARTIE V
LES GRAINES VOYAGENT

PRÉAMBULE

« REINE ! »

« Monsieur, je n'ai rien à répondre,
si ce n'est que je vous servirai
avec obéissance. »

Shakespeare,
Tout est bien qui finit bien (vers 1605)

Charles Darwin voyagea cinq années durant à bord du HMS *Beagle*, consacra huit années à l'anatomie des cirripèdes, et la majeure partie de sa vie d'adulte à réfléchir sur les implications de la sélection naturelle. Le célèbre moine naturaliste Gregor Mendel pollinisa à la main dix mille plants de pois au cours de huit printemps moraves, avant de coucher sur le papier ses réflexions sur l'hérédité. Dans les gorges d'Olduvai, en Tanzanie, il fallut à la famille Leakey deux générations, soit plusieurs dizaines d'années, pour découvrir grâce à ses fouilles dans la roche et le sable quelques fossiles essentiels. Dévoiler les mystères de l'évolution est une entreprise de longue haleine, imposant un nombre d'observations et de raisonnements minutieux qui suffiraient à remplir une carrière tout entière. Certaines histoires cependant paraissent assez évidentes, limpides dès le départ. Qui fréquente régulièrement des enfants devine aisément, par exemple, l'origine de la ponctuation : il y a fort à parier que tout commença par un point d'exclamation.

C'est une manière de s'exprimer qui vient naturellement à un petit enfant, pour traduire la surprise, l'exaspération, l'admiration... Une simple inflexion peut transformer n'importe quel mot en ordre – un cri insistant, joyeux accentué d'une réserve infinie de points d'exclamation. Quelles que soient les nuances du discours, de la prose, apportées par les virgules, les points, les points-virgules, elles se développent clairement plus tard. Le point d'exclamation est inné.

Mon fils Noah est, à ce titre, un bon exemple. Sa carrière verbale débuta par bon nombre de classiques tels que « Bouge ! » ou « Encore ! » et le toujours très populaire « Non ! » Mais ses premiers mots de vocabulaire reflétaient également un intérêt beaucoup plus inhabituel : Noah était obnubilé par les graines. Ni Eliza, ma femme, ni moi ne sommes capables de dire à quand remonte exactement sa passion – il en est ainsi depuis toujours, nous semble-t-il. Les minuscules mouchetures sur la peau des fraises, le pépin récupéré dans un jus d'orange pressée ou le fruit du cynorhodon cueilli dans les buissons sur le bas-côté de la route, toute graine que Noah croisait lui paraissait digne d'attention et de commentaires. À tel point que le fait de déterminer ce qui avait des graines et ce qui n'en avait pas fut pour lui l'une des premières manières d'organiser son univers. Pomme de pin ? Graines. Tomates ? Graines. Pomme, avocat, bagel au sésame ? Des graines partout. Raton laveur ? Pas de graine.

Ces conversations se produisaient si fréquemment chez nous que j'en vins tout naturellement à placer les graines sur ma liste de sujets de livre potentiels. Le ton utilisé par Noah fit peut-être pencher la balance : ses observations botaniques se doublaient en effet d'un certain impératif. Petit, il avait du mal à bien prononcer toutes les lettres, particulièrement le G. Donc, à chaque fois qu'il décortiquait un quelconque morceau de fruit, il brandissait les graines dans ma direction et criait : « RAINE ! » Jour après jour, la scène se répétait jusqu'à ce qu'enfin je comprenne le message : les graines étaient les reines, je devais donc m'incliner. Après tout, le petit Noah lui-même régnait déjà sur le reste de notre vie. Pourquoi mon choix de carrière ne lui reviendrait-il pas également ?

Heureusement, le sujet était cher à mon cœur, c'était un livre que je souhaitais écrire depuis des années. En doctorat, j'avais observé la dispersion et la prédation des graines des immenses arbres de la forêt tropicale. J'appris alors à quel point ces graines étaient vitales non seulement pour les arbres, mais aussi pour les chauves-souris et les singes qui les dispersaient ; pour les perroquets, rongeurs et pécaris qui s'en nourrissaient ; pour les jaguars qui, eux, chassaient les pécaris ; et ainsi de suite. L'étude des graines me permit de mieux comprendre la biologie et de prendre conscience que leur influence s'étendait bien au-delà des limites de la forêt ou du champ ; elles sont vitales partout. Elles transcendent la frontière imaginaire que nous érigeons entre le monde de la nature et celui des humains ; elles apparaissent si régulièrement dans notre vie quotidienne, et sous tant de formes, que nous ne voyons même plus à quel point nous en sommes dépendants. Raconter leur histoire, c'est nous remémorer nos liens fondamentaux avec la nature – avec les plantes, les animaux, la terre, les saisons, et avec le processus même de l'évolution. À une époque où, pour la première fois, plus de la moitié de la population mondiale vit en ville, il est d'autant plus essentiel de réaffirmer ces liens.

Avant d'aller plus loin dans mon récit, je me dois d'insérer deux avertissements. Le premier consiste en une clarification importante, qui me permettra de garder de bonnes relations avec mes nombreux amis spécialisés dans la biologie marine. Dans le film *Les Révoltés du Bounty* de 1962, une scène mémorable montre les mutins qui jettent le capitaine Bligh à la mer dans une pirogue puis balancent par-dessus bord chacun de ses bien-aimés plants d'arbres à pain qu'ils haïssaient tant[1]. (Bligh les arrosait régulièrement avec de l'eau douce, même quand les rations de l'équipage étaient venues à manquer.) Les végétaux basculent dans l'eau puis la caméra décrit un panoramique qui les montre dans le sillage du *Bounty* : une poignée de mottes vertes pitoyables sur une mer vaste et tranquille. Leur avenir semble compromis ; d'une certaine manière, cela met en perspective les limites de la stratégie des plantes à graines. Si celles-ci triomphent sur Terre, des règles différentes s'appliquent sur cette partie de la planète, presque les trois quarts, recouverte par les océans. Là, ce sont les algues et les microscopiques phytoplanctons qui dominent ; leurs cousins à graines font de rares apparitions : quelques variétés se développant en eau peu profonde, une noix de coco flottant de-ci de-là ou encore des végétaux égarés dont se seraient débarrassés des marins. Les graines évoluèrent sur la terre ferme, où leurs caractéristiques remarquables influencèrent le cours de

1. Le HMS *Bounty* doit sa renommée à sa mutinerie, mais il s'agissait à l'origine d'un voyage d'études botaniques. Sur une suggestion de Sir Joseph Banks, président de la Royal Society, les ordres du capitaine Bligh incluaient le transport d'arbres à pain collectés sur leur terre d'origine, Tahiti, jusqu'aux Antilles. Là, les propriétaires de plantations espéraient pouvoir en tirer de quoi nourrir à bas prix une population d'esclaves toujours plus grande. Lorsqu'il revint finalement en Angleterre, le capitaine Bligh reprit la mer, cette fois à bord du HMS *Providence* et mena à bien sa mission originelle, livrant plus de deux mille pieds en parfaite santé en Jamaïque. Les arbres s'acclimatèrent à merveille sur cette nouvelle terre, cependant le plan échoua à cause d'un petit détail qui avait été négligé : les esclaves africains trouvèrent le fruit à pain polynésien dégoûtant et refusèrent de le manger.

l'histoire naturelle et humaine. Mais il est bon de garder à l'esprit que sur le vaste océan elles ne sont qu'une anomalie.

Le second avertissement que je tiens à formuler est lié à une controverse qui va bien au-delà du champ d'exploration de ce livre. À l'université, je suivais un cours optionnel qui avait pour ambition de nous familiariser avec les instruments utilisés en recherche génétique. Nous nous retrouvions dans un laboratoire une fois par semaine en soirée et, après avoir revêtu nos blouses blanches, au milieu des bips et des ronrons des machines, nous passions deux heures à manipuler diverses éprouvettes. Pour l'exercice, notre professeur nous avait montré comment coller notre propre ADN dans celui d'une bactérie. La colonie bactérienne pouvait ensuite se diviser, se multiplier, notre ADN serait copié à l'infini, dans une forme basique de clonage. Bien entendu, nous n'avions prélevé que de minuscules fragments d'ADN et les résultats obtenus étaient rudimentaires, mais je me souviens parfaitement m'être fait cette réflexion : « Il ne me semble pas normal que l'on nous enseigne le clonage en cours optionnel. »

La simplification des techniques de manipulation génétique inaugura une nouvelle ère pour les plantes. Des récoltes familières, de maïs ou de soja, de laitues ou de tomates, furent modifiées de manière expérimentale par des gènes de poissons arctiques (pour leur résistance au froid), de bactéries du sol (pour fabriquer leur propre pesticide) et même d'*Homo sapiens* (pour produire de l'insuline humaine). Désormais, les semences peuvent relever de la propriété intellectuelle, être conçues pour inclure des gènes « Terminator », qui empêchent la pratique ancestrale consistant à conserver les graines récoltées pour de futures plantations. La modification génétique est une technologie déterminante, qui cependant ne sera abordée que brièvement dans ces pages[1]. Le livre se concentrera davantage, justement, sur les raisons pour lesquelles la génétique nous tient à cœur à ce point. Cette technique nous permit de créer un poulet sans plume, des chats phosphorescents et des chèvres qui produisent du lait d'araignée, pourtant le débat se concentre sur les graines, pourquoi ? Comment expliquer que, à en croire les sondages, on verrait moins d'inconvénients à modifier son génome ou celui de ses enfants (pour des raisons médicales) que les gènes des graines ?

Répondre à ces questions, c'est parcourir une histoire de plusieurs millions d'années, qui voit l'évolution des graines se mêler admirablement à celle de notre propre espèce, de notre culture. Le défi de ce livre ne consistait pas à trouver assez de matière pour le remplir, mais plutôt à faire le tri entre ce que je devais inclure et ce que je devais me forcer à abandonner sur le bord de la route. (Si vous souhaitez des anecdotes et des informations complémentaires, ne manquez pas les notes en bas de page. C'est la seule partie du livre où vous entendrez à la fois parler de gomphothères, d'eau qui glisse ou de rengaines qui vous trottent dans la tête.) En chemin, nous rencontrerons des végétaux et des animaux fascinants, ainsi que de nombreux témoins dont l'histoire est, d'une manière ou d'une autre, liée aux graines : scientifiques ou cultivateurs, jardiniers, marchands, explorateurs ou cuisiniers. Si j'accomplis ma mission, vous finirez par comprendre ce que j'ai découvert et que Noah savait, de toute évidence, depuis le début : les graines sont des merveilles de la nature, dignes d'être étudiées, admirées, glorifiées. Elles méritent bel et bien tout un tas de points d'exclamation. (!)

1. Pour de judicieuses analyses sur les cultures génétiques modifiées, voir Cummings, 2008 et Hart, 2002.

INTRODUCTION

LA FAROUCHE ÉNERGIE

« Pensez à la farouche énergie
concentrée dans un gland !
Vous l'enfoncez dans la terre
et il explose en un gigantesque chêne !
Enterrez un mouton, il ne se passera rien,
si ce n'est la décomposition. »

George Bernard Shaw,
Le Régime végétarien selon Shaw (1918)

Posant mon marteau, j'observai la graine avec attention. Pas la moindre égratignure. Sa surface foncée restait lisse et parfaite, telle que je l'avais découverte sur le sol de la forêt tropicale. Là, dans la boue, sous le ruissellement des gouttes, parmi les stridulations des insectes, elle m'avait pourtant parue tout à fait prête à révéler ses promesses de bourgeons, de racines, de verdure. Maintenant que je me trouvais sous les néons bourdonnants de mon bureau, ce fichu machin me semblait indestructible.

Elle tenait au creux de ma main, un peu plus grosse qu'une noix, mais plus plate, de couleur plus foncée, sa lourde coque aussi dure que de l'acier trempé. Malgré mes assauts répétés au tournevis, il m'avait été impossible ne serait-ce que d'entrouvrir l'épaisse suture qui courait tout autour. La vigoureuse pression d'une clé à tuyau à long manche n'y avait rien fait non plus, et voilà que les coups de marteau se révélaient finalement tout aussi inutiles. De toute évidence, j'avais besoin d'un outil plus lourd.

Mon bureau à l'université était situé dans un angle de l'ancien herbier du département d'études forestières, un endroit largement oublié où sont alignées des armoires métalliques poussiéreuses rassemblant des collections de plantes séchées. Une fois par semaine, un groupe d'universitaires retraités s'y réunissait autour d'un petit déjeuner pour deviser du bon vieux temps, des voyages d'études, de leurs arbres préférés et des luttes intestines qui déchiraient le département quelques dizaines d'années en arrière. Ma table de travail, elle aussi, datait d'une autre époque, un temps où l'on construisait des meubles en acier soudé, en chrome et en Formica renforcé. Le plateau était assez vaste pour accueillir une armée de machines à ronéo et de télétypes, et le meuble assez costaud pour résister aux ondes de choc d'une attaque nucléaire.

Je déposai donc la graine par terre, tout près de l'un de ses pieds imposants, soulevai le bureau et le laissai retomber dessus. Il s'abattit dans un fracas sonore, propulsa la graine qui s'en alla ricocher sur le mur avant de disparaître sous une armoire. Je la récupérai, sa surface lisse parfaitement intacte. Alors j'essayai une fois de plus – boum ! – et une fois encore – re-boum ! –, ma frustration s'aggravant à chaque tentative ratée. Pour finir, je coinçai la graine entre le mur et un pied de mon bureau et m'excitai dessus à grands coups de marteau.

Ma colère en cet instant se trouva toutefois surpassée par celle du professeur d'études forestières que je vis soudain débarquer dans mon bureau, tout rouge, et criant : « Mais qu'est-ce qui se passe ici ? J'essaie de faire cours, moi, à côté ! »

Un constat s'imposait : je devais recourir à une méthode moins bruyante. Surtout que ce n'était pas la seule graine que j'avais prévu d'ouvrir. Dans mon placard, deux caisses en contenaient des centaines d'autres comme elle, en plus des deux mille feuilles et morceaux d'écorce, tous soigneusement ramassés durant les mois passés sur le terrain, à arpenter les forêts du Costa Rica et du Nicaragua. L'essentiel de ma thèse tiendrait à ma capacité à transformer ces échantillons en données. Ou à mon incapacité, au train où allaient les choses.

Au bout du compte, je découvris qu'un coup sec de maillet sur un burin faisait parfaitement l'affaire, mais mes déboires pour casser cette première graine me permirent d'en tirer une leçon essentielle sur l'évolution. Je m'interrogeai : pourquoi les coques étaient-elles aussi impossibles à percer ? L'intérêt d'une graine n'était-il pas, au contraire, de s'ouvrir grand pour laisser s'épanouir la jeune pousse ? Cette épaisse enveloppe ne s'était tout de même pas développée dans le simple but de contrarier les malheureux étudiants ? L'explication, fondamentale, était bien sûr à rapprocher du comportement de la poule couvant ses œufs ou de celui de la lionne, veillant sur ses petits. Pour l'arbre que j'étudiais, la génération future comptait plus que tout, c'était un impératif d'évolution qui méritait un investissement maxima en termes d'énergie et de créativité adaptative. Et il n'existe aucun autre événement, dans l'histoire des plantes, ayant plus assuré la protection, la dispersion et l'apparition de leur progéniture que l'invention des graines.

Dans le monde des affaires, on associe le succès incontestable d'un produit à la reconnaissance de sa marque et à sa disponibilité universelle. Du temps où je vivais dans une hutte de terre en Ouganda, à quatre heures de la première route goudronnée, à l'orée d'une jungle appelée la Forêt Impénétrable, il me suffisait de cinq minutes de marche pour pouvoir m'acheter une bouteille de Coca-Cola. Ce genre d'ubiquité fait fantasmer les rois du marketing du monde entier, et les graines, elles, en bénéficient naturellement. Des forêts tropicales humides jusqu'aux prairies alpines et à la toundra arctique, les plantes à graines dominent le paysage et définissent des écosystèmes entiers. Le nom d'une forêt, après tout, est lié aux arbres qui la peuplent, non aux singes ou aux oiseaux qui évoluent entre ses branches. On parle, par exemple, de la célèbre « savane » du parc national de Serengeti, que le dictionnaire décrit avant tout comme une formation « herbeuse » – il n'est venu à personne l'idée d'évoquer Serengeti comme une terre « zèbreuse » où pousserait, accessoirement, de l'herbe. Très souvent, les graines, et les plantes qui les génèrent, jouent un rôle primordial, constitutif des systèmes naturels.

Un soda glacé fait beaucoup de bien sous la chaleur des tropiques, mais l'analogie avec Coca-Cola a ses limites pour expliquer l'évolution des graines. Elle reste toutefois valide sur un dernier point : la sélection naturelle, comme le commerce, récompense le bon produit. Les meilleures adaptations voyagent à travers le temps et l'espace, puis, à leur tour, suscitent d'autres innovations, dans un processus que Richard Dawkins avait très justement nommé « le plus grand spectacle du monde ». Certaines caractéristiques sont si répandues qu'elles semblent couler de source. La tête des animaux, par exemple, compte deux yeux, deux oreilles, un nez, qui peut prendre diverses formes, et une bouche. Les branchies des poissons extraient l'oxygène dissout dans l'eau. Les bactéries se reproduisent par division de leur organisme et les ailes des insectes viennent par paires. Même les biologistes ont parfois tendance à oublier un peu vite que tous ces fondamentaux étaient autrefois de grandes nouveautés, des innovations futées nées des essais inlassablement renouvelés de l'évolution. En ce qui concerne la flore, parmi les principaux présupposés, on peut citer l'existence des graines, comme celle de la photosynthèse. Prenons un classique de la littérature pour enfant aux États-Unis, *La Graine de carotte*[1] : un petit garçon silencieux, ignorant tous les défaitistes autour de lui, arrose et désherbe patiemment sa plantation, jusqu'à ce qu'enfin une formidable carotte apparaisse, « exactement comme l'avait prévu le petit garçon ».

Célèbre avant tout pour la simplicité de ses dessins, qui transformèrent profondément le genre des albums pour enfants, l'histoire de Krauss est aussi révélatrice de notre relation avec la nature. Même les plus jeunes savent qu'un minuscule pépin contient ce que George Bernard Shaw appelait une « énergie farouche » – l'étincelle et les instructions nécessaires à la fabrication d'une carotte ou d'un chêne, voire de blé, de moutarde, de séquoia, de n'importe laquelle des trois cent cinquante-deux mille espèces de plantes dont la reproduction dépend des graines[2]. Cette confiance totale en leur pouvoir leur donne une place unique dans l'histoire de l'activité humaine. Semer, récolter : sans cet acte premier, sans l'anticipation du second, l'agriculture telle que nous la connaissons n'existerait pas, et notre espèce se résumerait encore aux hordes de chasseurs-cueilleurs et de gardiens de troupeaux de la préhistoire. En effet, certains experts estiment qu'*Homo sapiens* n'aurait jamais pu évoluer dans un monde sans graine. Plus que tout autre objet

1. *The Carrot Seed* (Krauss, 1945) n'a jamais été traduit en français. (N.d.T.)

2. Les estimations sur le nombre de plantes à graines varient de deux cents mille à plus de quatre cent vingt mille (Scotland & Wortley, 2003). Le chiffre utilisé ici résulte d'une collaboration entre les plus grands herbiers au monde, parmi lesquels Kew Gardens, les jardins botaniques de New York et du Missouri (« La liste des plantes », 2013, version 1.1, archivée sur www.theplantlist.org).

naturel, probablement, ces petites merveilles botaniques ont ouvert la voie à la civilisation moderne. Leur fascinante évolution, leur histoire naturelle ont façonné les nôtres et ne cessent de les influencer.

Nous vivons dans un monde de graines. Le café du petit déjeuner, le coton de nos vêtements, le chocolat chaud que nous buvons avant d'aller nous coucher, du matin au soir, elles sont partout autour de nous. Elles nous fournissent en nourriture, en énergie, en stupéfiants et en poisons, en huiles, en teintures, fibres et épices. Sans graine, pas de pain, de riz, de haricots, de maïs ou de noix. Elles sont l'aliment par excellence, la base de tout régime alimentaire, de l'économie, des modes de vie partout sur la planète. Elles sont aussi l'essence même de la vie sauvage : les plantes à graines constituent plus de 90 % de notre flore. Elles sont si répandues que l'on a du mal à imaginer que durant plus de cent millions d'années, ce sont d'autres types de plantes qui dominèrent la Terre. Remontons le temps : les graines n'étaient alors que d'insignifiantes figurantes dans une flore où régnaient les spores, où les lycopodes hauts comme des arbres, les prêles et les fougères formaient de vastes forêts encore présentes aujourd'hui sous forme de charbon. Malgré cet humble début, les plantes à graines progressèrent inéluctablement – il y eut d'abord les conifères, les cycas et les ginkgos, puis une grande diversification des espèces à fleurs – jusqu'à aujourd'hui, où sporophytes et algues sont relégués au rang de simples spectateurs. Ce formidable triomphe des graines pose une évidente question : pourquoi un tel succès ? Quelles caractéristiques, quels comportements leur permirent de transformer si fondamentalement notre planète ? Les réponses à ces questions serviront de fil rouge dans ce livre, qui vous apprendra non seulement pourquoi elles prolifèrent dans la nature, mais aussi pourquoi elles sont à ce point essentielles pour l'homme.

LES GRAINES NOURRISSENT.

Chacune d'elles est dotée au préalable du tout premier repas de la jeune pousse, de tout ce qui est nécessaire à l'apparition de la racine, de la tige et de la feuille. On prend rarement le temps de réfléchir aux graines germées que l'on mange en salade ou dans son sandwich, alors qu'elles constituent en réalité un pas critique dans l'histoire de la botanique. La concentration d'une telle énergie dans une enveloppe portable, compacte permit non seulement une variété incroyable d'évolutions potentielles, mais aussi la dispersion, partout sur la planète, des plantes à graines. Pour l'homme, le fait de débloquer cette énergie ouvrit la voie à la civilisation moderne. Aujourd'hui encore, nous récupérons ce qui nourrit les graines, nous détournons l'alimentation destinée aux jeunes pousses, c'est la base de notre régime alimentaire.

LES GRAINES S'UNISSENT.

Avant elles, le sexe entre plantes était assez barbant. Lorsqu'il existait, c'était un acte rapide, à l'abri des regards et, en général, entre représentants de l'espèce. La reproduction asexuelle, comme le clonage, était monnaie courante, et si relation sexuelle il y avait, elle aboutissait rarement à un mélange des gènes prévisible ou homogène. Avec l'arrivée des graines, les plantes se mirent soudain à se reproduire à l'air libre, dispersant le pollen vers l'ovule avec une certaine créativité. Innovation en profondeur : l'union des gènes de deux parents sur une plante mère pour former un fruit transportable et prêt à pousser. Chez les plantes à spores, les fécondations croisées sont rares, à l'inverse, celles à graines mélangent leurs gènes en permanence. Le potentiel en matière d'évolution était énorme, ce n'est pas une coïncidence si Gregor Mendel résolut la question de l'hérédité en observant avec attention les pois. La science n'aurait peut-être jamais compris la génétique si cette fameuse expérience avait porté sur les spores à la place.

LES GRAINES RÉSISTENT.

Comme le sait tout jardinier, celles stockées durant les mois d'hiver peuvent être plantées au printemps suivant. D'ailleurs, nombre d'entre elles ont besoin d'un coup de froid, d'un feu ou même du passage par l'intestin d'un animal pour déclencher leur germination. Certaines espèces persistent dans la terre des décennies durant, pour ne germer que lorsque la combinaison parfaite de lumière, d'eau et de nutriments est obtenue, les conditions jugées idéales pour la croissance de la plante. Cette aptitude à la dormance ne se retrouve dans aucune autre forme de vie ou presque, elle permet une spécialisation et une diversification formidables. Pour que l'agriculture puisse exister, il fallut d'abord que l'homme sache maîtriser le stockage et la manipulation des graines dormantes, et encore aujourd'hui le destin des nations s'en trouve influencé.

LES GRAINES SE DÉFENDENT.

Tous les organismes cherchent à protéger leurs petits, mais les graines proposent tout un arsenal qui peut être fatal : coques impénétrables, bogues hérissées de piques, ou bien encore ces composants qui donnent les piments, rouges ou de la Jamaïque ou la muscade, sans parler des poisons comme l'arsenic et la strychnine. Pour se défendre, les graines développèrent quelques adaptations étonnantes (et étonnamment utiles). L'exploration de ce sujet éclaire un pan majeur de l'évolution de la nature et montre la façon dont les hommes ont su tirer bénéfice pour eux-mêmes de ces défenses, que ce soit pour fabriquer du Tabasco, des produits pharmaceutiques ou, à l'aide de ces graines chéries entre toutes, du café ou du chocolat.

LES GRAINES VOYAGENT.

Qu'elles soient embarquées par les vagues des tempêtes, propulsées par le vent ou enveloppées dans la chair d'un fruit, elles trouvent d'innombrables manières de se déplacer. Leur adaptation au voyage leur donna accès à des habitats un peu partout sur la planète, accrut leur diversité et fut à l'origine d'inventions de produits aussi essentiels et précieux que le coton, le kapok, le Velcro ou la tarte aux pommes.

Ce livre est à la fois une exploration et une invitation. Comme son sujet, il n'était au départ pas grand-chose, un intérêt qui grandit avec ma propre curiosité, puis il suivit le chemin sinueux tracé par les graines à travers l'évolution, l'histoire naturelle et la culture de l'humanité. Des jungles aux laboratoires, motivé par la passion de mon fils, je m'immergeai dans les graines et déroulai toute leur histoire, guidé par les jardiniers, botanistes, explorateurs, agriculteurs, historiens et moines croisés sur ma route – sans parler des merveilleuses plantes elles-mêmes, et de la ménagerie d'oiseaux, d'insectes qui en dépendent. Les graines sont à l'origine de nombre d'histoires passionnantes, et l'une de leurs principales caractéristiques est qu'il n'est nul besoin de chercher bien loin pour en trouver. Elles font partie intégrante de notre monde. Alors, que vous soyez plutôt café accompagné d'un cookie aux pépites de chocolat ou bien cacahouètes, pop-corn ou bretzels arrosés d'une bière, je vous invite à vous asseoir avec votre en-cas à base de graines préféré, le voyage va bientôt commencer.

PARTIE I

LES GRAINES NOURRISSENT

« L'avoine, les pois, les haricots et l'orge poussent
L'avoine, les pois, les haricots et l'orge poussent
Est-ce que quelqu'un sait vraiment comment
L'avoine, les pois, les haricots et l'orge poussent ?

D'abord le fermier sème ses graines.
Il se tient là et il attend
Tape du pied, tape dans ses mains
Et il contemple son champ. »

Chanson populaire traditionnelle
traduite de l'anglais

CHAPITRE I

GRAINE D'UN JOUR

« J'ai toute confiance en la graine.
Convainquez-moi que vous avez une graine
et je m'attends à des miracles. »

Henry David Thoreau,
La Dispersion des graines (1860-1861)

Les lois de la physique sont formelles : quand un crotale se jette sur une proie, il ne peut se propulser plus loin que la longueur de son corps[1]. La tête et l'avant sont agiles, mais la queue reste fixe. Cependant, tous ceux qui l'ont vu attaquer savent que ce serpent est capable de fendre l'air avec autant de vivacité qu'une sagaie ou que les lames fusant dans les films de ninja. Celui qui s'en prit à moi surgit d'un tapis de feuilles et fondit sur ma chaussure en un éclair, déterminé, tous crochets dehors. Je reconnus un

1. Les herpétologistes, équipés de caméra haute vitesse, ont maintes fois démontré que la vipère ne peut frapper au-delà d'un tiers ou d'une moitié de la longueur de son corps (Kardong & Bels, 1998). Même les observateurs les mieux informés, cependant, font souvent les récits les plus exagérés des attaques de serpent (voir Klauber, 1956, pour de très beaux exemples). Ayant vu un fer-de-lance (*Bothrops asper*) en action, je partage volontiers le point de vue des exagérateurs : tout paraît possible quand on voit ces crocs arriver sur soi.

fer-de-lance centro-américain, un serpent présent dans toute l'Amérique centrale et qui associe, dans une combinaison fatale, un venin puissant et une tendance à l'irascibilité. Je dois dire en défense de cet individu précis, cependant, que j'étais en train de le taquiner du bout de mon bâton.

Lorsque l'on étudie la forêt tropicale, il n'est pas rare de se trouver nez à nez avec un serpent. Explication simple : la science adore les lignes droites. En chimie comme en sismologie, elles sont partout et, pour les biologistes, la plus répandue est le « transect », une ligne bien droite à travers le paysage. Qu'il s'agisse de compter des graines, d'étudier les kangourous ou les papillons, de répertorier les excréments de singes, le transect est le meilleur moyen d'obtenir des observations impartiales. Tout ce qui apparaît sur cette ligne virtuelle est inventorié : marais, fourrés, buissons… Le procédé est à la fois formidable et atroce, car cela comprend aussi ce que, spontanément, nous préférerions peut-être éviter. Comme les serpents.

J'entendais la machette qui continuait de s'abattre sur les lianes un peu plus loin – mon assistant de terrain, José Masis, nous taillait un passage à travers les obstacles de la jungle. Quant à moi, je restai immobile, mais aux aguets, car le serpent qui m'avait raté de peu avait aussitôt disparu, ce qui n'avait rien de rassurant. Sa peau marron constituait un excellent camouflage. À force de progresser scrupuleusement en ligne droite à travers la forêt, penché vers le sol, à fouiller sous les feuilles en décomposition, j'avais l'habitude d'en voir de près, sans oublier des vipères de Schlegel, des *Porthidium nasutum* et, de temps à autre, quelques boas constrictors. Certains transects semblaient parfois réunir plus de serpents que de graines, aussi José et moi avions développé des techniques pour les écarter de notre chemin, allant jusqu'à les récupérer à bout de bâton pour les envoyer en douceur un peu plus loin. La présence invisible de ce crotale furieux quelque part à mes pieds m'inquiéta : valait-il mieux rester figé en priant pour que le reptile ne prépare pas une nouvelle attaque ? Ou bien s'enfuir et alors, dans quelle direction ? Après une minute tendue d'indécision, j'osai faire un pas, puis deux. Et je repris bientôt mon exploration du transect sans incident (jusqu'à ce que je me coupe en voulant récupérer un bâton beaucoup plus long, pour mieux tenir en respect les reptiles).

En matière de recherche scientifique, aux instants d'excitation et de découverte succèdent souvent d'interminables périodes fastidieuses et monotones. Plus d'une heure s'écoula avant que ma lente exploration ne porte ses fruits. Enfin, là, juste devant moi, apparut un surgeon d'*almendro*[1]. Cet arbre superbe, monumental, à l'histoire naturelle fascinante, était ce qui motivait ma venue dans cette forêt tropicale. Son nom, qui pourrait se traduire par « amande », fait référence aux graines épaisses que l'on trouve au cœur de chacun de ses fruits, sans lien aucun avec les fruits à coque connus en Amérique du Nord ou en Europe sous le nom d'amande. Dans mon carnet de terrain, je notai aussitôt la taille de la toute petite tige, le lieu où je l'avais découverte, puis je me baissai pour l'observer de plus près.

La coque, si difficile à ouvrir en laboratoire, gisait, soigneusement fendue en deux par la pression de la jeune pousse. Un appendice foncé, courbe, s'enfonçait dans la terre et, au-dessus, les deux lobes de la graine avaient commencé à se déployer. D'un vert incroyablement tendre, ils constituaient un riche repas pour le bourgeon pâle à peine visible entre eux. Cette toute petite chose avait en elle le potentiel naturel pour atteindre la canopée, si haute au-dessus de ma tête,

1. Membre de la famille des pois, l'*almendro* porte le nom scientifique de *Dipteryx panamensis* (ou *D. oleifera*). Que l'on m'excuse pour cette autocitation, mais vous pouvez vous référer à Hanson *et al.*, 2006, 2007, 2008 pour davantage d'informations sur le rôle de l'*almendro* comme espèce clé dans la forêt tropicale d'Amérique centrale.

et ne devait son apparition qu'à l'énergie contenue dans la graine. Ce scénario se répétait de tous côtés. Les plantes étaient au cœur de l'immense diversité de la forêt tropicale et la grande majorité d'entre elles avaient commencé exactement de la même manière, par le don d'une graine.

Dans le cas de l'*almendro*, la métamorphose se révèle particulièrement incroyable. Les spécimens adultes dépassent souvent les quarante-cinq mètres de hauteur, leur large tronc atteignant trois mètres de diamètre à la base. Leur espérance de vie se compte en siècles. Leur bois, dur comme le fer, est capable d'émousser, voire de casser les tronçonneuses et les fleurs qui ornent leur cime finissent par former, à leur pied, un tapis violet vif. (Lors de ma première présentation scientifique de cet arbre, n'ayant en ma possession aucune photographie correcte desdites fleurs, j'avais eu recours à un accessoire de couleur similaire : une perruque de Marge Simpson.) Ces arbres produisent tant de fruits qu'ils sont considérés comme une espèce clé, vitale pour les régimes alimentaires de très nombreux êtres vivants, des singes aux écureuils en passant par l'ara de Buffon, menacé d'extinction. La disparition de l'*almendro* modifierait en profondeur l'écosystème, provoquant des changements en cascade, et pourrait même signifier, localement, la fin des espèces qui en dépendent.

Si j'avais choisi de concentrer mes recherches sur cet arbre, c'était parce que, sur la totalité de son habitat, du nord de la Colombie jusqu'au Nicaragua, il était confronté à la déforestation, qu'elle soit due à l'agriculture et à l'élevage ou à la hausse de la demande pour son bois dense, de grande qualité. J'étudiais plus particulièrement sa survie au sein du paysage rural d'Amérique centrale, qui connaissait un développement rapide[1]. L'espèce parviendrait-elle à

1. J'avais également une arrière-pensée. Avant de me lancer dans l'étude de l'*almendro*, j'avais travaillé sur des projets concernant les gorilles des

résister dans de petites poches de forêt tropicale ? Les fleurs seraient-elles encore pollinisées, les graines dispersées et les générations futures se révéleraient-elles génétiquement viables ? Les vieux arbres majestueux, désormais isolés au milieu de prés ou de zones de forêt résiduelles, étaient-ils en sursis ? Si ces géants échouaient à se reproduire, alors l'ensemble de leurs relations complexes avec les autres espèces de la région était en péril.

Les réponses à mes interrogations se trouveraient en partie dans les graines. Si je parvenais à rassembler un échantillon suffisant, je pourrais les étudier et découvrir le reste de l'histoire en faisant appel à la génétique. Chaque graine, chaque jeune plant contient en effet des indices concernant ses parents, codés dans son ADN. Grâce à une cartographie et à un échantillonnage minutieux des plantules, par rapport à la localisation de l'*almendro* adulte, j'espérais découvrir quels arbres précisément se reproduisaient, où allaient leurs graines et en quoi la disparition progressive de la forêt avait un impact. Mon projet s'étira sur plusieurs années, impliqua six voyages en région tropicale, des milliers de prélèvements, d'innombrables heures de travail en laboratoire. À la fin, il y eut une thèse, plusieurs articles et quelques nouvelles étonnamment optimistes concernant l'avenir de l'*almendro*. Et pourtant, lorsque tout fut terminé, une fois les échantillons analysés, la thèse rédigée, le diplôme obtenu, je me rendis compte que j'avais négligé un aspect fondamental : le véritable fonctionnement des graines m'échappait toujours.

Les années passèrent, je participai à d'autres projets de recherches, pourtant ce mystère continuait de m'intriguer.

---

montagnes et les ours bruns, des espèces taxées de « mégafaune charismatique ». Avec l'*almendro*, l'amoureux des plantes que je suis vit l'occasion de promouvoir une sorte de « mégaflore charismatique ». Car comment décrire autrement cet arbre incontournable haut de 45 m au bois dur comme du fer ?

Pourquoi tout le monde, jardiniers, agriculteurs et jusqu'aux personnages d'albums pour enfants, pourquoi étions-nous tous persuadés que les graines finissaient toujours par pousser ? Qu'est-ce qui fait que cela fonctionne ? Que cachent ces petits paquets bien emballés qui n'attendent qu'un signe pour faire apparaître une plante toute neuve ? Lorsque je me décidai enfin à creuser la question, aussitôt me revint en esprit cette image du surgeon d'*almendro*, avec sa graine encore bien visible, aussi nette que sur un schéma dans un manuel. Il n'était alors pas envisageable de foncer au Costa Rica pour en récupérer une nouvelle, mais l'*almendro* est loin d'être la seule espèce dotée de grosses graines à la germination facilement lisible. À dire vrai, il suffit généralement de se rendre à l'épicerie, chez le primeur ou dans le premier restaurant mexicain venu pour trouver, en quantité, d'autres grosses graines des tropiques (et le fruit qui va avec).

Dans le film *Oh, God !* Dieu, interprété par le formidable George Burns, était interrogé sur ses plus grandes erreurs. Burns tout-puissant, du tac au tac, répondait, pince-sans-rire : « Les avocats. J'aurais dû faire des noyaux plus petits. » Les commis en charge de la préparation du guacamole seraient sans doute du même avis, mais les professeurs de botanique du monde entier, eux, trouvent le noyau d'avocat absolument parfait. Sous sa peau marron, tous les éléments de la graine apparaissent en grand format. Il suffit d'un noyau propre, de trois cure-dents et d'un verre d'eau pour assister à un véritable cours sur la germination. La simplicité du mécanisme n'avait pas échappé aux tout premiers paysans, qui apprirent à le domestiquer depuis la découverte de ce fruit dans les forêts tropicales du sud du Mexique et du Guatemala[1].

1. L'avocatier (*Persea americana*) n'est connu que comme espèce cultivée. Son ancêtre sauvage disparut des forêts d'Amérique centrale durant

En effet, bien avant qu'apparaissent les Mayas ou les Aztèques, les peuples d'Amérique centrale savouraient déjà la chair crémeuse de l'avocat. J'eus tout loisir d'y goûter moi aussi dans le cadre de mon expérience, dont la préparation m'imposa d'abord de multiplier les nachos au guacamole. Puis, armé de mes douze noyaux d'avocats et d'une poignée de cure-dents, je me dirigeai vers la cabane du raton laveur.

Cette construction en bois de récupération et papier goudron, située dans notre verger, doit son nom à ses anciens habitants. Des ratons laveurs y avaient élu domicile, trouvant chaque automne de quoi se nourrir grâce à la récolte de pommes que nous y entreposions. Nous fûmes cependant forcés de les expulser à la naissance de notre fils, lorsqu'il fallut que je m'y installe pour travailler, notre maison étant devenue trop petite. La cabane est désormais équipée de l'électricité, d'un poêle à bois, d'un robinet et de tas d'étagères – tout ce dont je pouvais avoir besoin pour faire pousser mes avocats. La germination m'intéressait, certes, mais pas seulement. Je ne doutais pas d'obtenir des racines, des feuilles. Je tenais tout particulièrement à comprendre ce qui, à l'intérieur de cette graine, déclenchait tout cela, et comment la plante avait réussi à développer un système aussi sophistiqué. Heureusement, je savais où trouver les bons interlocuteurs.

---

les milliers d'années qui ont suivi sa domestication. Une théorie suggère que de nombreux arbres néotropicaux à gros fruits s'éteignirent peu à peu juste après la disparition de ceux qui en disséminaient les graines : tatous géants, glyptodons, mammouths, gomphothères et autres membres disparus de la mégafaune du pléistocène (Janzen & Martin, 1982). Vu la taille de ses graines, l'intervention d'un gros animal était sûrement nécessaire à toute dispersion de l'avocatier sauvage. (Bien sûr, de nos jours, les humains s'en chargent parfaitement et les avocats poussent désormais sur tous les continents à l'exception de l'Antarctique !)

Carol et Jerry Baskin se rencontrèrent le premier jour de leur master de botanique à l'université Vanderbilt, au milieu des années 1960. « Nous sommes sortis ensemble tout de suite », me raconta Carol. Ils étaient assis l'un à côté de l'autre lorsque le professeur distribua les sujets de recherche... sur lesquels ils étaient censés travailler en binôme. « Un moment marquant, notre toute première collaboration », souligna-t-elle. Qui plus est, sur un thème qui serait au cœur de leur carrière tout entière. S'ils jurent que leur histoire d'amour n'a rien d'extraordinaire – ils avaient des amis communs, des centres d'intérêt similaires –, le partenariat intellectuel qui en découla n'a, lui, rien de banal. Carol termina son doctorat une année avant Jerry, mais depuis leurs parcours restent parfaitement synchronisés : ils comptent à eux deux plus de quatre cent cinquante articles scientifiques, chapitres ou ouvrages complets sur les graines. Je n'aurais pu trouver meilleures références pour une visite guidée du noyau d'avocat.

« Je raconte à mes étudiants qu'une graine est un bébé plante, dans une boîte, avec son déjeuner. » Voilà comment commença notre conversation. Avec son accent traînant du Sud et sa manière un peu désinvolte d'expliquer les choses, elle donne l'impression de contourner les concepts difficiles pour mieux faire surgir les réponses par elles-mêmes. On comprend bien pourquoi les étudiants la classent généralement parmi les meilleurs professeurs de sciences de l'université du Kentucky. J'appelai Carol à son bureau, une pièce sans fenêtre dont chaque surface disponible est recouverte de piles de livres et de documents, au point d'envahir jusqu'au laboratoire voisin. (Jerry, qui travaillait dans le même département, avait pris sa retraite il y a peu, et ses ouvrages colonisaient désormais leur table de cuisine. « Il ne reste que deux petits espaces libres, où nous posons notre assiette, expliqua Carol en riant. Ça risque de devenir un problème, pour recevoir. »)

Avec son analogie du « bébé dans la boîte », Carol réussit à parfaitement synthétiser l'essence des graines : portatives, protégées, bien nourries. « Mais je suis biologiste et on parle là de ma spécialité, alors je vais être un peu plus précise : certains bébés engloutissent leur déjeuner jusqu'à la dernière miette, d'autres se contentent d'une partie, d'autres encore ne mordent même pas dedans. » Voilà comment Carol donne à voir la complexité du sujet qui les fascine, Jerry et elle, depuis près de cinquante ans. « Votre noyau d'avocat a tout mangé », ajouta-t-elle d'un air entendu.

Une graine contient trois éléments de base : l'embryon de la plante (le bébé), une enveloppe protectrice (la boîte) et un tissu nutritif quelconque (le déjeuner). Typiquement, la boîte s'ouvre au moment de la germination, l'embryon se nourrit du déjeuner tout en projetant vers le bas des racines et vers le haut ses premières feuilles. Mais il est aussi fréquent de voir le bébé dévorer son déjeuner avant l'heure, transférant toute l'énergie vers une ou plusieurs « feuilles séminales » ou « cotylédons » : les deux moitiés d'une cacahouète, d'une noix ou d'un haricot – des feuilles embryonnaires si grandes qu'elles constituent à elles seules la majeure partie de la graine. Je profitai de cette conversation téléphonique pour m'attaquer à l'un de mes noyaux d'avocats, que je parvins à fendre du bout de l'ongle. En voyant l'intérieur, je compris ce dont elle était en train de me parler. Les cotylédons pâles, qui ressemblaient à une noix, remplissaient chaque moitié, entourant le tout petit morceau qui contenait la jeune racine et les feuilles. En matière d'enveloppe, le noyau n'offrait guère plus qu'un vernis – un tégument fin et marron déjà à moitié effrité.

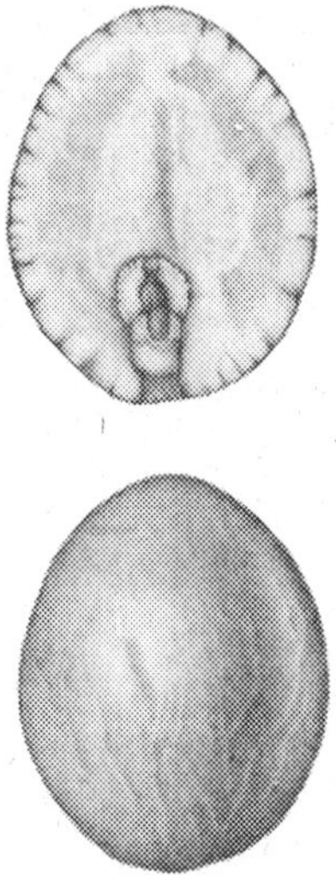

Noyau d'avocat (Persea americana).

À l'intérieur de la très fine enveloppe de la graine, deux énormes feuilles séminales entourent une protubérance minuscule qui contient la racine et la pousse. Les avocats ont évolué dans la forêt tropicale où, pour réussir à s'installer à l'ombre des adultes, les graines des jeunes arbres ont besoin d'une bonne réserve d'énergie.

« Jerry et moi, nous étudions l'interaction des graines avec leur environnement, expliqua Carol. Les raisons pour lesquelles elles se comportent de telle manière à tel moment. » Elle précisa ensuite que la stratégie de l'avocat avait quelque chose d'inhabituel. La plupart des graines sèchent en mûrissant ; leur enveloppe protectrice, épaisse, permet de tenir l'humidité à distance. Sans eau, la croissance de l'embryon ralentit, jusqu'à un quasi *statu quo*, un état d'arrêt de croissance qui peut persister des mois, des années, des siècles, même, jusqu'à ce que les conditions pour la germination soient réunies. « Mais pas les avocats, précisa aussitôt Carol

Baskin. Lorsqu'on les laisse se dessécher, ils meurent. » Ces mots me rappelèrent que mes noyaux étaient bien vivants. Comme toutes les graines, ce sont des végétaux dont le développement est sur « pause », en attendant de se trouver au bon endroit, au bon moment pour s'enraciner et pousser.

Pour un avocatier, le bon endroit est un terrain où ses graines ne dessécheront jamais et où la saison est toujours idéale. Sa stratégie ? Chaleur et humidité constantes, des conditions que l'on trouve par exemple dans la forêt tropicale, ou bien en suspension au-dessus d'un verre d'eau dans la cabane du raton laveur. Ces graines n'ayant aucun besoin de survivre à de longues périodes de sécheresse[1] ou de froid hivernal, elles ne s'accordent qu'une très courte pause avant de tenter de pousser de nouveau. « La dormance de l'avocat se résume probablement au seul temps nécessaire à la germination, expliqua Carol. Ce ne devrait pas être très long. »

Je fis de mon mieux pour garder ces mots à l'esprit durant les deux interminables semaines qui précédèrent le premier signe de vie de mes avocats. Ces noyaux devinrent mes compagnons silencieux et immuables : deux rangées de boules marron mutiques alignées sur une étagère sous ma fenêtre. Malgré mon doctorat de botanique, je suis responsable de la mort de tant de plantes vertes que je commençais à m'inquiéter un peu. Mais comme tout bon

1. Les botanistes appellent « semences récalcitrantes » les graines qui ne survivent pas à la dessiccation. Bien que rare sous les climats tempérés et saisonniers, cette stratégie est celle d'environ 70 % des arbres des forêts tropicales, où la germination rapide offre beaucoup plus d'avantages qu'une longue dormance. Ce fonctionnement est idéal dans une jungle ; en revanche, il complique les choses lorsqu'il s'agit de stocker les graines. Christina Walters, à la banque de graines nationale américaine, appelle les semences récalcitrantes des « petits enfants gâtés », mais elle obtient un certain succès grâce à la surgélation des embryons isolés dans l'azote liquide.

scientifique, je trouvais aux données des vertus réconfortantes et je m'attelai donc à consigner chiffres et notes dans un tableau compliqué. Même sans résultat probant, il y avait une certaine satisfaction à manipuler chaque graine, à noter soigneusement son poids et ses dimensions.

Lorsque enfin cela se produisit, je n'osai pas y croire. Après vingt-neuf jours d'inertie, le noyau numéro trois prit du poids. Je recalibrai ma balance, au cas où, mais elle confirma de nouveau, et ce furent les trois grammes les plus encourageants que j'aie jamais mesurés[1]. « La plupart des graines se chargent en eau juste avant la germination », avait dit Carol – le processus porte le doux nom d'imbibition. Les raisons qui expliquent le temps, parfois très long, qui précède l'imbibition, font débat. Dans certains cas, c'est le temps nécessaire à l'eau pour infiltrer une enveloppe épaisse autour de la graine ou la débarrasser de ses inhibiteurs chimiques. Plus subtil : cela pourrait aussi participer de la stratégie de la graine pour différencier les brèves averses de l'humidité persistante indispensable à la croissance de la plante. Quelle que soit la raison, à force de voir mes noyaux s'imbiber, les uns après les autres, j'eus moi aussi très envie de les imiter, pour fêter ça. De l'extérieur, ils paraissaient tout à fait semblables, mais, à l'intérieur, il se passait quelque chose, pas de doute.

« Nous connaissons le processus, mais pas dans sa totalité », avoua Carol. L'imbibition déclenche une série d'événements qui propulse la plante de la dormance directement vers sa période de croissance la plus explosive. Techniquement, la « germination » fait uniquement référence à cet instant

1. Parce qu'ils ne se dessèchent jamais et n'accèdent jamais à un état véritablement dormant, les noyaux d'avocats n'ont besoin que d'une quantité minimale d'eau qui vient compléter l'étape ultime de l'imbibition. Les graines sèches s'imbibent en général de deux à trois fois leur poids en eau.

d'éveil entre l'imprégnation en eau et la première expansion des cellules, mais très souvent le terme est utilisé dans une acception beaucoup plus large. Pour les jardiniers, les agriculteurs et même les auteurs de dictionnaires, la germination inclut l'apparition de la racine principale et des premières feuilles photosynthétiques. Dans ce sens, le travail de la graine n'est terminé que lorsque tous les nutriments stockés sont épuisés – en tout cas, transférés à un jeune plant indépendant, capable de fabriquer sa propre nourriture.

Mes avocats n'en étaient pas encore là, mais en quelques jours, leurs noyaux commencèrent à se fendre en deux moitiés brunes écartées par les racines en pleine croissance à l'intérieur. À partir de la radicule dans l'embryon, chaque racine principale se développa à un rythme étonnant – une petite chose pâle et pressée plongeant vers le bas et dont la taille tripla en quelques heures. Bien avant l'apparition d'une quelconque feuille, chaque noyau se retrouva doté d'une solide racine atteignant le fond du verre d'eau. Cela n'avait rien d'une coïncidence. Si, en matière de germination, les détails varient, l'importance de l'eau est une constante et pour les jeunes plants la priorité numéro un est de pouvoir s'approvisionner à une source régulière. La graine contient en elle la croissance de sa racine – elle n'a même pas besoin de produire de nouvelles cellules. Cela peut paraître difficile à croire, pourtant on pourrait comparer à ce que font les clowns avec les ballons de baudruche.

En grattant une racine d'avocat toute fraîche, on obtient de fins copeaux, un peu comme des radis râpés sur une salade gastronomique. J'en déposai un sous mon microscope, ce qui me permit de voir très distinctement les lignes des cellules racinaires – de longs tubes étroits qui ressemblaient beaucoup aux ballons dont les clowns font des sculptures en forme d'animaux. Les racines embryonnaires incluses dans la graine savent bien, comme les clowns, que l'on ne se présente pas à une fête avec ses ballons déjà gonflés. Même de grandes poches n'en contiendraient pas assez. Vides, en revanche, ils ne sont pas encombrants pour un sou : il suffit de les remplir d'air (ou d'eau) au moment qui convient.

La différence de taille entre ballons vides et ballons gonflés est tout à fait incroyable. J'achetai un sachet classique de « ballons à sculpter », au magasin de jouets du coin. Il en contenait quatre verts, quatre rouges, cinq blancs et un assortiment de bleus, roses et orange, pour un total de vingt-quatre ballons. À plat, ils tenaient facilement dans ma main : un petit fagot de caoutchouc coloré d'environ sept centimètres de large. J'entrepris de les gonfler, découvrant assez vite pourquoi tout clown qui se respecte voyage chargé d'une bonbonne d'hélium ou d'une pompe à air portative – quarante-cinq minutes plus tard, hors d'haleine et pris de vertige, je nouai le dernier ballon. Ils formaient désormais une pile colorée, désordonnée et couinante de 1,20 m de long, 60 cm de large et 30 cm de haut. Si je les avais mis bout à bout, ils se seraient alignés de mon bureau jusqu'à la porte, auraient traversé le verger, franchi le portail, pour atteindre l'allée derrière, sur 39 m. Leur volume était désormais mille fois supérieur à celui de départ, susceptible de former un tunnel maigrichon trois cent soixante-quinze fois plus long que la boule de caoutchouc avec laquelle j'avais commencé – tout cela grâce à l'ajout d'air. Donnez de l'eau à une graine et les cellules de ses racines s'en empliront, pour un résultat similaire : elles s'étireront, de plus en plus longues, à mesure qu'elles gonflent. Ce processus peut durer des heures, plusieurs jours même – dans une explosion de croissance qui précède toute division des cellules en vue de produire du nouveau matériau.

La recherche d'eau est, naturellement, la priorité pour une plante. Sans eau, la croissance cale, la photosynthèse piétine, les nutriments ne peuvent être libérés de la terre. Mais les végétaux ont parfois des raisons un peu moins évidentes pour grandir ainsi et le café constitue en cela un excellent exemple. Comme chacun le sait, et plus particulièrement tous les parents de bambins matinaux, le grain de café contient une dose, aussi puissante que bienvenue, de caféine. Cette substance qui est un stimulant pour le mammifère éreinté est également un frein à la division cellulaire. Le processus s'en trouve aussitôt interrompu, et l'outil est si efficace que les chercheurs l'utilisent pour manipuler la croissance d'à peu près tout, des plantes comme les tradescantias jusqu'aux hamsters. Dans un grain de café, cette caractéristique fait merveille pour maintenir la dormance, cependant un problème survient dès lors qu'arrive l'heure de la germination. La solution ? Le grain de café en pleine croissance expédie l'eau absorbée à la fois vers la racine et vers la tige, les faisant gonfler rapidement pour que leurs extrémités s'écartent au plus vite, bien en sécurité hors de portée des effets neutralisants de la caféine[1].

Le noyau d'avocat contient quelques toxines peu virulentes qui lui permettent d'éloigner les nuisibles, mais rien qui soit susceptible de ralentir les choses une fois le processus lancé. J'observai la croissance et la ramification des racines durant des jours avant de voir apparaître la première pousse verte, une toute petite tige émergeant d'une fissure toujours plus grande située au-dessus de chaque noyau. « La

1. La division cellulaire des plantes se produit dans un tissu dédié nommé le méristème, situé surtout à l'extrémité des racines et des tiges en plein développement. Une fois que les cellules du caféier en pleine expansion ont éloigné les extrémités de la caféine, le méristème entre en action, et ainsi commence la croissance par division cellulaire – un système bien rodé.

phase suivante, en effet, se résume en un transfert massif d'énergie provenant des cotylédons », m'informa Carol, expliquant ainsi que ce qui avait d'abord été le « déjeuner » de la graine générerait maintenant une poussée de croissance vers le haut. En quelques semaines, mes noyaux se métamorphosèrent en arbrisseaux qui n'avaient plus grand-chose en commun avec les graines d'origine. En tant que père, j'avais bien à l'esprit les nombreuses évolutions dont j'avais déjà été témoin dans la jeune vie de Noah et, soudain, je me surpris à repenser à une chose que m'avait dite Carol. Très tôt dans leur carrière, Jerry et elle avaient pris la décision de ne pas avoir d'enfants, s'estimant trop occupés. Mais, je venais de le comprendre, en choisissant pour sujet les graines, ils avaient passé leur vie à veiller sur de fragiles nourrissons.

Les Baskin consacrèrent des dizaines d'années à la germination, ce qui laisse entrevoir l'ampleur des découvertes possibles dans ce domaine. Des questions soulevées il y a plus de deux mille ans par Théophraste, « le père de la botanique », continuent d'interpeller les scientifiques. Disciple et successeur d'Aristote, Théophraste conduisit au Lycée une étude exhaustive des plantes et publia des ouvrages qui firent autorité des siècles durant. Ses travaux portèrent sur toutes sortes de sujets, des pois chiches à l'encens et il s'attela à décrire la germination dans le détail, s'interrogeant sur la longévité des graines ainsi que sur les différences « entre les graines elles-mêmes, dans la terre, dans l'état de l'atmosphère et à la saison à laquelle chacune est semée[1] ». Depuis cette lointaine époque, les scientifiques ont largement révélé le fonctionnement de la dormance, de la levée de dormance et de la croissance. Il est établi que la graine s'imbibe d'eau et développe ses racines et/ou ses

1. Théophraste (Théophraste & Amigues, 2010).

pousses grâce à l'expansion des cellules. Cette étape est suivie d'une division cellulaire rapide nourrie en énergie par leurs réserves nutritives. Mais le top départ exact, qui déclenche et coordonne ces événements, reste entouré d'un halo de mystère.

La chimie de la germination, à elle seule, comprend une énorme variété de réactions : lorsque le métabolisme dormant prend vie, il produit toutes les hormones, tous les enzymes et les autres composants nécessaires à la transformation d'une nourriture stockée en matériau végétal. Reprenons l'exemple de l'avocat : parmi ses aliments, on trouve des substances aussi diverses que de l'amidon, des protéines, des acides gras et du sucre pur – le mélange est si riche que les pépinières n'utilisent d'engrais que bien après l'étape du semis. En repiquant mes arbrisseaux dans du terreau, je remarquai leurs cotylédons toujours accrochés à la base de la tige comme des paires de mains tendues. Des mois ou des années après avoir pris racine et développé leurs feuilles, les jeunes avocatiers parviennent encore à puiser un tout petit peu d'énergie dans cet en-cas préparé par leur mère. Ce n'est pas un hasard si les avocats gâtent à ce point leur progéniture. Comme l'*almendro*, l'avocatier est censé pousser dans l'ombre de la forêt tropicale, où la lumière est rare : dans ces conditions, de grosses réserves alimentaires constituent un avantage indéniable pour un jeune plant. La situation serait bien différente s'il s'agissait de plantes du désert ou des alpages, ces endroits où le surgeon a un accès rapide au plein soleil.

Les graines développent des stratégies incroyablement variées, leur forme, leur taille sont adaptées aux multiples nuances des habitats de la planète. C'est ce qui les rend aussi fascinantes. Il n'est toutefois pas toujours facile de s'accorder sur ce qui constitue la graine, dans une plante. Pour les puristes, elle se limite au péricarpe et à son contenu.

Tout le reste forme le fruit. En pratique, cependant, les graines récupèrent souvent le tissu du fruit pour se protéger entre autres choses, et leurs structures s'imbriquent tant qu'il devient difficile, voire impossible, de les distinguer. Même les botanistes professionnels adoptent fréquemment une définition plus intuitive : la partie dure contenant le bébé plante. Ou, encore plus simple : ce que l'agriculteur sème pour obtenir une récolte. Cette approche fonctionnelle met sur un même plan un pignon de pin, un pépin de pastèque et un grain de maïs, nous épargnant les considérations techniques sur le rôle de chaque tissu végétal. C'est cet angle qu'adoptera ce livre, non sans remarquer au passage combien le contenu des graines peut varier.

Les produits de l'évolution fonctionnent si magnifiquement que l'on s'imagine volontiers leur processus de fabrication comme une sorte de grande ligne d'assemblage encastrant engrenages et pignons, chacun ayant son rôle bien défini. Cependant, et les fans de MacGyver, de l'émission *Les Guerriers de la récup* ou des très inventives machines de Rube Goldberg le savent bien, les objets les plus banals peuvent être réimaginés, détournés, et, à la limite, à peu près tout finit par fonctionner. La progression par tâtonnements ne s'arrête jamais, ce qui signifie bien que toutes sortes d'adaptations sont possibles. Une graine, c'est un bébé dans une boîte avec son déjeuner, mais les plantes interprètent cela d'innombrables manières. Pensez à un orchestre symphonique : les violons se chargent en général de la ligne mélodique, mais les bassons, les hautbois, les carillons et une bonne vingtaine d'autres instruments seraient parfaitement capables de l'exécuter. Mahler avait un faible pour le cor d'harmonie, Mozart écrivait souvent pour la flûte, quant à Beethoven, dans sa *Cinquième Symphonie*, même les timbales ont droit à leur place dans le célèbre « pom-pom-pom-poooom » !

Avec leurs deux gros cotylédons, les avocats sont l'illustration d'un type de graine très répandu, mais les herbes, les lis, ainsi qu'un certain nombre de végétaux familiers n'en ont qu'un seul, et les pins, eux, en comptent jusqu'à vingt-quatre. En guise de déjeuner, la plupart des graines se nourrissent d'un consistant produit de la pollinisation appelé « endosperme », mais d'autres tissus font l'affaire, y compris le « périsperme », pour les yuccas ou le café, l'« hypocotyle », pour la noix du Brésil, ou le « mégagamétophyte » des conifères. Les orchidées, pour leur part, se présentent sans le moindre déjeuner – leurs graines tirent tout simplement la nourriture dont elles ont besoin des champignons trouvés dans le sol. L'enveloppe protectrice peut être aussi fine que du papier, comme celle de l'avocat ou épaisse et dure, comme celle de la courge. Le gui, par contraste, entoure ses graines d'une substance visqueuse, tandis que tant d'autres récupèrent les couches intérieures, durcies, du fruit qui les contient[1]. Même une donnée aussi basique que le nombre de bébés peut varier, des citrons Frost Lisbon aux cactus raquettes, certains réunissent de multiples embryons dans une graine unique.

Les distinctions entre types de graines définissent les divisions majeures au sein du règne végétal, nous y reviendrons dans d'autres chapitres, ainsi que dans le glossaire et les notes[2]. Cependant, ce livre se penchera principalement sur ce qui « unit » les graines, tout ce qui les relie en matière de protection, de dispersion et d'alimentation des bébés

1. La coque impénétrable d'une graine d'*almendro*, par exemple, est principalement constituée d'endocarpe, partie interne du fruit.
2. Les graines sont si fondamentales dans l'évolution des plantes qu'on les utilise souvent pour baptiser les lignées : les gymnospermes (les « graines nues ») ; angiospermes (les plantes à fleurs ou « graines renfermées ») ; les monocotylédones (angiospermes à un seul cotylédon) ; dicotylédones (angiospermes à deux cotylédons).

plantes. Parmi tous ces sujets, ce dernier est le plus intuitif, car chacun sait que la nourriture à l'intérieur des graines n'est pas dévorée par la seule jeune pousse, loin de là.

Dans les forêts du Costa Rica, quand arrivait l'heure de la pause déjeuner, José et moi avions l'habitude de nous diriger vers l'*almendro* le plus proche. Ses racines à contreforts offraient un bon dossier et son imposante ramure nous permettait de nous protéger du soleil ou de la pluie. Mais, et c'était tout aussi important, les *almendros* se révélaient également des endroits privilégiés pour observer la faune. Le sol à leur pied était jonché des coques dures des vieilles graines, dans des états de détérioration variés, percées par des perroquets qui les grignotaient généralement dans les branches ou attaquées par divers gros rongeurs. Les pécaris, par exemple, s'entendaient de loin : les graines entières s'entrechoquaient entre leurs dents, tant qu'ils n'avaient pas trouvé comment les positionner pour les fendre d'un coup sec. Le son nous rappelait celui des boules de billard cognant l'une contre l'autre.

Les graines d'*almendro* crues m'avaient toujours parues fades et farineuses. Jusqu'au jour où, avec Eliza, nous en fîmes griller une poêlée, qui parfuma la maison d'une douce odeur de noisette et se révéla, au goût, plutôt agréable. Il suffirait peut-être d'une petite culture sélective pour rendre les écales plus coopératives, ce qui finirait par leur valoir une place aux côtés des noix, amandes, noisettes et autres avelines dans notre garde-manger. Après tout, ce genre d'expérimentation permit précisément d'introduire fruits à coque, légumineuses, céréales, ainsi que d'innombrables autres graines dans les celliers des humains sur la planète entière. On ne compte pas les animaux qui se rendent coupables de vol et chipent leur déjeuner aux bébés plantes. Dans ce domaine, nul ne surpasse toutefois *Homo sapiens*. Car il faut bien l'avouer : les graines composent une partie absolument essentielle de notre régime alimentaire. Nous les récupérons partout où nous allons, nous les plantons, nous les chérissons et consacrons des pans entiers de notre environnement à leur culture. Pour reprendre les termes de Carol Baskin, « lorsque l'on me demande pourquoi les graines ont tant d'importance, je réponds par une question : que mangez-vous au petit déjeuner ? » Il y a fort à parier que ce repas, quel qu'il soit, ait commencé dans un champ.

CHAPITRE II

NOTRE PAIN QUOTIDIEN

« Et Dieu dit : Voici, je vous donne
toute herbe portant de la semence
et qui est à la surface de toute la Terre,
et tout arbre ayant en lui du fruit
d'arbre et portant de la semence :
ce sera votre nourriture. »

Genèse I, 29

Le mont Rushmore, dans le Dakota du Sud, est connu pour la sculpture monumentale, dans le granit, des visages de quatre présidents américains. Sur certaines collines anglaises, on peut voir un géant ou un cheval au galop creusés dans la craie. En Chine, les remarquables grottes de Dazu sont décorées de milliers de statues bouddhiques ; quant à la province péruvienne de Nazca, les immenses figures tracées sur son sol en forme de singes ou d'araignées, de condors ou de gracieuses spirales, sont visibles depuis l'espace. L'Idaho a lui aussi sa petite particularité : ses collines ont des sourcils. Certes, cela peut paraître moins spectaculaire que des géants ou des présidents, mais les sourcils de l'Idaho comptent parmi les caractéristiques paysagères les plus rares qui soient.

Planté au milieu de l'un d'eux, les yeux fermés, un cadre d'échantillonnage à la main, je tournai sur moi-même et le lançai au hasard. Le carré de plastique de trente centimètres sur trente, en atterrissant sur la pente, sélectionna une portion d'un écosystème en danger, celui de la prairie de Palouse. À genoux, armé de mon bloc-notes, je commençai l'inventaire. La page ne tarda pas à se remplir : plus de vingt plantes différentes se pressaient sur ce petit échantillon de terrain. Il y avait là des pensées, des iris, des castillejas, des asters, mais principalement des graminées – des touffes denses et vertes de fétuque, et de délicates koéléries à grandes fleurs oscillant dans le vent. Inutile de détenir un diplôme de botanique pour savoir que les prairies naturelles sont propices à la pousse de ces herbes. C'est là leur gloire et leur malheur, car rien n'est plus important pour l'homme que la croissance des graminées.

J'en avais la preuve tout autour de moi : juste derrière le sourcil, le méli-mélo de plantes sauvages des prairies laissait la place aux champs cultivés, qui s'étiraient jusqu'à l'horizon. Eux aussi étaient recouverts de graminées – une espèce haute venue du Moyen-Orient, du genre *Tricetum*, plus connue sous le nom de blé. Partout dans le monde, où qu'aillent les hommes, ils l'emmènent avec eux ; c'est une culture essentielle qui pousse aujourd'hui sur une surface plus vaste que la France, l'Allemagne, l'Espagne, la Pologne, l'Italie et la Grèce réunies. Lorsque les colons européens découvrirent la région de Palouse, dans le nord de l'Idaho, voisin de l'État de Washington, ils virent immédiatement son potentiel. Issues de sédiments anciens balayés par les vents, ces collines aux contours arrondis qui leur donnent l'allure de dunes recelaient un terrain idéal pour les céréales et formaient une prairie herbeuse naturelle qu'il n'était pas nécessaire d'irriguer. Très vite, la charrue intervint, et une génération suffit à faire de la région l'une des principales productrices de blé. Les quelques vestiges de prairie naturelle qui subsistent se cantonnent aux endroits les plus difficiles à cultiver, s'étirant sous les avancées des hauteurs les plus abruptes. De loin, ce sont de fines lignes sombres qui semblent surmonter les collines arrondies, donnant l'impression que le paysage soulève ses « sourcils », étonné.

Mon étude des végétaux permit de fournir une toile de fond botanique à une équipe interdisciplinaire d'entomologistes, de spécialistes du sol, des vers et des sciences humaines. Le projet avait pour but de mieux comprendre et de protéger les dernières prairies de Palouse et de les valoriser au sein de la communauté locale – pour rendre les gens fiers de leurs herbes[1]. Je dus apprendre très vite à reconnaître fétuques, bromes, avoine sauvage, pâturin des champs. À chaque heure consacrée à l'observation des sourcils en correspondait une autre passée penché sur mon microscope. J'y identifiais les différentes espèces grâce aux subtilités des feuilles, poils, arêtes et rides ornant leurs fleurs et leurs graines. Si l'étude de la région de Palouse m'apprit la diversité des graminées, j'eus également l'impression de découvrir à quel point ces herbes, et plus particulièrement leurs graines, donnèrent forme aux sociétés humaines.

Aux yeux des touristes, les silos qui se dressent au-dessus des petites villes agricoles de la région de Palouse sont un des grands classiques du paysage, la photo pittoresque par excellence. Pour les locaux, en revanche, ils sont l'incarnation de l'économie – qu'ils débordent de grain après une bonne récolte ou trônent, vides, en temps de pénurie,

1. L'un des résultats inattendus de ce travail fut la redécouverte du ver de terre géant de Palouse (*Driloleirus americanus*), une espèce autochtone longtemps crue disparue à cause du déclin de la prairie. Même si les récents spécimens sont plus petits, cette bestiole nocturne et albinos est censée, à en croire la rumeur, pouvoir mesurer jusqu'à près d'un mètre de long ! Il émanerait d'elle une odeur caractéristique de lis.

leur seule présence sonne comme un rappel. Au moment de la moisson d'automne, l'assiduité à l'école chute et les banques locales adaptent leurs panneaux d'affichage, alternant entre l'heure, la température et les cours du marché à terme pour le blé. Ce même scénario se répète, à quelques variables près, dans toutes les régions productrices de blé, depuis la plaine centrale de Chine à la pampa argentine, en passant par les rives irriguées du Nil moyen. Et ce n'est pas la seule céréale d'influence : il en va de même pour le maïs, l'avoine, l'orge, le seigle, le millet et le sorgho, des graminées eux aussi, sans parler du riz, la base du régime alimentaire asiatique depuis des millénaires. Au Japon, en Thaïlande, et dans certaines régions de Chine, les termes locaux qui désignent le riz ont parfois un autre sens qui en dit long : « repas », « affamé » ou simplement « nourriture ». Toutes réunies, les céréales fournissent plus de la moitié des calories du régime alimentaire de l'homme, monopolisant plus de 70 % des terres cultivées de la planète[1]. Parmi elles, on compte trois des cinq principales denrées agricoles de base, et elles constituent le gros du fourrage destiné aux bovins, à la volaille, aux porcs et même aux crevettes et aux saumons de culture. Lorsque le prophète Ézéchiel prédit une famine à Jérusalem, il annonça que Dieu allait « briser le bâton du pain ». Dans le Notre Père aussi, le pain est synonyme de nourriture. « Notre pain de ce jour » évoque tous les aliments de base. Au XXIe siècle, peu de choses ont changé : les céréales continuent de nourrir le monde[2].

1. Le mot « céréales », qui décrit les graines comestibles des graminées annuelles, vient de l'adorable Cérès, déesse romaine de l'Agriculture.
2. Techniquement, chaque « grain » de graminée est un fruit minuscule appelé « caryopse ». Cependant, les strates du fruit se sont adaptées pour devenir une enveloppe dure de protection de la graine, elles sont donc impossibles à distinguer de la graine en soi, même au microscope. Selon toutes les interprétations, à l'exception des plus strictes, le caryopse est *de facto* considéré comme une graine.

Les liens solides qui unissent les hommes et les céréales remontent aux origines mêmes de l'agriculture, quand les cueilleurs commencèrent à sélectionner et à agir sur les plantes qui constitueraient leurs aliments de base, parmi les myriades d'espèces sauvages autour d'eux. Les céréales tiennent une place prépondérante dans la fondation d'à peu près toutes les premières civilisations : l'orge, le blé et le seigle dans le Croissant fertile (il y a dix mille ans), le riz en Chine (il y a huit mille ans), le maïs aux Amériques (entre cinq et huit mille ans), le sorgho et le millet en Afrique (entre quatre et sept mille ans). Certains estiment que la dépendance des hommes aux céréales (et autres graines) remonte à plus loin encore, mais, quoi qu'il en soit, notre addiction tient à quelques caractéristiques spécifiques propres aux graines. Contrairement aux avocats dont les gros cotylédons alimentent dans l'ombre une croissance lente mais régulière, les graines des graminées sont adaptées à une vie en plaine, où la clé du succès est un départ rapide. Elles sont minuscules, prolifiques, pressées de germer, toutes qualités idéales pour l'agriculture alimentaire, et pour devenir dominantes sur quasi n'importe quel terrain[1]. Pas besoin de cure-dent ni de verre d'eau pour voir grandir les graines de graminées. Un tas de bois et une pluie battante de janvier feront l'affaire.

Tout le monde a un hobby. Cela dit, les biologistes ont tendance à se révéler monomaniaques. Par exemple, puis-je

1. Les graminées évoluèrent durant une période aride du début de l'éocène, elles se dotèrent d'une série de caractéristiques adaptées à la vie en terrains dégagés. Elles sont pollinisées par le vent et poussent de la base, au plus près du sol, ce qui les aide à se remettre rapidement même après avoir été grignotées par un animal ou ravagées par un incendie. Leurs feuilles contiennent même des cristaux de silice proches du verre abrasant les dents des bisons, des chevaux et d'autres animaux en troupeaux qui s'en nourrissent.

véritablement compter comme un loisir le temps que je consacre à l'observation des oiseaux ou des abeilles ou à l'exploration de la nature ? Certes, je joue dans un orchestre de jazz, mais il faut reconnaître qu'un de mes passe-temps m'accapare plus que les autres : ma passion pour le bois de chauffage. Nous habitons une ancienne ferme de 1910 qui fut un jour sciée en deux, chargée sur un camion à plateau et déplacée de 8 km sur une route de campagne, jusqu'à l'endroit où elle se trouve aujourd'hui. Le recollage des deux morceaux en fit une structure qui, quoique charmante, est aussi pleine de courants d'air. Le colmatage à la fibre de verre, pourtant soigné, ne parvint jamais à l'isoler complètement. Résultat, une de mes activités quotidiennes, ou presque, est de scier, couper, entasser, déplacer une partie de la quinzaine de stères de bois que nous utilisons chaque année pour cuisiner et nous chauffer.

Avec de tels besoins, je dus me transformer en authentique glaneur de combustible, arpentant le bas-côté des routes pour récupérer les branches après chaque tempête, harcelant voisins et amis en quête de trucs et astuces pour trouver davantage de bois. Je ne refusais aucune proposition et fus donc ravi d'aider à débarrasser la cour d'un ami des vieilles bûches d'arbousier d'Amérique qui l'encombraient. L'arbousier, de la famille de la bruyère, ressemble à un immense rhododendron, dont le tronc courbe et les branches arborent une belle écorce rougeâtre. Je fus donc étonné en découvrant la couleur verte des rondins en question. Il me suffit d'y regarder de plus près pour comprendre ce qui s'était passé. Après plus d'une année en extérieur entourés de hautes herbes, ces morceaux de bois étaient recouverts de graines jusque dans les moindres interstices. Et voilà qu'elles commençaient à germer. Gonflée par les récentes pluies, chacune d'entre elles s'était dotée d'une pointe vert tendre, conférant à la surface du bois un aspect résolument duveteux. Un peu à la manière de ces animaux en terre cuite sur lesquels on fait germer de l'herbe pour figurer leur toison.

En arrachant l'une des petites tiges, je découvris un vestige d'enveloppe de graine encore accrochée, toute fine, fendue où la base de la pousse verte devenait plus pâle. Car les herbes, elles, n'investissent pas dans de gros cotylédons, elles ne lestent pas leurs rejetons de déjeuners trop consistants, préférant se fier à la fécondité : l'envoi massif de graines, dans l'espoir que certaines prennent quelque part. Quand un avocatier bien choyé peut fournir à l'année cent cinquante fruits à graine unique, l'agrostide la plus fine trouvée au hasard de l'allée devant chez moi en comptait, elle, neuf cent soixante-cinq. La réserve nutritive d'une graminée donne à la jeune plante juste assez d'énergie pour une poussée de croissance rapide, mais elle ne permettrait jamais de la maintenir en vie longtemps à l'abri de la lumière. Les pousses des graminées doivent donc trouver des terrains ouverts et inoccupés. Elles préfèrent la terre, bien sûr, mais sont capables de germer sur le bitume, dans le caniveau ou sur le marchepied d'une vieille camionnette. Certaines espèces raffolent du sable, de la vase ou colonisent, par facilité, les cailloux aux abords des rivières. Les graines des plantes herbacées imposent aux alpinistes un peu partout dans le monde un « jardinage » permanent, à savoir l'arrachage des touffes d'herbe fraîche qui apparaissent dans les fissures et les crevasses aussi utiles aux végétaux qu'aux grimpeurs.

Contrairement à la croyance populaire, il peut être tout à fait fascinant de regarder pousser l'herbe – une affaire de bravoure et de ténacité pure. Bien que navré de devoir renoncer à une partie de mon bois gratuit, j'abandonnai une pile de rondins d'arbousier herbeux sur place, pour voir. Six mois plus tard, la prairie cuisait sous le soleil estival.

J'y retrouvai mon tas tel que je l'avais laissé, cependant il ne restait quasi plus trace de ce petit duvet vert si prometteur. La totalité des pousses, ou presque, avait séché sous l'effet de la chaleur, après avoir épuisé leur maigre déjeuner bien avant qu'une racine n'ait pu s'étirer jusqu'à une source d'eau fiable. Une plante, toutefois, avait survécu : sur le bout fendu d'une bûche située au bas du tas de bois était perchée une touffe de houlque laineuse dont la haute fleur se balançait dans la brise. Soulevant délicatement le rondin, je constatai que les racines s'étaient faufilées à travers une crevasse pour rejoindre la terre en dessous. En général, la dispersion des graines sur un tas de bois signe plutôt l'arrêt de mort des jeunes pousses. Pourtant cette houlque, pour les centaines de graines qui en résulteraient, suffisait à elle seule à justifier la tactique.

Si la prodigalité des graminées semble une méthode moins rassurante, moins confortable que ces déjeuners bien garnis livrés avec les avocats, les fruits à coque, les légumineuses et les autres grosses graines, cette stratégie n'en est pourtant pas moins gagnante[1]. Programmées pour la colonisation et la survie, les minuscules graines de la majeure partie des espèces sont capables de supporter la dessiccation et de longues périodes de dormance. Ce sont ces caractéristiques qui permirent aux herbes de dominer presque tout l'habitat terrestre, trop aride pour les arbres et les arbustes. Même l'Antarctique peut se prévaloir de ses herbes indigènes, et parmi toutes les plantes à fleurs existant sur la planète, près d'une sur vingt est une graminée. Leur ubiquité seule ne suffit pourtant pas à les rendre incontournables. Certes, elles sont prolifiques, mais c'est surtout leur composition

1. Il faut aussi garder à l'esprit que si les graines de graminées nous semblent petites, elles sont relativement grosses à l'échelle de la plante et représentent donc un investissement considérable d'énergie, en particulier pour les plantes annuelles.

chimique qui les rendit indispensables aux humains. Car elles ont une astuce liée à leur manière d'emballer leur déjeuner.

Si vous décidiez un jour de vous lancer dans la dissection d'une herbe, je vous suggérerais d'éviter le café de midi, car il faut avoir la main sûre. Je dus m'y reprendre à plusieurs fois, mes tremblantes tentatives propulsant à terre une demi-douzaine de grains de blé avant de réussir. Lorsque enfin je parvins à en fendre un proprement, je pus découvrir, à l'aide de mon microscope, ce qui m'intéressait : une masse de granules d'amidon scintillant comme des billes plates. Les graines stockent l'énergie de différentes manières, huile, graisses, protéines, mais aucune ne se révèle aussi essentielle pour l'homme que l'amidon. Il se compose d'une longue chaîne de molécules de glucose, un peu comme un collier de fines perles de sucre. Les enzymes de notre intestin, ou même de notre salive, savent rompre facilement ce collier pour en libérer les sucres. Cependant, il suffit de modifier un peu la composition chimique de l'amidon pour obtenir de la cellulose, cette fibre végétale inassimilable par l'organisme qui forme les tiges, les branches et le tronc des arbres. La cellulose et l'amidon ne diffèrent que par la manière dont tient ensemble leur chaîne de glucose, quelques atomes repositionnés qui font d'un lien tout fin un autre, non comestible, une sorte de fil de fer[1]. Si les molécules de glucose dans l'amidon étaient attachées plus solidement, si nous n'étions pas capables de rompre cette chaîne, les graines de graminées, en traversant l'intestin humain, auraient le même effet qu'une poignée de sciure

1. Si vous souhaitez en savoir plus sur cette affirmation, plongez-vous dans le passionnant chapitre IV de *Napoleon's Buttons* de Le Couteur & Burreson, 2003 (non traduit en français).

de bois. En l'état, en revanche, la part d'amidon, qui peut dépasser les 70 % d'une graine, apporte une énergie rapide censée, à l'origine, alimenter la croissance de la plante, mais qui désormais alimente la moitié de l'activité humaine.

Ces herbes prolifiques en graines chargées en amidon sont si nombreuses, il n'est pas étonnant que nos ancêtres aient appris comment en tirer profit. À l'origine de la transformation des chasseurs-cueilleurs en agriculteurs, il semble toujours y avoir une graminée ou deux. Les civilisations se succédèrent, contribuant toutes à maintenir notre dépendance aux calories issues des herbes ; elles répandirent dans les champs et les potagers, partout dans le monde, ces quelques espèces choisies. Certes, les historiens crurent longtemps que l'alimentation à base de céréales était un phénomène récent, un produit de la révolution agricole, mais de nouvelles théories font remonter l'importance des graines de graminées, et d'autres végétaux, dans notre régime alimentaire loin dans notre passé de nomades chasseurs-cueilleurs.

« On peut raisonnablement estimer que les graines ont toujours fait partie de notre alimentation, m'expliqua Richard Wrangham. Après tout, les chimpanzés en mangent. » Professeur d'anthropologie biologique à l'université d'Harvard, Wrangham est bien placé pour le savoir : il publia son premier article sur leurs habitudes alimentaires au début des années 1970, et il les étudie sur le terrain depuis lors. Je fis la connaissance de Richard durant un atelier de primatologie en Ouganda ; Jane Goodall et lui en avaient lancé la conférence d'introduction par une compilation de cris perçants échangés entre chimpanzés. Deux décennies plus tard, il a toujours le don pour attirer l'attention de son auditoire. Je le contactai par téléphone à son bureau à Harvard, où, malgré les délais pressants qu'impose la recherche et un planning de cours chargé, il parut ravi de m'exposer sa nouvelle théorie si peu orthodoxe.

« Pendant un temps, j'ai essayé de me nourrir comme les chimpanzés, expliqua-t-il, se remémorant ses débuts sur le terrain, dans la forêt de Kibale, en Ouganda. Et je peux vous dire qu'à la fin de la journée je me retrouvais assez affamé. » Wrangham en conclut d'abord que les fruits, à coque ou non, les feuilles, les graines et parfois le singe cru, qui composaient ses repas ne lui convenaient tout simplement pas. Mais, en replaçant ses observations dans le cadre de l'évolution humaine, il lui vint une toute nouvelle idée, qui méritait réflexion. Et si le problème n'était pas lié au type de nourriture, mais à la manière dont elle était préparée ? « Je fus assez vite convaincu que nous ne pourrions pas survivre dans la nature en mangeant exclusivement des aliments crus. En tant qu'espèce, nous sommes totalement dépendants de l'usage du feu pour la préparation de nos repas. Nous sommes le singe cuisinier[1]. »

Wrangham avance des théories audacieuses, mais sa parole est prudente, il présente ses arguments avec la patience de celui habitué aux longues heures d'observation sur le terrain. « Mon point de vue est celui de quelqu'un qui travaille avec les grands singes. Je considère les humains comme des grands singes ayant subi des modifications », évoquant dans la foulée nos dents substantiellement plus petites, nos intestins plus courts et nos cerveaux plus gros. La cuisson, dit-il, permet un gain d'énergie remarquable.

1. À en croire Wrangham, ceux qui de nos jours proposent un régime à base d'aliments crus ne peuvent survivre que grâce aux largesses des rayons des épiceries et, même dans ce cas, ils montrent des signes de stress nutritionnel. En milieu naturel, avec des ressources en nourriture dispersées et saisonnières, l'adepte du tout cru mourrait de malnutrition sans l'apport énergétique substantiel généré par la cuisson (voir Wrangham, 2009).

Faire rôtir ou bouillir la viande, les noix, les tubercules et les autres aliments de base augmente leur digestibilité : d'un tiers pour ce qui est du blé et de l'avoine par exemple, mais de 78 % pour un œuf de poule. La théorie de Wrangham fait de la cuisson l'innovation capitale différenciant les membres les plus évolués du genre *Homo* de leurs ancêtres plus proches des grands singes. Lorsque nos aïeux optèrent pour un régime alimentaire hautement digeste, car cuit, leurs molaires colossales et les intestins à rallonge qui servaient à absorber les fibres crues devinrent superflus. Et soudain toute cette énergie supplémentaire fut disponible pour répondre aux exigences métaboliques d'un plus gros cerveau.

Bien qu'encore controversée, la théorie de Wrangham résonne clairement parmi le brouhaha des hypothèses en concurrence. Traditionnellement, la plupart des anthropologues mettent en avant les innovations pour expliquer l'évolution du chasseur-cueilleur, attribuant les changements dans sa dentition et dans la taille de son cerveau à l'amélioration des techniques de chasse, comme l'apparition des lances, des flèches ainsi qu'à un régime riche en protéines. Wrangham, pour sa part, maintient qu'aucune quantité de viande crue (ou autre aliment cru) ne parviendrait à nourrir les hominidés modernes, et ne pourrait encore moins être à l'origine de leur évolution. « Avec une alimentation strictement crue, expliqua-t-il, on a moins de temps pour des activités à haut risque tels que la chasse. Si nos ancêtres avaient mangé comme des chimpanzés, ils auraient dû consacrer au moins six heures par jour à la seule mastication. »

La théorie du singe cuisinier, qui minimise l'importance de la viande, rétablit aussi la réputation des cueilleurs, responsables de la variété de l'alimentation en rapportant, en plus des graines, des racines, du miel, des fruits[1]. « Les tubercules étaient probablement la solution de repli, déduit Wrangham, mais n'importe quelle graine riche aurait eu leur préférence pourvu qu'ils aient réussi à en trouver. » Il remarqua que les chimpanzés étaient très friands des graines d'*Afzelia* grillées par les feux de forêt, et qu'ils abandonnaient la chasse durant l'abondance saisonnière de fruits, de noix et de miel. Il n'est cependant pas forcément évident de déterminer à quelle période les céréales acquirent une place aussi centrale. Leur potentiel calorique est énorme, surtout cuites, mais elles imposent une moisson organisée et un traitement considérable. Pour une réponse plus catégorique, davantage de preuves sont nécessaires ou, pour reprendre les termes de Wrangham : « un certain encouragement de la part de l'archéologie ». Cela dit, dès lors que l'on commence à les chercher, les signes de cet encouragement se manifestent un peu partout.

Pour qui s'intéresse aux sociétés humaines, les habitudes des chasseurs-cueilleurs les plus récents fournissent un précieux point de comparaison[2]. Les groupes vivant sous des climats chauds tirent traditionnellement entre 40 et 60 % de leurs calories de l'alimentation végétale. Les graines des graminées ont leur faveur, mais pas seulement les précurseurs de ces produits agricoles désormais familiers que sont le blé ou le riz. En Australie, les sociétés aborigènes faisaient du pain et du porridge à base de céréales aussi

1. Non seulement la maîtrise du feu permit aux anciens de cuisiner, mais aussi d'enfumer les abeilles pour les éloigner de leurs ruches et ainsi récupérer leur miel. Pour une discussion fascinante à ce sujet et celui de notre coévolution avec un oiseau nommé le « grand indicateur », voir Wrangham, 2011.
2. Pour d'autres informations sur les nombreuses notes anthropologiques et archéologiques dans ce paragraphe, voir Clarke, 2007 ; Reddy, 2009 ; Cowan, 1978 ; Piperno *et al.*, 2004 ; Mercader, 2009 ; et Goren-Inbar *et al.*, 2004.

diverses que *Brachiaria subquadripara, Panicum effusum* (la « panique velue »), *Aristida contorta,* l'herbe étoilée, le ray-grass, *Eragrostis eriopoda.* Les Amérindiens de la côte ouest des États-Unis, eux, récoltaient l'alpiste jusqu'à l'époque des missions espagnoles, tandis que l'alpiste Carolina, une proche cousine, fournissait en amidon les régimes alimentaires des tribus de toute la côte est. En examinant les résidus d'amidon sur les outils de pierre découverts à proximité du lac de Tibériade, les archéologues prouvèrent que les populations locales broyaient et cuisinaient l'orge sauvage depuis plus de vingt mille ans. Au Mozambique, des méthodes similaires placent le sorgho au menu de nos ancêtres il y a plus de cent cinq mille ans. Mais la céréale la plus ancienne, la plus intrigante vient de Gesher Benot Ya'aqov, en Israël, où furent découvertes des traces d'un feu maîtrisé remontant sept cent quatre-vingt-dix mille ans en arrière. Là, au milieu des racloirs et des silex carbonisés, les chercheurs mirent la main sur une poignée de graines brûlées : stipes, égilopes, avoine et orge sauvages. En clair, des céréales comestibles se trouvaient à proximité d'un feu durant l'ère d'*Homo erectus*, des centaines de milliers d'années avant même l'apparition de notre espèce[1].

Si Richard Wrangham a raison, et si ce type d'« encouragement archéologique » se poursuit, nous pourrions bien découvrir que cette hausse soudaine de l'apport calorique joua un rôle essentiel dans l'évolution humaine. Quelle que

1. J'utilise consciemment la définition d'*Homo erectus* au sens large, même si certains auteurs préfèrent scinder l'espèce en une forme africaine antérieure (*H. ergaster*) et une forme asiatique postérieure (*H. erectus*). Les preuves isotopiques, ainsi que l'usure des dents sur les fossiles, suggèrent que la présence de graminées dans le régime alimentaire remonte bien plus loin, jusqu'à l'australopithèque. Lee-Thorp *et al.*, 2012 pensent qu'ils se nourrissaient d'herbes des zones humides et de laîche toute l'année, les graines les plus nourrissantes devaient sûrement être savourées quand la saison le permettait.

soit l'époque à laquelle les graines de graminées apparurent dans notre alimentation, elles étaient déjà bien connues lorsque nous nous lançâmes dans l'agriculture. À ce moment-là, cependant, nos ancêtres se débarrassèrent des obscures *Aristida contorta* et *Eragrostis eriopoda* pour se concentrer sur quelques variétés prometteuses. Aucun endroit sur Terre n'illustre mieux cette transition que l'ancien village de Tell Abu Hureyra, près de la cité moderne d'Alep, en Syrie. Ce qui, au départ, n'était qu'un campement saisonnier pour les chasseurs-cueilleurs se transforma, au fil du temps, en une ville agricole de quatre mille à six mille résidents permanents. Chaque époque laissa derrière elle des traces de ses activités, magnifiquement préservées dans des couches de sédiments et de débris. Les tout premiers habitants se nourrissaient de plus de deux cent cinquante végétaux sauvages différents, parmi lesquels cent vingt types de graines, comprenant au moins cinquante-quatre graminées. Lorsque l'agriculture fut solidement implantée, cependant, cet éventail se réduisit aux lentilles, pois chiches et à quelques variétés de blé, de seigle et d'orge[1]. Ce même schéma se répète partout dans le monde, à chaque révolution agricole : à un régime diversifié à base de plantes sauvages se substitue une nouvelle alimentation centrée sur quelques céréales et autres cultures clés. À quelques exceptions près, celles-ci partagent plusieurs caractéristiques importantes. Étant annuelles, elles adoptent une stratégie vitale du tout ou rien, consacrant leurs ressources à la production de graines avant tout[2]. N'ayant pour horizon qu'une saison pour vivre

1. Non seulement ces variétés sont efficaces et pratiques à planter, mais un changement soudain vers un climat frais et sec contribua à sélectionner, parmi ces plantes cultivées, les quelques variétés les plus généreuses (Hillman *et al.*, 2001).
2. Ceux qui militent pour une agriculture durable ont commencé à développer des graminées vivaces à grosses graines comme alternative

et se reproduire, elles n'ont en effet aucun intérêt à investir dans des tiges et des feuilles durables, toutes les raisons au contraire pour produire ces graines solides et prolifiques qui les rendent si intéressantes en termes d'agriculture. D'ailleurs, la seule existence de ces végétaux annuels suffit à prédire l'avènement de l'agriculture. Trente-deux sur cinquante-six des plus chargées en graines au monde poussent dans le Croissant fertile ou d'autres régions de la zone méditerranéenne de l'Eurasie, où prospérèrent la plupart des premières civilisations. Ainsi que l'observa le géographe Jared Diamond, « ce fait en soi explique largement le cours de l'histoire de l'humanité[1] ».

Pour Diamond, la présence d'herbes aisément domestiquées donna à la zone méditerranéenne un avantage environnemental, permettant à ses peuples de développer très tôt des civilisations dominantes. Leur relative rareté dans certaines parties de l'Afrique, de l'Australie et des Amériques aurait pu retarder l'avènement de l'agriculture dans ces régions, un retard aux conséquences non négligeables pour leurs interactions futures avec les cultures européennes et asiatiques. Peu importe à quand remonte la transition, ce lien fondamental entre graminées et civilisation ne disparut jamais. Du moment où elles devinrent la base de notre régime alimentaire, les céréales se trouvèrent absolument indissociables de l'économie, des traditions, de la politique et de la vie quotidienne partout dans le monde. Il suffit de s'intéresser un peu à l'histoire pour constater que les céréales sont à la racine même de nombre d'événements liés à des mutations essentielles.

---

aux céréales annuelles. En cas de succès, ces cultures offriraient des avantages considérables en matière de contrôle de l'érosion, de séquestration du carbone et de réduction de la dépendance aux engrais et à l'herbicide (Glover *et al.*, 2010).

1. Voir Diamond, 1999, p. 139, et Blumler, 1998.

Alors que la République romaine vivait ses derniers jours, les responsables de la cité calmaient le peuple par de gigantesques divertissements ou par des distributions de blé gratuites ou largement subventionnées, une stratégie de diversion que Juvénal résuma dans cette formule célèbre « du pain et des jeux ». D'abord codifiées par la *Lex Sempronia frumentaria* de Caius Gracchus, ces distributions se poursuivirent des siècles durant, constituant un outil politique important tout au long de l'Empire. Une déesse, Annona fut même spécialement inventée par l'État pour incarner cette allocation. Elle apparaissait souvent chargée de gerbes sous forme de statue, sur les pièces de monnaie, ou perchée sur la proue d'un navire pour symboliser l'approvisionnement permanent en blé de la capitale. Les historiens attribuent la chute de Rome à un faisceau de raisons parmi lesquelles l'inflation ou les conséquences sur la santé mentale du saturnisme provoqué par la tuyauterie en plomb, mais personne ne conteste que la pénurie de blé précipita sa fin. Dépendante de l'Afrique du Nord, Rome vit d'abord la production égyptienne déviée vers Constantinople avant de perdre le reste de ses fournisseurs quand Carthage tomba aux mains des Vandales. Les prix augmentèrent en flèche et d'importantes famines et émeutes de la faim secouèrent la capitale à au moins quatorze reprises au cours des IVe et Ve siècles. Lorsque les Wisigoths assiégèrent Rome en 408 apr. J.-C., la distribution de blé fut diminuée de moitié, puis juste avant l'invasion réduite à un tiers de la quantité initiale. Pour citer deux historiens renommés : « Le pain, ou le manque de pain, eut finalement raison de l'Empire romain d'Occident[1]. »

Au XIVe siècle, la peste noire faisait rage en Asie et en Europe. La population, déroutée, terrifiée, accusa les

1. Fraser & Rimas, 2010, p. 64.

tremblements de terre, l'acné même. Ce n'est que plus tard que les épidémiologistes remontèrent la piste de la maladie jusqu'aux minuscules puces vivant dans les poils du rat gris[1]. Cependant, même cette avancée ne permit pas d'expliquer la progression de l'épidémie. Après tout, le rat demeure en général dans un rayon de quelques centaines de mètres de son lieu de naissance toute sa vie durant, comment la contamination avait-elle pu s'étendre de la Chine à l'Inde, du Moyen-Orient jusqu'au nord de la Scandinavie en quelques années seulement ? La réponse n'est pas liée aux habitudes territoriales des rongeurs, mais à leur régime alimentaire. Les rats ne sont pas forcément regardants sur la nourriture, cependant, étant particulièrement friands de céréales, ils adaptent leurs déplacements pour les suivre, quelle que soit leur destination. Or, si la plupart des puces ne vivent que quelques semaines, les espèces qui contaminent les rats peuvent survivre jusqu'à un an ou plus. En conséquence, même si, lors d'un long voyage en bateau, tous les rats souffrant de la peste venaient à mourir, leurs puces, elles, survivaient, prêtes à infester de nouveaux rongeurs et humains à chaque port d'escale. Quand bien même un scrupuleux marchand, à terre, parviendrait à débarrasser sa cargaison des rats, leurs puces restaient là, bien au chaud, tapies dans les boisseaux de blé. Au plus fort de l'épidémie, sa prolifération rapide suggère une modification de la transmission, devenue aérienne – directement entre personnes par le biais de toux ou d'éternuements. Mais les historiens restent persuadés que tout commença avec le commerce céréalier, n'épargnant que les territoires dotés des rivages les plus reculés ou les

1. Les symptômes de la peste bubonique proviennent de *Yersinia pestis*, une bactérie qui se transmet entre humains et rats par la morsure des puces. Même si les puces infectées finissent aussi par succomber, elles survivent durant plusieurs semaines, tandis que la population bactérienne se multiplie dans leurs intestins.

royaumes, comme la Pologne, qui maintinrent leurs frontières strictement fermées. La maladie réapparut de manière sporadique jusqu'au XXe siècle, frappant des villes comme Glasgow, Liverpool, Sidney et Bombay – toutes dotées de ports dynamiques particulièrement actifs dans le transport céréalier.

L'histoire des révoltes et soulèvements est elle aussi liée aux céréales, dont la pénurie provoque souvent l'étincelle qui transforme les récriminations en rébellion ouverte. Lorsque l'empereur Huai de la dynastie Jin, au IVe siècle, apprit la pénurie de riz qui frappait ses sujets, on raconte qu'il répondit : « Alors pourquoi ne mangent-ils pas de viande ? » Dans la foulée, le soulèvement des Wu Hu fit perdre à Huai la moitié de son royaume. Et, bien que les historiens doutent désormais que la fameuse réplique « Qu'ils mangent de la brioche » ait été véritablement prononcée par Marie-Antoinette, personne ne songerait à nier que la pénurie de blé et de pain participa au déclenchement de la Révolution française, mais aussi de la révolution russe et du printemps des peuples de 1848, des convulsions qui agitèrent nombre de pays de par le monde. Et cela reste vrai aujourd'hui. Ce n'est pas une coïncidence si le printemps arabe débuta en Tunisie, le plus gros consommateur de blé par habitant, justement l'année qui suivit des vagues de chaleur, d'inondations, d'incendies et de maigres récoltes chez certains des plus gros producteurs de blé au monde. Les importations de blé tunisiennes chutèrent de près d'un cinquième en 2011, provoquant une hausse rapide des prix, et des émeutes de la faim se produisirent un peu partout dans le pays dans les mois précédant la révolution. Manifestations et émeutes sur le prix des céréales précédèrent également les rébellions en Libye, au Yémen, en Syrie, en Égypte – un pays où le mot « *aish* » signifie à la fois pain et vie, d'ailleurs. Le gouvernement algérien, à l'inverse, répondit à la crise alimentaire par un investissement massif dans le blé, dont il augmenta les importations de plus de 40 % en 2011, stabilisant ainsi les prix, puis il encouragea la construction d'immenses silos pour stocker la céréale, en prévision de futures pénuries. Les troubles se sont poursuivis partout dans la région, et des émeutes du pain secouèrent le nouveau gouvernement égyptien en 2012, alors que le régime algérien demeure en place.

Bien sûr, le printemps arabe ne fut pas déclenché par ce seul facteur, mais le rôle sous-jacent des cours du blé ramène la politique des céréales à son point de départ. Plus de dix mille ans après la conversion des chasseurs-cueilleurs d'Abu Hureyra à l'agriculture, les graminées qu'ils contribuèrent à domestiquer continuent d'influencer l'histoire. Leur héritage est essentiel. Dans le Croissant fertile et partout dans le monde, l'accès aux céréales joue un rôle subtil, mais omniprésent dans le destin des nations : de mauvaises récoltes précipitent les chutes de gouvernement. (On ne peut pas en dire autant de l'héritage des chasseurs. Aucun empire ne s'est effondré à cause d'une pénurie d'antilopes.) Mais l'influence des céréales sur la vie moderne ne se mesure pas nécessairement aux seules révolutions ou épidémies. Rien ne révèle plus leur rôle dans notre culture qu'une visite dans un pays céréalier en période de moissons.

« Vous avez devant vous deux millions de boisseaux de blé tendre », annonça Sam White. Debout à l'arrière de son pick-up, nous contemplions l'intérieur d'un bâtiment caverneux rempli jusqu'au plafond. Un air frais et sec balaya la mer de céréales et vint nous caresser le visage. Je procédai à quelques calculs rapides. Sachant qu'un boisseau s'échangeait autour de neuf dollars sur le marché, la valeur brute de ce seul lieu de stockage dépassait les dix-huit millions. Une fois transformé en farine et conditionné en sachets d'un kilo écoulés en supermarchés, ce blé rapporterait plus de cent millions de dollars. Cuisiné en pains, bretzels, tartelettes, biscuits, ou n'importe quel produit à base de blé, l'addition grimpait encore d'un cran. Avant que Sam ne referme la grande porte, je fis une photo… qui ne donna rien. Cette réserve de céréales y ressemblait à un simple tas de sable, rien n'indiquait qu'il mesurait l'équivalent de trois étages en hauteur et de deux terrains de football en longueur. Et aucune photo ne réussirait à représenter les centaines de hangars et de silos, semblables à celui-ci, jaillissant un peu partout à l'horizon, tous remplis à bloc.

Lorsque nous croquons un morceau de pain, que nous enroulons nos spaghettis autour de notre fourchette, nous sommes tous à peu près conscients que notre repas provient d'une exploitation agricole. Mais rares sont ceux qui prennent le temps de considérer l'incroyable logistique nécessaire pour parvenir du champ jusqu'au lieu de vente. Le grain accumulé dans le hangar de Sam valait cher, cependant le verrou sur la porte paraissait superflu – après tout, qui pourrait subtiliser soixante mille tonnes de bien ? Le stockage, la transformation et le transport des céréales à cette échelle imposent des infrastructures, et c'est précisément ce système de silos, de camions, de routes, de voies ferrées, de barges et de navires de fret qui me poussa à revenir sur la prairie de Palouse, pour en apprendre plus.

« Tout le blé est rentré, maintenant, m'informa Sam alors que nous avions repris place dans la cabine de son pick-up. L'orge aussi. » Mon guide pour la journée, Sam White, était un cadre haut placé de la Coopérative des agriculteurs du nord-ouest pacifique, un groupe de huit cents cultivateurs partageant vingt-six structures de stockage et de transformation aux environs de la petite ville de Genesee, dans l'Idaho (neuf cent cinquante-cinq habitants). Fils d'exploitants agricoles, il opta pour la partie commerce au moment de ses études supérieures et, depuis plus de vingt ans, il est chargé de vendre les céréales produites dans la région de Palouse sur un marché mondial complexe.

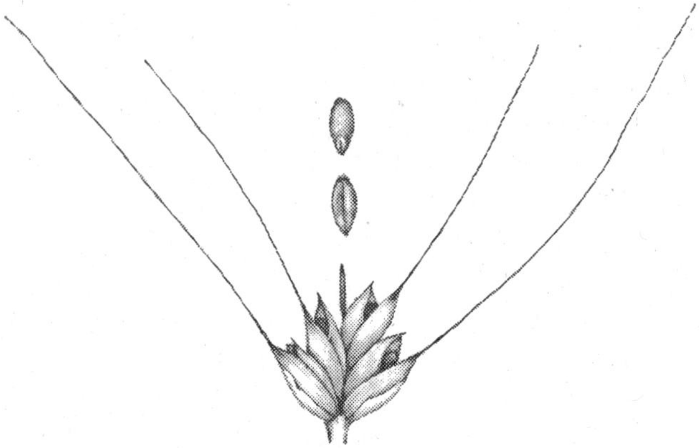

Blé (Tricetump *spp*.).

Descendant des graminées sauvages du Moyen-Orient, le blé colonise aujourd'hui plus de surfaces cultivées dans le monde que n'importe quelle autre culture. Comme pour toutes les autres graminées comestibles, du riz au maïs en passant par l'avoine, le millet et le sorgho, chaque petit grain de blé est en réalité un fruit complet, semblable à une graine, et appelé « caryopse ».

Sam, un costaud aux cheveux blonds et au visage buriné, aime son travail : il aide les agriculteurs locaux à obtenir le meilleur prix pour leur récolte. Ce qui est loin d'être toujours facile. « À l'époque de mon père, si le prix au boisseau variait de deux cents par an, c'était le bout du monde. Aujourd'hui, il arrive qu'il bouge de trente ou quarante cents par jour. » Pour ne rien arranger, les cultivateurs qui ont mis tant d'eux-mêmes dans ces récoltes laissent souvent les émotions l'emporter sur leur sens des affaires. « En toute franchise, me confia Sam, il est plus efficace de demander à leur femme de décider de la date de la vente. »

Nous sortons de la ville, entourés de part et d'autre de champs vallonnés couverts de chaume doré et marqués des sillons des moissonneuses-batteuses. L'apparition des fameux sourcils de la prairie me fit sourire, leurs herbes et leurs buissons hérissés encadrant les collines comme des parenthèses broussailleuses. La fumée d'un incendie dans les Bitterroot Mountains toutes proches se mêlait aux nuages de poussière provoqués par de lointains tracteurs. Il n'avait pas plu depuis des mois, mais les plantations d'automne étaient déjà bien avancées. Ici et là se détachaient, nets, les champs fraîchement retournés – larges taches de terre sombre attendant leur distribution de graines. Sam m'expliqua les méthodes de labour, les engrais, la rotation des cultures, puis il revint au commerce : « Plus de 90 % de notre production locale part vers l'Asie. » La statistique m'étonna, cependant elle était parfaitement logique. Car, en dépit de son enclavement géographique, à plus de 500 km de la côte, la région de Palouse bénéficie d'un accès portuaire à la mer.

Nous nous insérâmes parmi la circulation chargée de l'autoroute. Chaque année, des millions de tonnes de céréales de la région de Palouse empruntent cette route très pentue qui s'enfonce vers le canyon escarpé où convergent les rivières Clearwater et Snake, dans la ville de Lewiston. Une fois à destination, nous pûmes contempler les immenses silos en ciment et les tapis roulants tout aussi imposants qui desservent la rivière. Dans un ronron et des cliquetis sonores tout autour de nous, ceux-ci convoyaient un flux régulier de blé jusque dans la cale d'une péniche en contrebas. Des brins de paille dorés virevoltaient dans l'air tout autour de nous, scintillant au soleil et s'échouant sur les flots calmes.

« Il faut trois ou quatre péniches pour former un convoi ! » cria Sam par-dessus le brouhaha. Il me détailla le trajet des céréales qui suivraient les rivières Snake et Columbia en direction de l'océan Pacifique. Lewis et Clark avaient eux aussi emprunté le même itinéraire au XIXe siècle, mais, à l'époque, les célèbres explorateurs avaient dû affronter des courants vifs et des rapides traîtres, alors que les vaisseaux modernes se déplacent d'écluses en barrages à travers ce qui pourrait se résumer à une série de longs lacs linéaires. Lorsque le journaliste Blaine Harden entreprit le voyage à bord d'un remorqueur, au milieu des années 1990, son capitaine lui prédit assez sobrement : « À notre arrivée à Portland, vous serez à peu près mort d'ennui[1]. »

À cause des barrages de la rivière Snake, et des lacs placides qui les suivent, le voyage manque peut-être de piment, cependant ce sont des éléments révélateurs du pouvoir politique des céréales. Car si, sur la rivière Columbia, les barrages entrent dans le cadre d'un système d'irrigation massif et produisent aussi la moitié de l'électricité de la région, sur la Snake, irrigation et hydroélectricité ne furent jamais au centre des préoccupations. Les quatre barrages en aval de Lewiston furent exclusivement érigés pour permettre le déplacement de cargaisons et, dans cette ville, il s'agit avant tout de céréales. En 1945, malgré la dette de guerre qui étranglait le pays, le Congrès n'hésita pas à placer le transport du blé et de l'orge de la région de Palouse en haut des priorités gouvernementales. Les membres du Congrès approuvèrent la construction d'« autant de barrages qu'il serait nécessaire » pour ouvrir à la navigation la partie basse de la rivière Snake. Ce projet d'infrastructure massif s'étirerait sur trois décennies et coûterait plus de quatre milliards de dollars en équivalence actuelle[2]. Lors de la cérémonie d'inauguration à Lewiston, en 1975, Cecil Andrus, gouverneur de l'Idaho, prédit que ce nouveau port dans son État

1. Harden, 1996, p. 32.
2. Pour plus de renseignements sur les barrages de la rivière Snake, voir Peterson & Reed, 1994, et Harden, 1996.

« enrichir[ait] [leur] vie quotidienne grâce au commerce international ». L'explosion des exportations qui suivit lui donna raison, prouvant au passage que le blé et l'orge non seulement permettaient la construction de barrage, mais aussi pouvaient les protéger en cas de changement de climat politique.

En effet, quelques semaines à peine après le discours du gouverneur, certains poissons se retrouvèrent protégés en vertu de la toute nouvelle loi sur les espèces en voie de disparition, compliquant la construction des barrages un peu partout dans le pays. Cette tendance gagna l'Idaho dans les années 1990 lorsque quatre variétés de salmonidés de la rivière Snake, décimés par les barrages et les eaux étales, furent ajoutées à la liste des espèces en danger. La « guerre des saumons » qui s'ensuivit illustre le poids que gardent les céréales dans la politique nationale. « Des brèches dans les barrages de la rivière Snake », tel fut le cri de ralliement des groupes d'écologistes et de pêcheurs, dans leurs efforts pour sauver le saumon sauvage – slogan qui parut d'ailleurs un temps comme l'issue probable. Malgré les soutiens apportés à cette cause par des décisions de justice favorables et des personnalités de la carrure du vice-président Al Gore, l'idée de la destruction des barrages disparut peu à peu de la discussion. Au lieu de ça, le gouvernement dépensa des milliards de dollars supplémentaires pour les équiper d'échelles à poissons et de couvoirs, même retirer physiquement les animaux présents aux abords. Parfois les petits saumons s'en vont par camion, mais, le plus souvent, ils utilisent le même moyen de transport que les céréales : les péniches.

On peut encore voir quelques panneaux SAUVEZ NOS BARRAGES à Lewiston et dans les villages avoisinants, mais les slogans ont pâli, les revendications paraissent d'un autre âge. Aujourd'hui, plus personne ne considère la destruction comme une issue plausible. J'interrogeai Sam sur la controverse et il répondit simplement : « Les barrages sont essentiels au transport de notre marchandise. » Certes, Sam me fait l'effet de quelqu'un de modéré, mais, tout de même, l'euphémisme est de taille : en effet, depuis l'inauguration par le gouverneur Andrus en 1975, le système de la Snake et de la Columbia est devenu le troisième corridor céréalier au monde.

Si ces investissements de plusieurs milliards de dollars peuvent paraître extrêmes, ils ne sont pourtant pas la seule manière qu'ont les politiciens de soutenir la culture, le transport et la vente de ces céréales dont nous sommes tous dépendants. Les mêmes forces économiques et culturelles qui incitèrent les Romains à inventer Annona, la déesse du « blé gratuit », poussent encore des gouvernements un peu partout dans le monde à s'intéresser de près aux affaires des céréales. Des entreprises soutenues par l'État en Russie, en Ukraine, en Australie, en Argentine continuent d'investir lourdement dans le transport, les terminaux d'exportation et la production subventionnée. En Chine, la pratique remonte au moins au Ve siècle av. J.-C., lorsque débutèrent les travaux sur le Grand Canal, long de 1 777 km, censé garantir l'approvisionnement de la capitale en blé et en riz. C'est un impératif éternel. Comme les lobbyistes de l'agriculture adorent le souligner, lésiner sur une loi sur les autoroutes, c'est risquer quelques nids-de-poule, mais s'il s'agit d'une loi sur l'agriculture, c'est la famine qui guette le peuple.

Alors que se terminait notre journée dans la région de Palouse, Sam et moi passâmes devant une rangée de silos à grain dans les environs de Genesee, puis nous arrêtâmes au pied d'un bâtiment métallique qui bourdonnait d'activité. « Ça vous dirait de voir des pois chiches ? »

Je me retrouvai au cœur d'une usine bruyante, à slalomer entre les chariots élévateurs chargés de légumineuses.

Nous vîmes les pois chiches dévaler les tapis roulants, subir nettoyage et triage, avant de tomber enfin sous un œil électronique censé repérer le moindre défaut et éjecter le coupable d'un jet d'air compressé. Emballé dans des sacs de cinquante kilos, le produit final était chargé dans des camions qui le conduiraient vers l'ouest, en direction de Seattle ou au-delà, des ports asiatiques ou encore vers l'est, une fabrique d'houmous en Virginie.

« Les légumineuses comptent beaucoup dans la rotation des cultures, expliqua Sam une fois hors du vacarme de l'usine d'emballage. La plupart des cultivateurs choisissent de faire une récolte de blé à l'automne, une autre au printemps, puis d'enchaîner avec une de lentilles, de pois chiches ou de pois cassés. » D'une part, alterner permet de limiter les nuisibles. D'autre part, et c'est tout aussi essentiel, la production de pois chiches ou de haricots fixe le nitrogène dans la terre, fertilisant ainsi la récolte de céréales suivante. Cette rotation entre céréales et légumineuses remonte aussi loin que l'agriculture elle-même, elle se répète à peu près partout où les plantes sont domestiquées. Les pois chiches, les lentilles et les pois cassés se développèrent tous en parallèle au blé et à l'orge dans le Croissant fertile. En Chine, les premiers riziculteurs ajoutèrent le soja, le petit haricot rouge japonais et le haricot mungo en complément. L'Amérique centrale avait, elle, le maïs et le haricot bicolore tandis qu'en Afrique, millet et sorgho se développaient de concert avec le dolique et l'arachide.

Cette synergie n'est pas seulement une excellente méthode de culture, elle s'étend jusqu'à la table du dîner, où les céréales riches en amidon et les légumineuses pleines de protéines se complètent à merveille, en matière de saveur comme de nutrition. Tous ceux qui ont un jour ouvert un livre de cuisine végétarienne connaissent les « protéines complètes » que l'on obtient en associant riz et haricots ou lentilles et orge en salade. Les nutriments essentiels qui feraient défaut à une céréale sont présents, en général, dans la légumineuse qui l'accompagne, et *vice versa*[1]. Mais ces différences soulèvent des questions très simples concernant la biologie des graines.

Les graminées connaissant une telle réussite dans la nature, étant si utiles aux humains, la présence d'amidon semblait une bonne idée, en termes d'évolution. Alors, pourquoi toutes les plantes n'optèrent-elles pas pour cette stratégie ? Pourquoi les haricots et les fruits à coque gardent-ils plus d'énergie dans les protéines et dans l'huile ? Pourquoi la graine de palme contient-elle plus de 50 % d'acides gras saturés ? Pourquoi les graines de jojoba débordent-elles de cire liquide ? L'amidon de céréale fournit peut-être notre pain quotidien, mais les plantes ont visiblement beaucoup d'autres manières de nourrir leurs graines et nous, par extension. Pour explorer leurs divers moyens de subsistance je décidai, ravi, de faire un saut au rayon confiserie.

1. Les protéines « complètes » contiennent des quantités utilisables de neuf acides aminés dont le corps a besoin, mais qu'il ne peut fabriquer. Ils doivent être apportés par le régime alimentaire. La plupart des protéines de la viande et des produits laitiers sont complètes, mais, dans la majorité des protéines végétales, il manque un ou plusieurs de ces acides aminés essentiels.

CHAPITRE III

COMME UNE ENVIE DE CASSER LA GRAINE

« Dieu donne les fruits à coque,
mais Il ne les ouvre pas. »

Proverbe allemand

Vers la fin des années 1970, la société de production Peter Paul décida d'augmenter le prix de vente de ses barres chocolatées Almond Joy à vingt-cinq cents. Soit la totalité de mon argent de poche hebdomadaire. Cependant, jamais je ne regrettai l'investissement dans cette sucrerie que la publicité présentait comme du « riche chocolat au lait, de la noix de coco et des amandes croquantes » ! Je n'imaginais pas alors que j'atteindrais un jour ce moment particulièrement enviable de ma carrière : pouvoir facturer comme dépense professionnelle l'achat de ma barre chocolatée préférée. Tout comme je n'imaginais pas que ce détail à propos de la recette m'apparaîtrait un jour essentiel : depuis la première bouchée, de l'amande grillée à la douceur élastique du chocolat en passant par le cœur de noix de coco, l'Almond Joy est exclusivement composée de graines. On pourrait avoir envie de tenir sur l'Almond Joy les mêmes propos que Benjamin Franklin à propos de la bière – qui serait « la preuve que Dieu nous aime » –, mais ce serait un peu trop facile. Ce produit mérite en réalité toute notre attention. Les graines qui le composent non seulement sont délicieuses, mais elles démontrent avec maestria toutes les manières qu'une plante a de préparer le déjeuner pour ses rejetons.

Une barre d'Almond Joy coûte désormais quatre-vingt-cinq centimes à l'épicerie du coin, il m'est même arrivé de la payer un dollar dans un distributeur automatique. Cependant, on garde l'impression d'en avoir pour son argent, car chaque paquet contient *deux* petites barres chocolatées. On peut partager avec un ami ou en garder une pour plus tard, si tant est que l'un ou l'autre soit possible. En l'occurrence, j'en dégustai une aussitôt, et disséquai la seconde. Je l'ouvris en deux dans la longueur, révélant son cœur de noix de coco râpée (issue d'un palmier pantropical), surmonté d'une amande (d'un arbre asiatique de la famille du rosier) et d'une fine couche de chocolat (d'une petite forêt tropicale du Nouveau Monde). Je prélevai quelques fragments de chaque ingrédient et préparai une lamelle pour mon microscope. Cependant, un coup d'œil à l'emballage m'apprit qu'aucune des graines que je viens de mentionner n'était celle qui, en proportion, dominait dans cette confiserie. L'honneur en revenait au sirop de maïs[1], un édulcorant dérivé des graines d'une céréale, le maïs, souvent utilisé pour remplacer la canne à sucre (une autre graminée, d'ailleurs). Mais nous savons déjà, grâce au chapitre précédent, que les céréales sont partout

1. Le sirop de maïs provient de l'amidon tiré des grains de maïs et peut être acheté dans le rayon pâtisserie des supermarchés. C'est un produit différent du sirop de maïs à haute teneur en fructose, une variété transformée par des enzymes pour augmenter sa teneur en sucre. Pour un point de vue aussi édifiant qu'amusant, je recommande chaudement le documentaire *King Corn* (« Le Maïs roi »), de 2008.

et que leurs graines chargées en amidon sont facilement transformées en sucres. Le reste du contenu de la barre nous permet de passer en revue les diverses stratégies des graines pour stocker de l'énergie, une variété dont nous pouvons tous nous féliciter.

Dans le chocolat au lait, on trouve du beurre de cacao, ainsi que cette pâte amère et foncée que les fabricants de confiseries appellent liqueur de cacao, masse de cacao ou, plus simplement, chocolat. Ces produits proviennent directement des gros cotylédons de la graine de cacao mûre. Il suffit de presser celle-ci à chaud pour obtenir plus de la moitié de son poids sous la forme de beurre de cacao, une graisse dotée d'une qualité essentielle, celle de se solidifier à température ambiante et de devenir liquide à approximativement 32 °C. Notre corps oscille autour des 37 °C, c'est ce qui explique que le chocolat fonde, tout à fait littéralement, dans notre bouche. Les graines elles-mêmes, grillées et écrasées, produisent la masse de cacao, qui peut ensuite être mélangée à diverses quantités de beurre de cacao, de lait et d'édulcorants pour créer cette gamme si riche de saveurs chocolatées à notre disposition dans tout rayon confiserie qui se respecte. Un peu plus bas dans la liste des ingrédients, je repérai la poudre de cacao, autre produit familier. Il s'agit du tourteau solide, obtenu après la pression à chaud qui extrait le beurre de cacao, mais réduit en poudre[1].

1. Jusqu'au XIXe siècle, le chocolat était avant tout consommé comme boisson et la partie « beurre » était considérée comme une graisse dont il fallait se débarrasser. Le procédé permettant d'extraire le beurre du cacao, inventé par la famille hollandaise van Houten, visait à produire une meilleure boisson chocolatée. C'est plus tard que les chocolatiers mélangèrent ce gras superflu à des graines de cacao entières broyées pour inventer la tablette de chocolat moderne. Pour en savoir plus, voir Beckett, 2008, et Coe & Coe, 2007 (1998 en français, édition non révisée).

Dans la nature, les fèves de cacao poussent dans la cabosse pulpeuse d'un petit arbre qui adore l'ombre, natif des forêts du sud du Mexique, d'Amérique centrale et d'Amazonie. J'ai souvent vu de vieux vergers de cacaoyers au Costa Rica, à l'époque où j'étais en quête des graines d'*almendro*. Il m'arrivait de me trouver entouré de cabosses – ces fruits bizarres en forme de gourde de teintes orangées, violacées, vert pomme ou rose vif qui poussent à même le tronc et les branches. Il n'est guère étonnant que le cacao ait attiré l'attention des Mayas, Aztèques et autres Américains qui développèrent d'une part une boisson énergisante et stimulante à partir des fèves, et d'autre part une vénération pour la plante, dont le nom de genre *Theobroma* se traduit par « nourriture des dieux ». S'il fallut aux Européens et au reste du monde quelques siècles pour en acquérir véritablement le goût, le cacao est désormais produit du Guatemala au Ghana, du Togo en Malaisie et aux îles Fidji, à tel point que les ventes de chocolat mondiales excèdent, par an, les cent milliards de dollars. L'Allemand moyen en consomme plus de dix kilos chaque année et, en Grande-Bretagne, on dépense davantage pour les sucreries que pour le pain ou le thé. Sur un plan écologique, l'extravagance de cette fève riche et imposante paraît parfaitement logique. Comme l'*almendro* ou l'avocat, les graines de cacao évoluèrent pour germer et pousser dans l'obscurité des forêts, où les jeunes plants ont besoin d'importantes réserves d'énergie pour survivre. Mais rien de ce que j'ai vu dans les plantations de cacao, les livres de botanique ou les barres chocolatées n'explique pourquoi cette énergie se présente sous forme de graisse plutôt que d'amidon.

Noix de coco (Cocos nucifera).

Les graines de cocotier, parmi les plus grosses au monde, servent à tout, depuis l'élaboration de boissons désaltérantes et d'huile de cuisson jusqu'à des crèmes pour la peau et des antimoustiques. Cette espèce est présente sur toutes les côtes tropicales, où elle est arrivée grâce aux courants océaniques et aux hommes, pourtant son origine reste mystérieuse.

Je passai à l'ingrédient suivant sur la liste de l'Almond Joy : la noix de coco, provenant d'une des plus grosses graines au monde. Tous ceux qui ont un jour rêvé de plages tropicales la connaissent bien, pourtant la noix de coco est une sorte de mystère. Les botanistes la disent « cosmopolite », un mot dont l'usage remonte au XIXe siècle seulement, une époque où l'existence des puissances coloniales et de navires de plus en plus rapides rendait soudain possible la découverte des quatre coins du monde. Pour une plante, on ne peut imaginer plus beau compliment : si répandue, si réputée que personne n'est tout à fait certain de son origine. Si le cocotier a réussi ce tour de force, c'est grâce à ses fruits qui fonctionnent comme d'énormes graines flottantes. Chacune de ces enveloppes, appelées « bourres », entoure une unique noix de la taille d'un poing, creuse et remplie d'un liquide nutritif que les enthousiastes de l'alimentation diététique baptisèrent « eau de coco ». Ce terme fut inventé par les spécialistes du marketing pour éviter la description technique plus exacte : « endosperme acellulaire », peu engageante, il faut bien le reconnaître[1]. Le produit en soi, en revanche, avait de quoi séduire. À mesure que la graine de noix de coco mûrit, la majeure partie de son liquide durcit, devenant un endosperme solide appelé « coprah », cette chair blanche bien connue que l'on retrouve non seulement dans les barres chocolatées et les crèmes glacées, mais aussi dans les ragoûts philippins, les pains jamaïcains et les chutneys d'Inde du Sud. Injectez de l'eau dans la chair en question et vous obtiendrez du lait de coco, ingrédient essentiel pour les currys et les sauces un peu partout sous les tropiques, plus particulièrement sur les côtes. Et, après une transformation minimale, on obtient grâce au coprah plus de la moitié de son volume en huile, l'une des cinq principales graisses végétales au monde, un additif usuel que l'on retrouve dans à peu près n'importe quoi, de la margarine à la crème solaire.

À Hollywood, les noix de coco constituent l'accessoire de base pour tout décor exotique. Elles furent transformées

---

1. Peu ragoûtant sur une étiquette de produit, ce terme est cependant très exact. L'endosperme liquide de la noix de coco se développe sans cellule définie – il s'agit seulement d'un tas de nucléus barbotant dans une flaque de cytoplasme ! D'autres endospermes de graines passent également par cette étape du nucléus libre au début de leur développement, mais la noix de coco est la seule à maintenir cette bizarrerie jusqu'à maturité.

en verre à boire dans des productions aussi variées que *Les Robinsons suisses* ou *Sa Majesté des mouches*, en soutien-gorge pour *King Kong*, *South Pacific* ou le succès d'Elvis *Sous le ciel bleu d'Hawaï*. Le professeur, personnage de *L'Île aux naufragés*, une sitcom des années 1960, en faisait un chargeur de batterie ou un détecteur de mensonges. Ses inventions paraissent à peine exagérées à la lumière des véritables produits issus de la noix de coco, parmi lesquels des boutons, du savon, du charbon, du terreau, de la corde, du tissu, des cannes à pêche, des revêtements de sol, des instruments de musique et de l'antimoustiques. Cette polyvalence valut au cocotier d'être nommé l'« arbre aux mille usages » par les insulaires de Malaisie, et dans certaines parties des Philippines l'« arbre de vie ». La graine elle-même rivalise d'ingéniosité.

Lorsqu'une noix de coco mûre tombe de l'arbre, elle atterrit généralement sur le sable. La résistance au sel, à la chaleur et aux modifications de terrain aide les cocotiers sauvages à se développer aux abords des plages tropicales ; de là ses graines sont régulièrement emportées jusqu'à la mer, par la marée haute ou les tempêtes. Une fois sur l'eau, une noix de coco reste viable pendant au moins trois mois, entraînée par les vents et les courants pour un voyage de centaines, de milliers de kilomètres peut-être[1]. Durant ce laps de temps, l'endosperme continue de se solidifier, mais il reste assez de la fameuse « eau de coco » pour aider la graine à germer lorsqu'elle arrive enfin à terre, sur une plage sèche

1. Malgré la remarquable écologie de la dispersion de la noix de coco, la tactique la plus efficace pour aller loin resta toujours de se rendre indispensable. À peu près toutes les civilisations des zones côtières tropicales utilisent les noix de coco d'une manière ou d'une autre et les ont emportées dans tous leurs déplacements. Certaines preuves désignent l'Asie du Sud-Est comme point d'origine, mais elles se trouvaient déjà dans le Pacifique Sud, en Afrique, en Amérique du Sud bien avant que les botanistes ne commencent à s'interroger à leur sujet.

et sablonneuse. Avec son endosperme liquide qui maintient l'humidité à l'intérieur et son coprah riche et huileux pour l'énergie, la jeune noix de coco peut pousser pendant des semaines sans aucun apport extérieur. Il n'est pas rare de voir sur les marchés tropicaux des noix de coco germées à vendre pour fournir les pépinières, leurs jeunes feuilles vertes déjà hautes de plusieurs dizaines de centimètres.

Sa capacité d'adaptation fait vraiment d'elle un cas à part, mais n'explique pas pourquoi elle a besoin de réserves aussi exceptionnellement riches et grasses. Après tout, l'amidon ou le beurre de cacao flotteraient eux aussi, s'ils se retrouvaient dans cette grosse bogue fibreuse. Mon enquête sur l'amande de l'Almond Joy me mena très rapidement à cette même question essentielle. Domestiqué à partir d'un cousin des pêches, des abricots et des prunes en provenance d'Asie centrale, l'amandier s'est d'abord propagé en Méditerranée, puis partout dans le monde[1]. L'amande est appréciée pour son goût si particulier, mais aussi pour sa valeur nutritionnelle, car en plus d'être riche en lipides, plus de 20 % de son énergie est constituée de protéine pure. Mais pourquoi ? Qu'est-ce qui, dans l'évolution, mena à une telle diversification des stratégies d'alimentation des graines ? Clairement, je n'allais pas trouver la réponse à cette question dans les dernières miettes de mon Almond Joy. Je n'ai guère besoin d'aide pour manger des barres chocolatées, en revanche, pour mieux comprendre leur biologie, un coup de pouce s'imposait. Il était temps de contacter quelqu'un dont le

1. La culture de l'amande est largement répandue, mais elle est particulièrement bien implantée dans la vallée centrale de Californie où plusieurs milliers de vergers produisent désormais 80 % de la récolte mondiale annuelle. Presque tous les producteurs d'amandes de Californie appartiennent à la Coopérative Blue Diamond, dont le marketing malin permit de faire des amandes la culture la plus précieuse de l'État, dépassant le raisin.

nom apparaissait régulièrement au fil de mes recherches, et que plus d'un expert en graines avait décrit comme un « dieu » dans son domaine.

« Cette question ? me répondit-il en riant. Je la pose systématiquement aux étudiants en doctorat à l'examen d'entrée. Jusqu'à présent, personne ne m'a donné la réponse ! »

Professeur en botanique à l'université de Calgary puis à l'université de Guelph au Canada, Derek Bewley assène des questions sur les graines à ses étudiants depuis plus de quarante ans. Coup de chance pour tout le monde, ses propres recherches apportent bon nombre de réponses. Du développement à la dormance et à la germination, le laboratoire de Bewley explore tous les aspects de la biologie des graines. Mais cet homme, qui connut tant d'accomplissements universitaires, s'étonne encore d'avoir mené une telle carrière.

« La couleur verte n'existait pas, là où j'ai grandi », expliqua Bewley, se remémorant son enfance dans la « vieille ville sale et noircie par la fumée » de Preston, Lancashire (G.-B.). « Nous vivions parmi une rangée de maisons mitoyennes, nous n'avions pas de jardin, il n'y avait à l'arrière qu'une dalle de ciment. » Sa vie aurait sûrement été bien différente si son grand-père n'avait pas décidé de passer sa retraite à la campagne. Il y cultivait des tomates, ainsi que des chrysanthèmes et des dahlias qui furent couronnés de prix. Les visites à son aïeul et l'arrosage de ces plantes en serres devinrent l'une des « grandes joies d'enfant » de Bewley. Il en conçut une passion pour la végétation en général et pour les graines en particulier. Il y consacra des centaines de travaux, rédigea quatre livres, y compris *The Encyclopedia of Seeds*, un ouvrage de neuf cents pages qui m'accompagna en permanence durant mes propres recherches. Je ne doutais pas d'avoir contacté la bonne personne, cependant je compris en quelques minutes que je n'obtiendrais pas de lui une réponse simple.

« L'évolution de tout ça ne paraît pas logique », commença-t-il, avant de me préciser qu'amidons, huiles, graisses, protéines et autres stratégies énergétiques semblaient dispersés au hasard au sein du règne végétal. Aucune stratégie ne pouvait être qualifiée de plus avancée qu'une autre puisque de nombreuses espèces récentes stockaient leur énergie de la même manière, aussi basique, que d'autres très anciennes. Pour ne rien arranger, les graines contiennent en général différents types d'énergie dont la plante mère peut adapter les proportions selon les variations en matière de pluviométrie, de fertilité des sols et d'autres conditions de croissance. De plus, les plantes qui se ressemblent ou évoluent en milieux similaires, n'optent pas nécessairement pour la même stratégie. Les graines de graminées sont connues pour leur amidon, cependant les minuscules graines de moutarde orientale, cette mauvaise herbe annuelle très fréquente dans les champs, produisent pour leur part de copieuses quantités d'huile.

« Il existe une règle générale, reconnut finalement Derek Bewley. Les graines qui stockent l'huile et les graisses ont la plus forte densité énergétique. On retire plus de vigueur des lipides que d'un gros tas d'amidon. » Il ajouta que les graines n'y avaient accès qu'après la germination. La plupart des espèces gardent suffisamment de sucres pour amener l'embryon à la vie, puis entamer le processus, plus complexe, d'accès aux réserves stockées. L'amidon se transforme en sucres assez facilement, mais il faut toute une série d'événements pour donner aux protéines, aux graisses ou à l'huile une forme utile à l'activité cellulaire. Notre corps travaille de la même manière, raison pour laquelle on peut voir les participants aux triathlons Ironman (226 km au total) engloutir bananes, barres de céréales ou même sandwiches à la confiture plutôt que des tranches de bacon ou des cuillerées d'huile d'olive. En termes d'évolution des graines, cela concerne avant tout la jeune pousse et le type de ressources qu'elle exige pour se développer. Certes, cela explique peut-être pourquoi des graines de la forêt comme celles du cacao et de l'amande utilisent des graisses et des huiles pour leur croissance lente et régulière à l'ombre des arbres, cependant cela ne dit rien des graines de moutarde orientale qui, elles, peuplent les champs ouverts et utilisent pourtant la même technique afin de pousser vite. « Il y a des exceptions », concéda Bewley. Notre conversation se déroulait par téléphone, toutefois je l'imaginais en train de secouer la tête. « Il y a toujours des exceptions. »

Le physicien britannique William Lawrence Bragg déclara un jour que la science est moins une manière d'obtenir de nouveaux faits que de « découvrir de nouvelles façons d'y réfléchir ». Ma discussion avec Derek Bewley ne m'apporta pas de nouvelles informations sur l'énergie des graines, mais elle me rappela une vérité essentielle, fondamentale sur l'évolution. Charles Darwin écrivit un jour : « On peut excuser l'homme d'éprouver quelque fierté de ce qu'il s'est élevé [...] au sommet véritable de l'échelle organique[1]. » Cette affirmation seyait à son époque : n'importe quel gentleman victorien respectable plaçait, naturellement, tous les gentlemen victoriens sur le barreau supérieur de l'échelle de l'évolution. Le problème tient en réalité à la notion même d'échelle de l'évolution, de sommets, ou d'un processus directionnel grimpant vers une certaine idée de la perfection. Bien sûr, Darwin avait en réalité une compréhension bien plus nuancée de l'évolution, mais cette façon d'envisager les choses demeure dans notre intellect collectif, elle

1. Darwin, *La Descendance de l'homme et la sélection sexuelle*, trad. Edmond Barbier, Complexe, 1981, p. 678.

se perpétue *via* des dessins, des récits populaires et, même, des travaux universitaires sérieux. Inconsciemment, nous y revenons toujours même lorsque nous avons partout autour de nous des preuves du contraire. Si l'évolution tend à la singularité, alors comment expliquer la diversité – les vingt mille graminées différentes, les trente-cinq mille espèces de bousiers, la profusion de canards, de rhododendrons, de bernard-l'hermite, de moucherons et de fauvettes ? Pourquoi les formes de vie les plus anciennes encore présentes sur la planète, les bactéries et les archées, sont-elles plus diverses et prolifiques que toutes les autres espèces combinées ? Avec le temps, l'évolution se révèle toujours plus susceptible de nous fournir une multitude de solutions plutôt qu'une seule censée être parfaite.

Mon erreur fut de partir du principe que les graines avaient perfectionné leurs « meilleures » méthodes pour accumuler de l'énergie. J'avais envie de croire que la sélection naturelle avait éliminé les différentes stratégies à sa disposition jusqu'à ce qu'il n'en reste plus qu'une ou, tout au plus, quelques-unes, selon les environnements spécifiques (forêt, champ, désert, etc.). La réalité est bien plus compliquée, bien plus intéressante, à l'instar de l'évolution dans son ensemble – une articulation infinie et élégante du possible. Tout comme les graines peuvent emballer leur déjeuner de différentes manières (cotylédons, endosperme, périsperme, etc.), l'énergie, elle aussi, prend des formes variées. Si elles n'avaient que l'amidon à proposer, les graines resteraient sans aucun doute performantes dans la nature et n'en constitueraient pas moins notre nourriture de base. Mais sans huiles, graisses, cires, protéines et autres carburants, elles auraient peut-être manqué d'adaptabilité et auraient eu davantage de mal à dominer tant d'habitats terrestres. Et les pois, les haricots et les fruits à coque ne composeraient pas, comme c'est le cas aujourd'hui, 45 % de notre consommation globale de protéines. Nous n'aurions jamais goûté à la friture, ni marché sur des sols en linoléum, ni repeint nos maisons, ni lubrifié les moteurs de fusée ou de voitures de course, nous n'aurions même jamais pu admirer des œuvres de Vermeer, Rembrandt, Renoir, Van Gogh et Monet. Toutes ces activités ont à leur origine des huiles issues de graines. Même les sources d'énergie les plus inhabituelles se révèlent d'une précieuse utilité pour les humains. Le futur déjeuner des plantules de palmier tagua, d'Amérique du Sud, se trouve emballé dans un endosperme dont toutes les parois cellulaires épaississent, parfois au point d'expulser le contenu vivant des cellules. Les graines produites sont si dures qu'elles peuvent être sculptées et polies, transformées en boutons et en bijoux, en figurines ou utilisées pour remplacer l'ivoire dans la production de pièces d'échec, dés, peignes, coupe-papier, poignées décoratives et petits instruments de musique[1].

« La réussite est une fin en soi », me dit Bewley. Les essais répétés de l'évolution assurent l'émergence de nouvelles stratégies, et tout ce qui fonctionne finira par rester. D'une certaine manière, cela me ramène aux barres chocolatées et au jingle entraînant qui accompagnait la publicité des Almond Joy : « Inutile d'avoir un grain pour avoir envie de casser la graine. » On y voyait des gens qui « avaient un grain » en train de dévorer un Almond Joy tout en sautant en parachute ou en montant à cheval à l'envers, en alternance avec d'autres, plus collet monté, croquant la version « Mounds », soit la même barre chocolatée, l'amande en moins. Associées à cette petite musique irrésistible que le neurologue Oliver

1. Jusqu'à l'apparition du plastique bon marché après la Seconde Guerre mondiale, les noix de tagua polies et tranchées composaient près de 20 % du marché du bouton nord-américain et européen. Elles ont récemment réapparu dans l'industrie de la mode. Voir Acosta-Solis, 1948, et Barfod, 1989, pour davantage d'informations sur cette très belle graine.

Sacks classerait parmi les « vers cérébraux[1] », ces images propulsèrent aussi bien les Almond Joys que les Mounds parmi les trois confiseries les plus vendues aux États-Unis. Ces publicités nous donnent elles aussi une bonne leçon en évolution. Pour contenter un bec gourmand, il suffit de modifier légèrement une bonne recette et vous obtenez non pas un, mais deux produits à succès. De la même manière, pour nourrir une jeune plante, de nombreuses solutions sont possibles et tel un chef inventif dans sa chocolaterie, l'évolution finit toujours par les trouver.

Avant de clore mon expérience avec les Almond Joys, je parcourus la liste des derniers ingrédients parmi lesquels deux autres issus de graines, qui retinrent mon attention : la lécithine de soja et le PRPG[2] (polyricinoléate de polyglycérol) obtenus à partir d'huile de ricin. Dans les graines, tous deux sont des dérivatifs des graisses de stockage, la lécithine de soja en particulier joue un rôle important dans la mobilisation des réserves d'énergie. Dans les barres chocolatées, elle contribue à l'onctuosité, sert d'émulsifiant, aide les particules de sucre à rester en suspension dans le beurre de cacao. On la retrouve dans toutes sortes d'autres produits, de la margarine à la pizza surgelée, de l'asphalte à la céramique, en passant par le spray de cuisson anti-adhésif. Elle est même vendue comme complément alimentaire pour la santé cardio-vasculaire, présentée comme une méthode 100 % naturelle de réduire son cholestérol.

1. Dans son ouvrage de 2008, *Musicophilia, la musique, le cerveau et nous*, Sacks note que, en Écosse, un terme encore plus descriptif précéda cette expression, où l'on parlait de ces petites musiques dont on ne pouvait pas se défaire comme du « *piper's maggot* » (« l'asticot du cornemuseur » traduction Christian Cler p. 69 Ed. Points, N.d.T.).
2. Le PRPG contient également du glycérol et le composant des huiles de graine provient parfois des graines de soja.

Sous les émulsifiants, la liste se termine par quelques conservateurs, colorants caramel, plus un avertissement sur les allergènes, mais nulle part n'était mentionnée la graine que je pensais pourtant trouver. Il me fallut pour ça abandonner ma barre chocolatée préférée et me rabattre sur un de ses produits dérivés : l'Almond Joy « Fudge and Coconut Swirl », pour reprendre l'appellation déposée par la marque de crème glacée Breyers. Là je vis ce que je cherchais aux côtés du lait écrémé et des goûts artificiels : la gomme de guar, dont les étranges propriétés impactent tout, de la texture de la glace ou du pain sans gluten jusqu'au prix d'une moto en Inde du Nord. Aucun autre exemple n'illustre aussi bien à la fois la merveilleuse variété des énergies stockées dans les graines et les manières inattendues dont elles touchent notre vie.

La gomme de guar est issue de la semence d'une légumineuse un peu hirsute qui pousse principalement dans les fermes du Rajasthan, l'état désertique du nord de l'Inde. Les botanistes classent cette plante dans la catégorie des légumineuses endospermiques, un petit groupe qui ne possède pas ces gros cotylédons visibles chez les haricots, les cacahouètes et les autres membres de la famille des pois. Les graines de guar, *Cyamopsis tetragonoloba*, quant à elles, accumulent leur énergie dans un endosperme chargé de glucides à chaînes très ramifiées. Dans les manuels de chimie, les schémas qui représentent ces molécules sont aussi compliqués que la carte du métro de Londres, mais pour une jeune pousse de guar dans le désert du Rajasthan, elles signifient une chose toute simple : une adaptation essentielle.

« Ces tissus jouent un double rôle, m'expliqua Derek Bewley. D'abord, ils peuvent être décomposés en glucose, qui permet la croissance de la plante. Ils forment également une couche protectrice, humide autour de l'embryon. » Il détailla ensuite comment les molécules ramifiées, à l'intérieur de la graine de guar, ont une capacité incroyable à récupérer, puis retenir l'eau. Pour une plante du désert, cela équivaut à transformer chacune des rares averses en opportunité vitale de germination. Il y a quelques autres cas comme celui-là dans l'évolution – la caroube, le fenugrec –, mais toujours dans des endroits où le climat est sec.

Les paysans du Rajasthan font pousser le guar depuis des milliers d'années, l'utilisant comme fourrage pour les bêtes, parfois comme un légume vert en cuisine. Leur bonne fortune survint lorsque l'on découvrit que la gomme extraite de la graine de guar constituait un épaississant agréable au goût et surtout huit fois plus efficace que l'amidon[1]. Une fois extraite et purifiée, la gomme de guar apparut bientôt dans la glace Almond Joy, donc, mais aussi dans le ketchup, le yaourt ou le porridge instantané. En 2000, les exportations indiennes de guar pour l'industrie alimentaire dépassaient les deux cent quatre-vingts millions de dollars, mais ce n'était rien comparé à l'explosion sur le point de se produire.

La fracturation hydraulique est un processus d'extraction du pétrole et du gaz naturel qui consiste à percer des trous de sonde dans le sous-sol pour injecter des fluides sous pression qui fissurent et maintiennent ouverts des gisements

1. Surtout connu comme épaississant, le guar a des applications complètement différentes pour les pompiers, les opérateurs de pipeline ou les ingénieurs qui créent des coques de navire et de torpille. En infimes quantités, le guar a la capacité de rendre « l'eau glissante », phénomène qui permet de beaucoup réduire la résistance. Un physicien décrivit les molécules de gommes de guar (et d'autres polymères similaires) comme des Yo-Yo doubles qui s'enroulent, se déroulent de telle manière qu'ils empêchent les liquides agités d'adhérer aux surfaces adjacentes. Du point de vue de la science physique, on ne comprend toujours pas très bien comment cela fonctionne, mais, en pratique, cet effet réduit le mouvement des fluides à travers les tuyaux, souples ou rigides. La marine américaine s'est également penchée sur ce phénomène pour augmenter l'efficacité des coques et réduire le bruit de ses bateaux, sous-marins et torpilles.

riches en gaz. Les fluides ressortent ensuite chargés des précieux hydrocarbures. Ces dix dernières années, cette technologie autrefois obscure se transforma en une exploitation mondiale brassant des milliards de dollars, ouvrant de nouveaux puits de gaz de schiste et de gaz de couche. À en croire les économistes, cela pourrait mettre un terme à la dépendance de l'Amérique du Nord vis-à-vis du pétrole étranger, ce qui modifierait en profondeur le marché de l'énergie mondiale. Les foreurs, rien qu'aux États-Unis, exploitent environ trente-cinq mille puits par an. Et ils extraient de chacun d'entre eux plusieurs millions de litres de fluide de fracturation, un mélange gluant d'eau, de sable, d'acides et de produits chimiques, tous maintenus ensemble par un composant : la gomme de guar.

Au Rajasthan, en conséquence, le prix de gros augmenta de plus de 1 500 % en quelques années, doublant parfois d'une semaine à l'autre. Les paysans pratiquant l'agriculture de subsistance qui avaient pour habitude de nourrir leurs vaches au guar découvrirent soudain qu'ils pouvaient le vendre assez cher pour s'acheter une télévision, puis une moto. Aujourd'hui, beaucoup peuvent se permettre de se faire construire une nouvelle maison ou de voyager en famille à l'étranger. Une pénurie de guar en 2011 et 2012 provoqua l'interruption de plusieurs opérations de forage en Amérique du Nord. Quant au prix de l'action du géant pétrolier Halliburton Corporation, il chuta de près de 10 % dans la semaine qui suivit l'annonce aux actionnaires que le guar équivalait désormais à un tiers de ses coûts de fracturation et « aurait des répercussions plus importantes qu'anticipé sur les marges du deuxième trimestre ». Des réserves limitées et la hausse du prix poussèrent nombre d'industries alimentaires à se tourner vers de nouveaux épaississants. Sans surprise, les alternatives furent découvertes du côté des graines d'autres gousses « endospermiques » issues de terres sèches, parmi lesquelles la caroube (du caroubier, arbre méditerranéen), la gomme tara (d'un petit buisson poussant sur la côte du Pérou) et la gomme de casse (des graines de *Senna obtusifolia*). Comme le guar, ces trois espèces sont sûrement promises à un bel avenir, et leurs producteurs avec.

Je doute fort que quiconque ait pu prédire les fortunes qui attendaient ceux qui broieraient les graines de guar pour les injecter dans le sol. Les rapports sur l'agriculture indienne jusqu'en 2007 ne mentionnent même pas la fracturation hydraulique dans la liste des marchés potentiels. L'histoire du guar montre que les innovations des graines dues à l'évolution peuvent susciter d'autres innovations dans l'usage que nous en avons. De la capacité de la graine de guar à retenir l'eau, nous composons un épaississant industriel, et voilà que l'énergie végétale nous permet d'extraire de l'énergie fossile. L'industrie pétrolière opéra ainsi une sorte de retour aux origines, car l'un des sites de fracturation hydraulique les plus productifs au monde se trouve en Pennsylvanie, qui est aussi l'État où le premier puits de pétrole rentable fut percé en 1859. Pour les graines, le forage sous les collines de Pennsylvanie marque un retour en arrière encore plus lointain.

Si la fracturation hydraulique avait pour but l'extraction de fossiles, et non d'hydrocarbures, les puits qui percent les schistes de Marcellus de Pennsylvanie cracheraient des geysers d'ammonites. Sans que l'on y trouve la moindre trace de graines. Car non seulement le fond de la mer que formaient ces roches était dépourvu de végétation, mais en plus il précédait de plusieurs millions d'années l'avènement des graines. Comme souvent au cours de l'évolution, elles furent d'abord une bizarrerie, de simples figurantes dans une histoire qui les dépassait largement. Elles apparurent au tout début du carbonifère (de 360 à 286 millions d'années) ;

durant cette période, la majeure partie des plantes se reproduisait grâce aux spores. Nous connaissons ces plantes à spores d'abord par ce qu'elles nous ont laissé : de vastes forêts marécageuses qui se fossilisèrent en une roche noire et brillante appelée houille, ou charbon. En Pennsylvanie, les gisements de houille se trouvent dans les roches les plus récentes, au-dessus du schiste, formant une couche si épaisse qu'elle eut un grand rôle dans la révolution industrielle américaine et inspira les géologues qui baptisèrent une période entière le « pennsylvanien », en son honneur. Pour avoir un aperçu de l'évolution des graines, il suffirait de percer un puits moins profond que ceux qui permettent d'accéder au gaz de schiste et de fouiller les résidus.

Les mineurs ont toujours été conscients des fossiles qui les entouraient, mais les scientifiques commencent à rattraper leur retard en la matière. Récemment, des équipes de paléobotanistes – des experts en plantes fossilisées – se sont attelées à explorer et à cartographier des vieux puits de mine, ce qui permit de reconsidérer ce que nous savions sur l'évolution des graines. En effet, le meilleur moyen pour comprendre un écosystème du carbonifère est encore de s'y promener. Et le dernier endroit où cela reste possible est une mine de charbon.

PARTIE II

LES GRAINES S'UNISSENT

« Les principes et les lois scientifiques
ne se trouvent pas à la surface de la nature.
Ils sont cachés et doivent lui être arrachés
par une technique d'investigation
active et minutieuse. »

John Dewey
Reconstruction en philosophie (1920)

CHAPITRE IV

CE QUE SAIT LA SÉLAGINELLE

« L'énorme quantité de débris végétaux
nécessaire à la formation d'une seule couche
de charbon incita à conclure qu'au carbonifère
la végétation était plus luxuriante,
plus touffue qu'à n'importe quelle autre période
de l'histoire terrestre, et qu'elle poussait
au sein d'immenses marécages
dans des conditions climatiques
aussi suffocantes que nuageuses. »

Edward Wilber Berry,
Paleobotany (1920)

« Il est à peu près impossible de vous emmener avec nous dans une mine de charbon », m'expliqua Bill DiMichele. Juste ce que je ne voulais pas entendre. « Les sociétés d'exploitation minière ont été stigmatisées à la fois pour leurs défaillances en matière de sécurité et pour leur rôle dans le réchauffement climatique », ajouta-t-il. Elles n'accueillaient donc pas à bras ouverts les nouveaux venus, et surtout pas un biologiste fouineur de mon acabit, en pleine rédaction d'un livre.

Ainsi s'envolèrent mes rêves de balades au cœur de la forêt du carbonifère, mais je ne pouvais décemment pas critiquer les décisions de Bill. En tant que conservateur des plantes fossiles pour le Smithsonian, il organisait des expéditions dans les mines de charbon depuis des années. Avec ses collègues issus de différentes universités et agences gouvernementales, Bill avait découvert la vallée d'une rivière fossile dans l'Illinois s'étirant sur plus de 150 km, dont le plafond rocheux avait gardé, magnifiquement préservée, la forêt dans ses moindres détails. « Nous nous contentons de lever la tête et de faire l'inventaire des plantes, pour voir ce qui poussait là. » En ces termes, cela paraît simple, mais la forêt qui se dessine sur les cartes ainsi tracées est au contraire loin de l'être. En réalité, elle est même en train de redéfinir tout le contexte de l'évolution des graines. Bill avait toutefois une bonne nouvelle pour moi : ces mêmes fossiles étaient visibles en surface dans tout un tas d'endroits. « Dites-moi ce que vous avez en tête, je me renseignerai. »

Six mois plus tard, je rejoignais Bill au fond d'un canyon désertique, où étaient réunis des dizaines de paléontologues du monde entier, tous occupés à grimper en direction d'un gisement plus foncé dans la roche. « C'est la seule veine de charbon que l'on peut voir au Nouveau-Mexique » annonça-t-il en souriant. Certes, elle n'avait rien de comparable avec celle de l'Illinois en termes d'échelle, mais cette fine veine bien en vue sur la paroi au-dessus était, en dehors de cela, remarquablement similaire : les restes carbonisés d'une ancienne forêt marécageuse dont certains végétaux étaient merveilleusement préservés dans les roches alentour.

Bientôt le canyon résonna des coups de pioche sur la pierre, les chercheurs ayant atteint la zone à explorer. Nous étions au premier jour d'un colloque consacré à ce que les paléontologues appellent la transition carbonifère/permien, une période critique dans l'histoire de notre planète, marquée par un changement brutal de climat qui, de chaud et humide, devint sec et variable. Traditionnellement, les experts considèrent que c'est à ce moment-là que triomphèrent les graines. Les prêles géantes et autres plantes à spores qui régnaient sur les marais du carbonifère avaient besoin d'un environnement chaud et humide. Elles ne purent s'adapter aux conditions changeantes du permien, donnant ainsi aux plantes à graines l'occasion de proliférer, de surpasser les plantes à spores et de dominer la flore mondiale. L'histoire est belle, mais pour Bill et d'autres spécialistes de plus en plus nombreux, elle est surtout tout à fait fausse. Personne ne nie le déclin des plantes à spores au permien, mais le véritable triomphe des graines débute probablement bien, bien avant.

« Autrefois, quand j'allais sur le terrain, je savais ce que je voulais trouver », me raconta Bill. Il m'expliqua comment la connaissance tirée des manuels a tendance à susciter des préjugés qui finissent par encombrer l'esprit. « Maintenant, je cherche sans idées préconçues. Je juge beaucoup plus productif de creuser un trou et de regarder ce que j'y trouve. » Depuis trente ans qu'il est paléontologue pour le Smithsonian, Bill DiMichele en a creusé, des trous. Trapu et musclé, arborant un gilet kaki et une casquette, il arpentait le site de fouille du Nouveau-Mexique avec l'efficacité de l'expérience et, s'il maniait rarement le marteau, il était toujours présent pour commenter les découvertes. « Vous êtes dedans, les gars, vous y êtes ! » l'entendis-je crier à un moment. Bill n'a rien perdu de l'enthousiasme de la jeunesse. C'est sûrement à cette insatiable curiosité, justement, qu'il doit sa longue carrière, décidai-je après nos conversations. Chacune de mes questions semblait en susciter des dizaines de sa part. Elles jaillissaient en torrent, pleines d'idées toutes neuves balayant des strates de vieux schémas. À la manière du paléontologue sur le terrain, il parvient à ses découvertes intellectuelles en soulevant des tas de cailloux sur son passage.

C'est cette approche qui lui permit d'entrapercevoir quelque chose de nouveau dans le gisement de l'Illinois. Il ressemblait, en grande partie, à une forêt du carbonifère classique, dominée par des plantes à spores hautes comme des arbres, de la même famille que les prêles et les lycopodes modernes. Cependant, à chaque fois que ses collègues et lui remontaient un peu plus dans la veine, de nouvelles plantes à graines fossiles étaient présentes. Et lorsque apparut une veine secondaire remplie de débris provenant du dessus, ceux-ci se révélèrent composés d'un mélange de conifères. Personne ne doute de la prédominance des spores dans les forêts houillères, mais les paysages du carbonifère n'étaient pas tous marécageux, une petite partie seulement. Quels végétaux poussaient dans les hauteurs, sur les collines, dans les montagnes ?

Un confrère vint chercher Bill et nous emmena jusqu'à un bloc de roche, au pied de la pente. Là, gravé dans la pierre, se trouvait un excellent résumé de l'histoire qui m'intéressait au Nouveau-Mexique. Bill se pencha pour examiner la découverte tout en félicitant le chercheur, un certain Scott. (Bien que ce colloque ait drainé des participants d'un peu partout, Chine, Russie, Brésil, Uruguay, République tchèque, le monde des spécialistes du permo-carbonifère reste assez confidentiel et tous s'appellent par leur prénom.) La roche fendue révélait une image miroir de deux tiges côte à côte – une gigantesque prêle du genre *Calamites* et l'un des premiers végétaux à être doté de graines, une ptéridospermale, ou « fougère à graines ». La calamite se détachait nettement, ses stries et ses rainures ressemblant tout à fait à la tige, agrandie, d'une prêle moderne. Quant au tronc de la fougère, il semblait couvert d'une sorte de peau de lézard en écailles noires et orange sur la roche marron. Ces deux espèces avaient depuis longtemps disparu, mais leur simple présence côte à côte incarnait cette lutte immémoriale entre spores et graines.

Je les photographiai puis remontai à flanc de colline pour continuer la chasse au trésor. La façade rocheuse juste au-dessus de la houille était assez friable, je ne tardai donc pas à découvrir mes propres fossiles – quelques fougères et des prêles, mais surtout un fouillis indiscernable de feuilles, de tiges et de brindilles couvertes d'épines. Autour de moi, les paléontologues travaillaient et discutaient avec enthousiasme. Sous mes yeux, tout n'était que poussière et confusion, quand eux étaient capables de reconstruire un monde disparu. Je tentai de me représenter les calamites et les fougères à graines sous leur forme vivante et aussitôt m'apparurent, en esprit, les gravures qui, dans les manuels scolaires, illustraient le carbonifère : un marais vaporeux bordé d'énormes arbres surmontés de mousse, un peu dans le style de ceux du *Lorax*, l'adaptation du livre pour enfant de Dr Seuss, et peuplé d'amphibiens ressemblant à des tritons gros comme des chevaux. L'époque des dinosaures était encore loin, sans parler de celle des mammifères et des oiseaux. Au carbonifère, il y avait bien des libellules et quelques araignées, mais pas de fourmis, de scarabées, d'abeilles ou de mouches. Un marais sans moustique côtoyait donc une forêt à laquelle il manquait la plupart des figurants que l'on y trouve aujourd'hui. Cela dit, si Bill avait raison, les paysages du carbonifère n'étaient peut-être pas si différents de ceux qu'on imagina un temps.

« On aurait dû l'appeler le "conifère" ! lança Bill dans un éclat de rire lors de l'une de nos conversations. Les preuves récentes suggèrent véritablement que le charbon n'était qu'un élément secondaire. » Dès lors que Bill et son équipe osèrent remettre en question ces idées reçues, ils commencèrent à voir des signes irréfutables de l'existence d'une flore cachée, une communauté de conifères et d'autres plantes à graines qui vivaient dans les hauteurs, au-dessus des marais. Cette forêt, qui devait recouvrir toutes les terres à l'exception des plus marécageuses, ne laissa pourtant presque aucune trace de son existence – hormis quelques feuilles ou branches descendues par ruissellement. « C'est le problème des plantes terrestres, remarqua Bill. Elles ne se préservent pas bien sur place. » Car pour faire de bons fossiles, il faut des sédiments fins et de l'eau, des ingrédients très répandus dans les marais, où régnaient les plantes à spores, mais rares partout ailleurs. Alors, si les prêles géantes et les ptéridospermales dominent l'enregistrement fossile du carbonifère, rien n'indique qu'elles en dominaient réellement les paysages.

De nouvelles recherches climatologiques renforcent encore cette idée, réfutant le stéréotype du carbonifère comme une période uniformément chaude et humide. Son climat consistait plutôt en une alternance de cycles étouffants et glaciaires. La houille s'accumulait lors des périodes humides, et quand survenaient les longues saisons sèches, les plantes à graines recouvraient encore davantage de terrain. Cette hypothèse met à mal la supposée domination des plantes à spores, quasi réduites au rang d'anomalies, de seconds couteaux tant par la géographie que par la durée de leur règne. Mais parce qu'elles poussaient au sein des marais, elles laissèrent derrière elles un nombre envahissant, disproportionné de fossiles qui finit par se révéler trompeur – ce que les paléontologues appellent le « biais de conservation ».

« Où est Thor ? entendis-je soudain. Les Tchèques ont trouvé des graines ! » Je n'étais intégré au groupe que depuis une matinée, mais déjà tout le monde semblait au courant de ce qui m'intéressait, n'hésitant pas, au passage, à m'appeler moi aussi par mon prénom. Le chef des fouilles vint m'apporter un petit rocher constellé de marques noires. À travers ma loupe, elles ressemblaient à des pépins de pastèque entourés de fines membranes. Je demandai à Bill s'il savait ce que c'était, il me répondit en haussant les épaules : « Tu n'auras qu'à les appeler des graines ailées. » Les graines fossiles sont rarement nommées, expliqua-t-il, parce qu'on ne les trouvait pas avec les plantes qui les produisaient. Un peu plus tard ce jour-là, il me suffit de contempler les présentoirs de fossiles au Muséum d'histoire naturelle et de sciences du Nouveau-Mexique, à Albuquerque, pour comprendre ce qu'il voulait dire : des dizaines et des dizaines de graines ramassées au fil des années portaient toutes des étiquettes disant : « Graine ? » « Ovule ? » « Cône partiel ? » ou « Corps fruitier inconnu ? » Dans un cas fameux, les « graines » d'une plante ancienne bien connue s'étaient finalement révélées être des morceaux de mille-pattes fossilisés.

Un peu plus tard, pendant l'apéritif du colloque (du vin et de la bière arrosant de solides hors-d'œuvre dans un hangar rempli de fossiles), l'un des conservateurs me confia : « Ce serait vraiment super si quelqu'un pouvait travailler sur les graines préhistoriques. On en a une qui fait penser à un noyau de mangue, mais avec une grosse coque en forme de voilier et recouverte de poils. À quoi pouvait bien ressembler la plante qui a produit ça ? ! »

J'approuvai complètement. L'étude des graines anciennes permettrait d'avoir un aperçu sur les communautés d'espèces végétales cachées évoquées par Bill. Après tout, pour chaque graine inconnue entreposée dans un muséum, il existe une plante inconnue, dont la semence emportée par la pluie échoua dans la boue du marais au-dessus duquel elle poussait. De plus, à l'époque, les caractéristiques spécifiques de ces graines en matière d'alimentation, de dispersion, de dormance, de défense n'en étaient qu'à leurs balbutiements. La théorie de Bill plaît beaucoup aux biologistes spécialistes des graines dans l'éclairage qu'elle apporte sur l'histoire de l'évolution.

Traditionnellement, on place l'apparition des graines à l'aube du carbonifère, ou un peu avant[1]. On estime qu'ensuite, durant plus de soixante-quinze millions d'années, il ne se passa pas grand-chose. Malgré leurs atouts, les plantes à graines en zone marécageuse devaient se contenter de vivoter, jusqu'à ce que survienne le changement climatique du permien. Cette version des faits omet toutefois deux questions essentielles. D'abord, si les graines représentent un tel progrès dans l'évolution, pourquoi sont-elles restées insignifiantes si longtemps ? Ensuite, si leurs spécialités que sont l'alimentation, la protection et la dormance étaient à ce point adaptées aux climats secs et saisonniers, comment avaient-elles pu se développer en plein marais ? Les réponses à ces deux questions paraissent plus logiques si l'on relocalise l'évolution des graines dans les hauteurs. Soudain, leur stratégie devient une adaptation évidente qui permet aux premiers précurseurs de coloniser d'énormes portions d'habitat inoccupé. Bill et beaucoup de ses confrères, de plus en plus nombreux, estiment désormais que les plantes à graines régnèrent bel et bien sur le carbonifère, qu'elles se répandirent et se multiplièrent sous des formes diverses, que l'enregistrement fossile ne traduit que de manière très parcellaire. Ainsi l'essor « rapide » des plantes à graines au permien trouve enfin son explication. Lorsque le climat fut définitivement asséché, elles prirent le dessus très vite pour une raison toute simple : elles étaient déjà là.

« J'ai mis en place tous les éléments, au fil de ma longue carrière », me confia Bill, soulignant au passage le rôle de ses nombreux collaborateurs. Mais en allant à l'encontre de certitudes fermement établies, on s'expose inévitablement

1. Les précurseurs évidents des graines apparurent à la fin du dévonien, y compris les fougères à graines primitives ayant une structure proche des ovules et *Archaeopteris*, arbre préhistorique qui fut l'un des premiers végétaux ligneux à être doté de spores mâles et de spores femelles.

à la controverse. « Certains de mes confrères sont violemment opposés à ce que j'avance, reconnut-il. Mais j'essaie de rester bienveillant et de garder le sourire, tout en tenant ma ligne. Comme disait mon directeur de thèse : évite de te fâcher, continue de travailler. » Bill semble avoir pris ce conseil à cœur. Après le terrain, le colloque se poursuivit en intérieur, chacun présentant ses recherches. Des débats passionnés éclataient régulièrement, auxquels Bill ne participait pas (préférant les observer en souriant). Plus tard, d'ailleurs, je l'entendis reformuler sa philosophie autrement : « Il ne faut jamais se disputer avec un idiot, car celui qui assiste au débat ne verra pas la différence entre vous deux. »

Si certains des collègues de Bill sont en violent désaccord avec lui, ils n'étaient pas présents à Albuquerque. Tous ceux avec qui je discutai à la conférence soutiennent la notion d'un climat dynamique au carbonifère, dans lequel les forêts houillères formaient une partie du paysage certes intéressante, mais en aucun cas dominante. J'échangeai avec un affable Britannique du nom de Howard Falcon-Lang dont la présentation proposait de reculer l'origine des conifères de plusieurs dizaines de millions d'années, renforçant l'idée d'une évolution rapide des plantes à graines dans les hauteurs. Un étudiant canadien me confia que son directeur d'études lui avait conseillé de « se rapprocher de Bill et d'apprendre le maximum ». Mais ce fut Stanislav Opluštil, de Prague, qui résuma le mieux la situation. Lui, qui avait fait partie des plus fervents défenseurs de la version traditionnelle, considérait désormais l'affaire réglée : « Bill m'a fait changer d'avis. »

Lorsque je quittai le Nouveau-Mexique, je portais un regard neuf sur le carbonifère. Les gros tritons et les libellules géantes étaient toujours là, mais je les imaginais désormais sur une toile de fond beaucoup plus familière : une forêt de conifères. Grâce aux travaux de Bill DiMichele, les graines furent extirpées des marais et replacées dans leur contexte, bien au sec, en hauteur, où leurs nombreuses adaptations à l'aridité apparaissent logiques. Cela dit, le chemin fut long, des spores aux graines. Pour bien comprendre ce bond, nous devons nous intéresser de très près à la vie privée des plantes.

La sexualité des plantes à spores a généralement lieu en toute intimité, dans des endroits sombres et humides. Une fougère, par exemple, répand des milliers, des millions peut-être, de spores chaque année, points microscopiques flottant comme une fumée ocre autour et en dessous de ses feuilles. Chaque spore consiste en une cellule unique à paroi épaisse sans protection additionnelle ni énergie stockée. Pour germer, il faut qu'elle se pose sur le terrain adéquat, assez humide, mais elle ne donnera pourtant pas aussitôt naissance à une nouvelle fougère. En effet, les spores fabriquent une plante à part, qui ne ressemble en rien aux fougères : une toute petite lamelle verte en forme de cœur, plus petite qu'un ongle. C'est cette plante, le « gamétophyte », qui contient l'équipement nécessaire à la sexualité des fougères.

Lorsque les gamétophytes produisent des gamètes femelles, ils projettent également les spermatozoïdes qui permettront de les féconder, capables de nager à travers l'eau boueuse du sol sur de deux à cinq centimètres. Il faut que ce périple réunisse gamètes mâles et gamètes femelles pour que la fécondation ait lieu et qu'une fougère apparaisse. Les détails de ce système varient, mais toutes les plantes à spores délèguent la reproduction sexuée à une génération séparée, et toutes ont besoin d'eau pour que gamètes mâles et gamètes femelles se rejoignent. Tout cela fonctionnait bel et bien en environnement humide, mais devint problématique dès lors que les grands marais du carbonifère commencèrent à s'assécher. La reproduction s'apparenta alors à un véritable défi et l'existence de ces deux étapes séparées dans leur cycle de vie rendit l'adaptation des fougères aux changements climatiques plus compliquée.

« Si les plantes à spores avaient voulu procéder à des adaptations majeures, expliqua Bill, il aurait fallu qu'elles concernent les deux phases de leur cycle de vie. Ce qui est très difficile. » En d'autres termes, le minuscule gamétophyte est non seulement différent en apparence, mais aussi par ses besoins en terre, humidité, lumière, ou autres. « Je disais toujours à mes étudiants : imaginez que votre sperme ou votre ovule se développe dans des versions de vous-même au tiers de votre taille. Et que ces mini-vous soient forcés d'avoir des relations sexuelles pour vous reproduire, tels que vous êtes. Et s'ils ne vous ressemblaient en rien ? Et s'ils étaient totalement indépendants et ignoraient complètement votre existence ? Et si vous décidiez que vous aviez envie de vivre dans un endroit tout à fait différent ? S'ils refusaient, ou en étaient incapables, vous ne le pourriez pas non plus ! »

D'une certaine manière, on a l'impression que les graines évoluèrent en réaction aux limites des spores. Avec les graines, l'union des gènes parentaux n'est plus reléguée au sol, elle se produit sur la plante mère elle-même, les descendants sont équipés de réserves alimentaires et dispersés dans une enveloppe de protection durable capable d'affronter les éléments, pour germer dès les conditions favorables réunies. Enfin, les spermatozoïdes sont remplacés par du pollen, éliminant ainsi l'impératif de la présence d'eau. Les fossiles de graines sont si rares que les experts peinent à s'accorder sur les détails de la transition. Mais tous estiment qu'au début du carbonifère, elle est déjà bien enclenchée. Et, même si chaque étape ne fut pas forcément préservée dans la pierre, des exemples survivent encore aujourd'hui chez les descendants modernes des plantes à spores qui persistent et même prolifèrent tout autour de nous. Je n'avais pas besoin de me rendre à une conférence pour les trouver – ils poussent dans mon propre jardin.

La sélaginelle de Wallace (Selaginella wallacei).

Comme l'ancêtre commun à toutes les plantes à graines, cette sélaginelle a franchi le pas de l'évolution séparant spores mâles et spores femelles. Les mâles, précurseurs du pollen, sont représentés ici, en haut à droite, en train d'émerger de leur contenant, comme des grains de poussière sortant d'une petite bille. Les spores femelles, beaucoup plus grosses, apparaissent juste en dessous.

Chaque jour, pour me rendre jusqu'à la cabane du raton laveur, je passe devant des plantes à spores, mousses ou fougères, ayant survécu dans notre pelouse à des années de tonte, d'arrachage de mauvaises herbes, de brûlis et de dégradations dues à nos poules. Mais la plante à spores que je tenais plus particulièrement à observer poussait à quelques kilomètres de là, sur un promontoire rocheux au-dessus de la mer. C'est là que se réunissent généralement les visiteurs de passage sur notre île dans l'espoir de voir des orques. Par un beau matin de janvier, je partis avec mon sandwich en quête, pour ma part, d'une espèce un peu plus petite, mais tout aussi remarquable, la sélaginelle de Wallace.

Je descendis le court sentier face à une mer très calme, seulement troublée par les rides des marées et quelques reflets brillants. Je décidai de pique-niquer dans un endroit bien ensoleillé pour profiter au maximum de la douceur hivernale, une rareté dans nos contrées. Je n'avais pas encore déballé mon sandwich que déjà je repérai l'objet de ma quête dans une fissure de la roche tout près de moi. Pour être tout à fait franc, je savais que je n'aurais aucun mal à en trouver. Je dirigeais souvent des sorties de terrain par ici et j'avais un jour vu avec une certaine fierté mes étudiants ignorer un troupeau d'orques pour se concentrer sur ces plantes minuscules. (Ayant grandi sur l'île, ils connaissaient bien les orques, mais c'était leur première rencontre avec la sélaginelle !)

Je m'agenouillai pour la voir de plus près. Parmi les ancêtres de la sélaginelle, on trouve des géants des forêts houillères. Cette plante-ci ne mesure que quelques centimètres de haut, mais ses feuilles pressées contre sa petite tige ressemblent fort aux fossiles que j'avais vus au Nouveau-Mexique. Cependant, ce que sait la sélaginelle lui donne une place tout à fait à part parmi toutes les plantes à spores ayant existé. J'en pinçai l'extrémité et la tendit au soleil, en plissant des yeux… avant d'abdiquer en soupirant. Je ne pouvais plus le nier : j'avais atteint un âge où il ne m'était plus possible de m'adonner aux joies de l'observation des spores sans mes lunettes de vue.

C'est une fois de retour à la cabane du raton laveur, à l'aide d'un microscope à dissection, que je trouvai ce que je recherchais. Là, les spores se mirent pour ainsi dire à luire, transformées en petites poches mouchetées d'or à la base de chaque feuille. Mais il n'est pas inhabituel pour d'infimes détails de paraître si beaux une fois agrandis. Ce qui rend ces spores si remarquables, c'est leur taille. Ou plutôt leurs tailles, au pluriel. Au plus bas, près de la tige, les spores sont rondes et lisses, comme de gros galets, mais, vers la pointe de la branche, elles sont minuscules et forment une poussière rougeâtre qui se déverse d'un petit sac doré. La sélaginelle sait faire ce que les ancêtres des plantes à graines durent apprendre elles aussi : séparer les sexes. Les grosses spores[1] sont femelles, elles donnent un aperçu de l'œuf et les petites, les mâles, constituent l'esquisse des spermatozoïdes. Ce système permet non seulement aux gènes de se mélanger, mais aussi aux plantes de commencer à « préparer leur déjeuner », en investissant leur énergie dans les spores femelles destinées à produire une nouvelle plante. Mâles et femelles de sélaginelle sont toujours dans l'obligation de s'éloigner et de pousser sous la forme de gamétophytes, mais cette adaptation intelligente évolua au moins à quatre reprises chez les plantes à spores. Et l'une d'entre elles fit apparaître une graine.

Observer des sélaginelles, c'est comme déterrer un fossile parfait : en un coup d'œil, elles nous offrent un aperçu du passé[2]. Ambassadeurs modernes d'une lignée ancienne, leurs spores dépareillées témoignent d'un instant clé dans l'évolution des graines. Les sexes ainsi séparés permettent d'imaginer avec plus de facilité le reste de l'histoire. Au fil

1. Techniquement, ces grosses spores sont ce que les botanistes appellent des ovules, des structures de reproduction qui incluent l'œuf et plusieurs couches de tissu autour.
2. S'il est facile de considérer les sélaginelles et les autres plantes à spores modernes comme des figurantes mineures dans la flore actuelle, elles demeurent pourtant tout à fait vaillantes. La stratégie des spores n'est plus dominante, certes, mais elle a persisté des millions d'années durant et certaines familles, parmi lesquelles les fougères, sont aujourd'hui bien plus variées qu'elles ne l'étaient autrefois.

du temps, les premières plantes à graines apprirent à ne pas disséminer leurs spores femelles, mais à les conserver précieusement, laissant les gamètes femelles se développer où ils étaient, sur leurs feuilles. Les gamètes mâles, qui continuaient à se disperser, devinrent après quelques adaptations des grains de pollen portés par le vent. Lorsque ce pollen se posait sur un gamète femelle, la plante se trouvait soudain en possession de tous les éléments basiques d'une graine : un bébé fertilisé qu'il suffisait ensuite de protéger, nourrir et envoyer au loin pour donner naissance à la génération suivante. Ce système conféra aux plantes à graines des avantages immédiats à l'avènement du temps sec. Alors que les plantes à spores avaient besoin d'eau d'abord pour disperser leurs gamètes mâles, puis pour leurs gamétophytes, les plantes à graines, elles, étaient capables de se reproduire grâce au vent. Et leurs rejetons, durables et bien équipés, atterrissaient sur le sol tout prêts à attendre que les conditions idéales soient réunies pour leur germination, puis leur croissance.

L'enregistrement fossile de l'évolution des graines reste flou, mais, à l'instar de la sélaginelle, d'autres plantes modernes peuvent nous aider à remplir les blancs. Le ginkgo est un arbre largement apprécié pour ses qualités ornementales, il est aussi source d'élixirs de phytothérapie censés booster la mémoire ou améliorer la circulation sanguine. Il est l'unique survivant d'une des plus anciennes familles de plantes à graines dont le pollen continue de produire des spermatozoïdes, vestige de l'époque des spores triomphantes. Un groupe d'arbres proches des palmiers, les cycas, conserva également cette caractéristique, l'un d'entre eux se prévaut même de spermatozoïdes si gros qu'ils sont visibles à l'œil nu. (Orné de milliers de flagelles, celui du *chigua*, qui vit sur les côtes de Colombie dépasse en taille ceux de n'importe quelle plante ou n'importe quel animal.)

Aux côtés des conifères et d'une poignée d'espèces moins connues, ces plantes sont des « gymnospermes », mot qui signifie « semence nue », ainsi nommées, car leurs graines mûrissent simplement en surface des feuilles ou des écailles des cônes[1].

Les gymnospermes dominèrent la flore mondiale à partir des périodes sèches du carbonifère jusqu'à l'époque des dinosaures, et elles restent extrêmement répandues aujourd'hui. Tout le monde connaît les « semences nues ». Beaucoup d'entre vous sont sûrement familiers des pignons de pin qui servent à préparer le pesto. Il suffit, en réalité, de faire partie de ce milliard de personnes qui vit à proximité des forêts tempérées où pullulent pins, sapins, épicéas, cèdres, kaoris ou autres conifères qui à eux seuls recouvrent plus de terre que n'importe quel autre végétal. Mais ces vénérables arbres et buissons, quoique répandus, passèrent il y a longtemps déjà le relais de la diversité végétale à plus jeunes qu'eux, à un autre groupe de précurseurs en matière de graines.

L'ultime grand bond en avant dans l'évolution des graines se produisit lorsque quelques gymnospermes apprirent à se couvrir. Un peu à la manière dont on se couvre au sortir du bain, et à peu près pour les mêmes raisons. À l'âge de 3 ans, mon fils Noah utilise toujours la baignoire en plastique bleu que nous avions achetée à sa naissance. Il peut désormais en sortir seul, mais je me charge de l'envelopper aussitôt dans une bonne grosse serviette de toilette. Non par excès de pudeur ou aversion pour la nudité, mais parce que

1. Des tissus semblables au fruit de diverses gymnospermes peuvent faire partie de la graine elle-même, par exemple l'arille de l'if qui ressemble à une baie rouge. Si ces membranes ont les mêmes fonctions de dispersion, elles ne sont pas considérées comme de véritables fruits, car elles sont formées de tissus différents.

son petit corps nu me paraît toujours si vulnérable. Cela déclenche immédiatement chez moi une réaction instinctive de parent, un besoin de protéger, de soigner. Certes, les plantes ne se préoccupent guère de morceaux de tissu, cependant c'est le même processus qui fut à l'œuvre chez les gymnospermes lorsqu'elles enveloppèrent leurs semences nues à l'aide de la feuille située en dessous pour protéger le gamète femelle en développement. Les botanistes appellent cette boîte le « carpelle » et les plantes qui en sont dotées sont les « angiospermes », un mot qui vient du latin et signifie « graine dans un récipient ».

Je ne vis aucune angiosperme fossilisée au Nouveau-Mexique. « Mauvais colloque », me répondit d'un ton bourru l'un des participants. Les roches n'étaient pas les bonnes non plus, en décalage de plusieurs grosses périodes géologiques. Le fait d'envelopper une graine d'une feuille protectrice peut sembler une évidence, cependant il fallut attendre le début du crétacé pour que les angiospermes s'y mettent ; les graines nues existaient déjà depuis plus de cent soixante millions d'années. Pour replacer les événements en perspective, disons que les mammifères placentaires, dans leur entière diversité, depuis les rongeurs jusqu'aux chauves-souris, aux baleines, aux oryctéropes et aux singes, pour ce qui les concerne, évoluèrent au cours d'une période trois fois moins longue. Les botanistes continuent de s'interroger sur ce délai, quoi qu'il en soit l'apparition de cette protection se révéla une riche idée. Une fois établies, les angiospermes se multiplièrent à une telle rapidité que Darwin considérait leur essor comme un « abominable mystère », qui menaçait son concept de changement progressif et mesuré[1]. Elles composent désormais la vaste majorité du règne végétal et leurs graines sont au cœur de ce livre.

1. Voir Friedman, 2009.

Dans la perspective de l'évolution des graines, le passage des spores aux gymnospermes fut l'étape la plus essentielle. Bill DiMichele se lamente sur notre tendance à nous concentrer exclusivement sur les angiospermes. « C'est le meilleur moyen d'être à côté de la plaque. Il se trouve simplement qu'elles sont très nombreuses. » Cependant, il subsiste peu de doute : le fait d'envelopper les graines redéfinit le système, ouvrant sur un éventail de possibilités nouvelles. Après tout, la serviette n'est que le début : après sa douche, Noah enfile le plus souvent un pyjama, mais chacun couvre sa nudité comme il le souhaite, short et chemise hawaïenne, robe de soirée, armure, que sais-je encore ! Les enveloppes autour des graines évoluèrent vite, passant d'une simple feuille à toute une palette de structures que nous rassemblons sous le terme de « fruit ». Comme les vêtements, les fruits constituent des protections qui peuvent parfois être attirantes, les angiospermes créent ainsi un moyen très efficace d'attirer à elles les animaux qui iront ensuite disperser leurs bébés. (Nous explorerons les liens qui unissent fruits, graines, animaux, y compris humains, dans le chapitre XII).

Encore plus importantes que l'évolution des fruits, les conséquences qu'a eue sur la pollinisation l'apparition d'une enveloppe autour des graines. Une fois le gamète femelle bien empaqueté de la sorte, le rôle du vent devint moins essentiel dans la livraison de pollen. Les angiospermes se tournèrent de plus en plus vers les animaux, les insectes en particulier, pour déplacer le pollen de fleur en fleur. Pétales colorés, nectar, parfum – toutes ces caractéristiques que nous associons aux fleurs – se développèrent en réaction à ce nouveau besoin : transformer la pollinisation, jusque-là projection aléatoire emportée par le vent, en une des méthodes les plus précises (et les plus belles) élaborées par la nature pour mélanger les gènes. Ce système aida à mettre en œuvre la rapide diversification qui mystifiait tant Darwin, et il en découla un nouveau nom pour les angiospermes : « les plantes à fleurs[1] ».

Dans la nature, les plantes à fleurs affichent ostensiblement leur sexualité, leurs graines et leur dispersion, favorisant non seulement leur propre évolution, mais aussi celle des animaux, des insectes auxquels elles sont intimement liées. Dans la plupart des cas, la diversité des disperseurs, consommateurs, parasites – et plus spécialement, des pollinisateurs – s'accrut avec celle des plantes dont ils dépendaient. Mais l'évolution de la sexualité des fleurs fut également vitale pour les humains. Si les fleurs n'avaient pas eu cette capacité à manipuler la pollinisation et à conserver le résultat sous forme d'une graine durable, on voit mal comment nos ancêtres auraient pu réussir dans l'agriculture. Michael Pollan, auteur et activiste spécialisé dans la nutrition, alla plus loin encore, décrétant que les pratiques de sélection des végétaux étaient une « série d'expériences de coévolution » qui avait changé les plantes, bien sûr, mais aussi les hommes. Selon lui[2], les désirs humains pour des aliments sucrés, nourrissants, beaux, de même que le besoin d'intoxication, finirent par s'inscrire dans le code génétique de nos productions agricoles. La sélection de ces caractéristiques nous plaît autant qu'elle bénéficie aux plantes, car nous les dispersons consciencieusement depuis leurs habitats originaux jusque dans nos jardins ou nos champs partout sur la planète. Mais notre intimité avec les plantes

1. Un ouvrage sur les graines ne saurait être complet sans cette expression agaçante et trompeuse ! Oui, les angiospermes présentent des fleurs et des fruits, mais de nombreuses gymnospermes aussi, qu'elles existent encore ou aient existé. Ainsi que le sous-entend leur nom, c'est la caractéristique d'une graine – la présence ou l'absence d'un carpelle – qui définit ces groupes importants.
2. Pollan, 2004.

ne nous nourrit pas seulement au sens propre, elle nourrit aussi notre imagination. Tout ce savoir accumulé au fil de notre longue relation constitue l'aperçu le plus complet que nous ayons sur les fonctionnements de la nature. Sans ça, l'expérience la plus célèbre de l'histoire aurait pu ne jamais être réalisée.

CHAPITRE V

LES SPORES DE MENDEL

« Les diverses formes de pois choisies
pour la fécondation présentaient
des différences dans la longueur
et la coloration de la tige, dans la taille
et la forme des feuilles, dans la situation,
la coloration et la taille des fleurs,
dans la longueur de la hampe florale,
dans la coloration, la forme
et la taille des gousses,
dans la forme et la taille des graines… »

Gregor Mendel,
Recherches sur des hybrides végétaux[1] (1866)

« Plantez les pois le jour du Président. » Partageant ma vie avec une jardinière chevronnée, je connaissais bien cet adage, entre mantra et injonction. Pour Eliza, les pois marquent le top départ d'une nouvelle saison, toujours très attendue. À cette période, la terre de son jardin est fraîchement retournée, dans l'expectative. Cette année, nous avions elle et moi de grands projets pour nos pois. Alors que j'arrachais une

1. Trad. de l'allemand par Albert Chappelier, parue en 1907 dans le *Bulletin scientifique de la France et de la Belgique*, t. 41, p. 371-419.

énième touffe d'herbe du massif bien encombré qui entourait la cabane du raton laveur, il m'apparut assez clairement que les miens seraient en retard. Considérant que je n'avais pas encore apporté de terre fraîche ni trouvé le moyen de protéger mes plantations des poules, encore moins commandé de graines, il était peu probable que je voie pousser mes pois avant le dimanche des Rameaux. Mais après tout, à cette période de l'année à Brünn, en Moravie (aujourd'hui Brno, en République tchèque), le célèbre jardin dont je souhaitais m'inspirer était pour sa part encore bien enfoui sous la neige.

S'il n'avait pas les conditions météorologiques optimales, Gregor Mendel avait tout de même un certain nombre d'atouts lorsque apparut son premier rang de pois au printemps 1856[1]. Son abbé, Cyrill Napp, dirigeait le monastère augustinien Saint-Thomas plus à la manière d'une université de recherches que d'un lieu de retraite, encourageant ses moines à étudier tous les domaines ou presque, de la botanique à l'astronomie, de la musique traditionnelle à la linguistique ou la philosophie. La nourriture y était bonne, la bibliothèque excellente et le temps ne manquait pas pour poursuivre ses recherches. L'abbé alla jusqu'à faire construire une serre dédiée aux travaux de Mendel, lui réservant également l'usage de l'orangerie et d'une grande partie des jardins du monastère. Le jeune moine bénéficia aussi de plusieurs millions d'années d'évolution, car sans les caractéristiques exceptionnelles des graines, ses fameuses découvertes auraient été beaucoup plus compliquées, impossibles peut-être.

Essayez d'imaginer le père de la génétique moderne conduisant ses expériences sur les plantes à spores. Il aurait passé

1. Bien qu'il ait commencé ses recherches sur l'hybridation en 1856, Mendel avait consacré les deux années précédentes à tester trente-quatre variétés de pois locales pour s'assurer qu'elles se reproduiraient selon le type parental. Pour finir, il choisit vingt-deux des prédispositions les plus fiables pour ses expériences.

tout son temps à quatre pattes dans la boue, à la recherche de microscopiques gamétophytes, tentant désespérément de réunir gamètes mâles et gamètes femelles. Comment contrôler la reproduction des plantes quand leurs relations sexuelles ont lieu hors de vue, dans la terre, grâce à des spermatozoïdes nageant dans l'eau[1] ? Les plantes à spores ne se prêtent tout simplement pas aux manipulations, ce qui explique que les quelques mousses et fougères qui purent être domestiquées demeurent largement semblables à leurs ancêtres sauvages. (Il est intéressant de noter qu'une autre caractéristique les rend assez inutiles : parce qu'elles « ne préparent pas le déjeuner » de leur bébé, les plantes à spores n'ont aucune valeur nutritionnelle. Il peut arriver que l'on en vienne à grignoter une plante à spores, mais – à de rares exceptions près – on ne tire ni pain, ni porridge, ni quoi que ce soit des spores elles-mêmes[2].)

Mendel n'envisagea jamais l'étude des fougères ou des mousses. Fils de paysan, il connaissait assez les plantes pour savoir que cette méthode de reproduction brouillonne ne pourrait jamais rien lui apprendre sur l'hérédité. Il débuta toutefois par l'étude des souris, avant d'y mettre un terme lorsque son évêque fit remarquer qu'il était inconvenant

1. Des recherches récentes montrent que de minuscules mites et collemboles peuvent contribuer au transport de spermatozoïdes et faciliter la fertilisation (voir Rosentiel *et al.*, 2012). Personne ne sait encore pourquoi, voilà un rappel fascinant du nombre de choses qu'il nous reste à découvrir à propos du système reproductif des plantes à spores.
2. Une intrigante exception nous vient du genre *Marsilea*, des fougères aquatiques, dont une, australienne, appelée *nardoo*, présente des spores mâles et des spores femelles, comme la sélaginelle. Les spores femelles, plus grosses, sont réunies par petits paquets qui peuvent être broyés, lavés et cuits sous forme de gâteaux. Bien que le goût soit assez atroce, et la pâte toxique à moins d'être correctement préparée, les gâteaux de *nardoo* étaient autrefois un aliment de dernier recours pour plusieurs tribus aborigènes. On raconte que le célèbre explorateur australien Robert O'Hara Burke et plusieurs de ses compagnons moururent par suite d'une ingestion de *nardoo* mal cuit (voir Clarke, 2007).

qu'une cellule de moine soit remplie de cages accueillant des rongeurs de plus en plus nombreux. En choisissant finalement les pois, Mendel trouva un système parfaitement adapté à ses expériences : la pollinisation manuelle des fleurs lui permettait de jouer l'entremetteur, de sélectionner exactement les plants qu'il souhaitait féconder, puis d'observer comment leurs caractéristiques se transmettaient. Contrairement aux spores, les graines de ces plants de pois unissaient des gènes des deux parents, produisant quelque chose qui pouvait être facilement trié, examiné, compté. Et, contrairement aux souris, les pois se multipliaient en extérieur, ils sentaient bon et donnaient assez pour fournir la cuisine du monastère.

Je me jetai sur mes sachets de graines dès que je les reçus et versai un petit tas de chaque sur la table. Tous appartenaient à la même espèce, mais ils étaient de différentes variétés, exactement comme ceux de Mendel – certains étaient verts et tachetés, d'autres plutôt bruns ; certains étaient ridés, d'autres lisses[1]. Dans la Moravie du XIXe siècle, Mendel n'avait eu aucun mal à trouver trente-quatre variétés de pois chez son grainetier local. Dans mon jardin, je n'avais de place que pour deux variétés, mais quelques recherches m'avaient permis de trouver l'une de celles que Mendel lui-même avait pu planter. Le Württembergische Wintererbse, ou « pois d'hiver du Wurtemberg » tient son nom d'un ancien royaume situé dans ce qui est actuellement le sud de l'Allemagne. Des voies ferrées reliaient le Wurtemberg à la Moravie voisine, et les deux régions avaient de bonnes relations à l'époque où Mendel cherchait ses semences. Elles combattirent même côte à côte durant la guerre austro-prussienne en 1866, qui

1. Au total, Mendel suivit le destin de sept caractéristiques de graines et de plantes : ridées ou lisses, couleur de graine, couleur d'enveloppe de graine, forme de la cosse, couleur de la cosse, position de la fleur et longueur de tige. Pour rester simple, je me concentrai sur la première caractéristique, la plus célèbre, ridée ou lisse.

fut aussi l'année de publication de ses résultats. Un moine s'affairant dans le jardin d'un monastère, l'idée paraît on ne peut plus paisible, Mendel cependant vivait en des temps troublés. Les empires européens vieillissants subissaient les contestations populaires et les fluctuations des alliances politiques, quand les universitaires étaient eux en proie à un autre bouleversement intellectuel, tout aussi urgent : la théorie de l'évolution par sélection naturelle.

En 1859, le premier tirage de *L'Origine des espèces* de Charles Darwin fut épuisé en une journée, la traduction allemande parut dans l'année qui suivit. Les copieuses notes de Mendel sur l'exemplaire du monastère témoignent qu'il n'ignorait rien de son contenu lorsqu'il se pencha sur ses pois. Qu'il ait ou non totalement compris le sens de ce que lui apprirent ses pois fait encore débat aujourd'hui. Si *a posteriori* il semble appartenir à la catégorie des génies, Mendel, de son vivant, ne connut jamais la gloire et l'on en sait peu sur ce qu'il pensait réellement, car un des abbés, qui succéda à Cyrill Napp à la tête du monastère, décida malencontreusement de brûler la totalité des papiers et notes de Mendel[1]. Nous sommes certains d'une chose : il était loin d'être un simple amateur. Par la minutie de ses méthodes et son approche statistique de la science, il avait des décennies d'avance sur son temps. Et il ne se contenta pas de les appliquer aux pois, mais aussi aux chardons, épervières et abeilles, ce qui laisse supposer qu'il s'intéressait aux lois générales de l'hérédité. Nous savons aussi que Mendel avait l'impression d'avoir fait une découverte importante. Son article fut publié dans un obscur journal morave, cependant

1. Il existe si peu de matériau original sur lequel travailler que beaucoup des aperçus biographiques sur Mendel incluent une bonne part d'élucubrations. Iltis (1924 en allemand, 1932 en anglais) reste la principale référence. Le portrait est ouvertement flatteur, cependant l'auteur a tout de même eu la chance de s'entretenir avec des personnes ayant connu le moine.

il en commanda quarante exemplaires qu'il expédia aux plus grands scientifiques de l'époque. Plusieurs de ces envois ont depuis été retrouvés, ils n'avaient été ni ouverts ni lus[1].

Le *Western Garden Book*, aux éditions Sunset, recommande de planter les pois à deux ou trois centimètres de profondeur et de les espacer de cinq à dix centimètres. « Rapproche-les, me conseilla toutefois Eliza. De toute façon, certains seront mangés par les limaces. » En Moravie, les jardiniers étaient confrontés à toutes sortes de nuisibles, limaces, escargots, charançons, pucerons et, de temps à autre, quelques moineaux en maraude. Mendel, lui aussi, surchargea sûrement ses rangs. Imaginez donc le nombre incroyable de graines qu'il lui fallut planter pour produire les « dix mille plants » au minimum qu'il se souvenait avoir observé durant ses travaux. Je ne jouerai jamais dans la même catégorie, cependant je me consolais en songeant à ce que j'aurais pu enseigner à ce moine sur la cueillette des pois. Il se trouve que mon expérience dans l'agriculture commerciale commença au volant d'une cueilleuse de gousses de dix-sept tonnes. L'été qui suivit mon bac, sept jours par semaine, de dix-huit heures à six heures, je remplissais des bennes et des bennes de pois. La machine était lente, et je consacrais la majeure partie de mon temps à lire des romans à la lampe torche, mais si j'avais eu la patience et la motivation de Mendel, je me serais installé dans la trémie pour compter les pois et noter chaque subtilité de couleur, forme et taille.

1. Il y a un côté fascinant à s'imaginer l'article de Mendel négligé, jamais ouvert, dans la bibliothèque de Darwin, à ce détail près que c'est une complète vue de l'esprit. Des recherches méticuleuses dans sa collection bien préservée ne permirent jamais d'exhumer la moindre copie. Il ne fit jamais référence aux travaux de Mendel, ni dans ses ouvrages ni dans sa correspondance. Tous deux se trouvèrent dans un rayon de quelques kilomètres seulement lorsque Mendel vint visiter la Grande Exposition de Londres en 1862, mais Darwin était chez lui, à Down House, et nous n'avons aucune raison de croire qu'ils se soient un jour croisés.

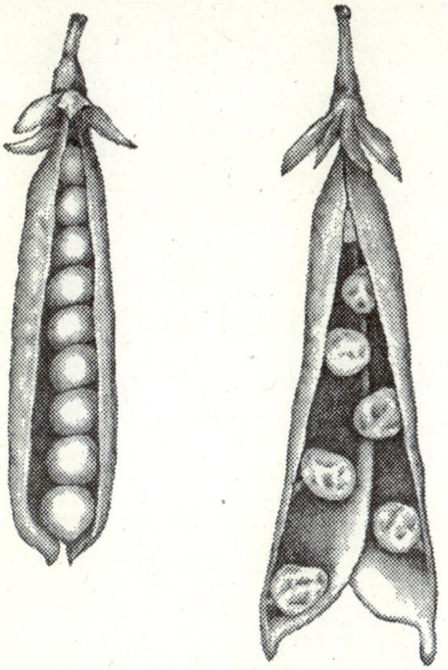

Le pois commun (Pisum sativum).

Le pois commun constituait le sujet d'étude idéal pour Gregor Mendel grâce à ses caractéristiques facilement manipulables, parmi lesquelles deux formes de graines, lisses ou ridées.

Les travaux de Mendel ne m'enseignèrent pas seulement les bonnes pratiques pour la culture du pois. Ses expériences montrèrent à quel point les graines, et notre relation intime avec elles, influencèrent notre compréhension du monde naturel. Elles permirent un aperçu du processus de l'évolution qui, quoique tout à fait différent des travaux de Charles Darwin, n'en était pas moins important.

Ce n'est pas une coïncidence si Darwin comme Alfred Russel Wallace, qui découvrirent conjointement la sélection naturelle, connurent tous deux leur grande révélation lors de voyages en terres lointaines – Darwin à bord du *Beagle* et Wallace dans l'archipel malais. Pour comprendre une loi générale de la nature, il est nécessaire d'envisager la nature de la manière la plus globale possible. La découverte de créatures exotiques évoluant dans des paysages inconnus permit à l'un comme à l'autre de remarquer des modes de vie que la familiarité empêche parfois de repérer : lorsqu'on l'aperçoit au fond de son jardin, un pinson n'est rien d'autre qu'un pinson. Cela dit, pour bien saisir tous les rouages de l'évolution et la façon dont se transmettent les caractéristiques individuelles de génération en génération, il fallut en passer par des recherches moins exotiques. Mendel eut sa révélation alors qu'il réexaminait un système naturel bien connu de tous. Bien qu'il n'ait pas consacré sa vie à l'agriculture, il usa d'un savoir-faire perfectionné par d'innombrables jardiniers et paysans avant lui, transformant les connaissances agricoles les plus simples en lois scientifiques sur l'hérédité.

Lorsque les archéologues passent au tamis la terre d'un lieu d'habitation ancien, ils recherchent les graines, qui les aident à déterminer si l'agriculture existait ou non. S'ils en découvrent qui soudain paraissent plus grosses que leurs équivalents sauvages, ils savent qu'un humain avait procédé à une sélection des plantes les plus adaptées. Pour un paysan, il n'y a rien de plus naturel. Pour preuve, une après-midi que je passais en compagnie de Noah, à détacher des grains de maïs secs de leur épi et à les mettre dans un bol métallique – *gling, glang, glong.* Nous avions prévu de les écraser pour en faire de la bouillie, mais si nous avions été en quête de graines à conserver, le choix se serait révélé assez évident. Parmi tous ces vieux épis très durs, nous en découvrîmes un dont les grains bien dodus se détachaient avec facilité. De gros grains, qui se récupèrent sans peine – tout à fait le genre de caractéristiques que l'on aimerait voir transmises de génération en génération.

À l'époque de Mendel, la sélection des végétaux avait à ce point progressé que chaque région pouvait se prévaloir de dizaines de variétés de pois, sans parler des haricots, des laitues, des fraises, des carottes, du blé, des tomates et de centaines d'autres cultures encore. Personne n'avait entendu parler de génétique, mais tout le monde avait compris que les plantes (et les animaux) pouvaient être modifiées grâce à la culture sélective[1]. Une même espèce de moutarde poussant sur le littoral fut, par exemple, à l'origine de plus de six légumes européens bien connus. Sa feuille étant savoureuse, elle donna naissance au chou, au chou vert et au chou kale. La sélection de plants dotés de bourgeons latéraux et de jeunes pousses comestibles donna le chou de Bruxelles, le chou-fleur et le brocoli ; le choix d'une tige plus épaisse, le chou-rave. Dans certains cas, il suffit simplement de garder les graines les plus grosses pour améliorer sa récolte, dans d'autres, le processus se révèle véritablement sophistiqué. Les Assyriens commencèrent à fertiliser soigneusement à la main les palmiers dattiers il y a plus de quatre mille ans ; quant aux producteurs d'alcool chinois à l'époque de la dynastie Shang (1726-1122 av. J.-C.), ils mirent au point une graine de millet qui nécessitait d'être protégée contre toute pollinisation croisée[2]. Le peuple Mendé en Sierra Leone, choisit, quant à lui, pour dire « expérimentation », un mot tiré de l'expression « essayer un nouveau riz », inscrivant dans sa langue le lien instinctif entre étude et culture des plantes.

---

1. Si la plupart des cultures et des variétés locales se développent très lentement, la sophistication et le rythme de la sélection des plantes s'accéléra rapidement au XVIIe et au XVIIIe siècle (voir Kingsbury, 2009).
2. Les qualités particulièrement intéressantes pour l'alcool étaient liées au maintien d'un gène double-récessif, elles disparaissaient dès lors que le millet se croisait avec d'autres variétés. Cette mutation « gluante » ou « cireuse » existe chez de nombreuses graminées comestibles, parmi lesquelles le riz, le sorgho, le maïs, le blé et l'orge. La caractéristique reste récessive, mais les résultats sont parfois délicieux, par exemple le moshi, le botan et autres variétés de riz gluant.

À l'inverse des nombreux cultivateurs qui le précédèrent, Mendel ne se contenta pas de manipuler un système sans le comprendre. Son génie tenait à sa curiosité, sa patience, sa persévérance associées à un certain talent pour les maths. Huit années durant, il sélectionna ses pois pour repérer le destin de leurs particularités spécifiques au fil des générations : longueur de la tige, couleur de la cosse, position de la fleur et, surtout, graines lisses ou ridées. En notant soigneusement quels parents produisaient quel type de rejeton, il découvrit que les spécificités se comportaient de manière très prévisible. Alors que la majeure partie de ses contemporains, y compris Darwin, croyait que la sélection menait au mélange de types parentaux, Mendel savait que les caractéristiques étaient transmises par unités discrètes. Ses pois lui enseignèrent que chaque individu contenait deux variations de chaque caractère, héritées de manière aléatoire de chaque parent[1]. En termes modernes, nous disons que chaque individu contient deux allèles pour chaque gène. Certains allèles sont « dominants » et s'expriment toujours (par exemple, les pois lisses), tandis que les autres sont « récessifs » et continuent leur transmission de manière invisible à moins qu'un individu ne soit doté de deux allèles récessifs, « double-récessif », comme disent les généticiens (par exemple, les pois ridés.) De nos jours, ces concepts semblent vaguement familiers, pourvu que l'on se soit un jour retrouvé en cours de biologie face à l'exercice du tableau de croisement. D'ailleurs, les manuels scolaires utilisent encore aujourd'hui l'exemple des petits pois de Mendel : en croisant une lignée pure de pois lisses et une de pois ridés, on obtient des rejetons lisses, mais la génération suivante inclura à la fois des

1. Les contributions de Mendel à la génétique sont souvent résumées sous l'intitulé « loi de ségrégation » (allèles par paires, un par parent) et « loi de l'assortiment indépendant » (allèles transmis indépendamment). On lui doit également les termes « dominant » et « récessif ».

pois lisses et des ridés, selon un ratio de trois contre un. C'est aujourd'hui un exercice que l'on enseigne au lycée, mais, en 1865, Gregor Mendel était le seul au monde à l'avoir compris. Après avoir écossé le dernier petit pois, il résuma ses découvertes révolutionnaires dans l'article à la fois le plus célèbre, le plus influent et le plus ignoré encore à ce jour.

Aux abords de la cabane du raton laveur, en quelques semaines, mes petits pois avaient gentiment poussé et réussi à échapper aux limaces. En juin, leur tige dépassait les trois mètres et s'entortillait sur les treillages de fortune que j'avais plantés contre le porche ; installé à mon bureau, je pouvais par la fenêtre assister à l'éclosion des premières fleurs violettes. Mendel trouvait « particulières » les fleurs de petits pois, car elles maintenaient leurs parties vitales cachées entre deux étroits pétales. C'était cependant un arrangement idéal pour contrôler la pollinisation. Je suivis donc ses instructions à la lettre, mettant au jour les jeunes étamines avant de déposer le pollen de mon choix sur le stigma. À l'époque de Mendel, le Coton-Tige n'avait pas encore été inventé, aussi, en me contraignant à suivre sa méthode, je découvris assez vite que le petit récipient formé par la fleur elle-même permettait de parfaitement déverser le pollen sur le stigma d'une autre. Je pus également avoir un aperçu de la paix que Mendel devait ressentir dans son jardin, car sa si célèbre pollinisation eut lieu exactement dans les mêmes conditions que la mienne – par un beau et frais matin de printemps, au milieu des fleurs et des chants d'oiseaux.

La phase finale de manipulation des pois consiste à recouvrir la fleur d'un petit sachet pour éviter toute contamination indésirable. Je fabriquai les miens en papier, non en calicot ; en dehors de ce détail, je trouvai mon parterre de petits pois assez semblable à celui que l'on aurait pu voir dans ce fameux jardin morave. Tout ce processus me ramena au temps où j'étudiais les *almendros* en Amérique centrale. Car, bien qu'ils vivent sous les tropiques et atteignent les quarante-cinq mètres de haut, les *almendros* appartiennent aussi à la famille des pois, et leurs fleurs ont cette même couleur violacée. Si je n'ai jamais pollinisé à la main aucun *almendro*, ma thèse de doctorat n'en était pas moins une descendante directe des expériences de Mendel. Il fut le premier à dévoiler les techniques génétiques de manipulation des graines, ce qui me permit, cent cinquante ans après, de comprendre des populations entières à partir des caractéristiques de leurs gènes – quels arbres se reproduisaient, jusqu'où voyageait leur pollen, qui déplaçait leurs graines d'un endroit à un autre. Les outils de la génétique moderne sont peut-être différents, mais je ne doute pas que Mendel aurait parfaitement compris mes recherches sur la forêt tropicale et leurs implications. Néanmoins, je me demande s'il aurait fait preuve d'une telle persévérance dans ses travaux s'il avait eu vent des déceptions qui l'attendaient.

Dire que l'article sur les pois de Mendel fit un flop serait incorrect, car cette analogie est liée à un bruit… or l'article en question n'en fit absolument aucun. Depuis sa première publication, en 1866, jusqu'au début du siècle suivant, *Recherches sur des hybrides végétaux* fut cité une vingtaine de fois à peine dans la littérature scientifique. Par contraste, on compta par milliers les citations des travaux de Darwin. La présentation des découvertes de Mendel à la Société de sciences naturelles de Brünn ne suscita pas une seule question. (Un compte-rendu dans la presse locale évoquant un échange « animé » avec le public fut sûrement rédigé par un de ses amis, voire par le moine lui-même.) Du vivant de Mendel, les rares personnes à avoir entendu parler de ses recherches doutaient de leur véracité ou n'y comprenaient rien ; il n'eut probablement jamais le plaisir d'avoir une conversation enrichissante à leur propos. Pour ne rien arranger, il tenta, en vain, de reproduire l'expérience sur les épervières, de petites fleurs sauvages de la famille des asters qui s'embarrassent rarement de pollinisation[1] – ce qu'ignorait Mendel. Elles produisent en fait d'étranges graines semblables à des clones qui ne sont en rien dotées de cette hérédité biparentale qu'il avait si soigneusement documentée pour les petits pois. Ce choix malheureux ne fit qu'aggraver son sentiment de démoralisation, de découragement et de doute. Les biographes décrivaient le jeune Mendel comme un homme jovial, apprécié de ses élèves et amateur de farces. À la fin de sa vie, en revanche, il semblait s'éloigner de plus en plus de la société comme de la science. En 1878, un grainetier ambulant échoua à persuader le moine, âgé, de seulement évoquer l'hérédité : « Étrangement, lorsque j'interrogeai Mendel à propos de son travail sur les petits pois, il s'empressa de changer de sujet[2]. »

Bien qu'il nous soit impossible de savoir ce que Mendel avait dans la tête, une anecdote suggère qu'il gardait confiance dans ses résultats et se doutait de l'impact qu'ils finiraient par avoir. Bien après la mort du moine, en 1884, l'un des religieux de son abbaye se souvenait l'avoir souvent entendu dire : « Je suis sûr qu'un jour mon heure viendra. »

1. Le terme « apomixie » décrit plusieurs types de reproduction asexuée chez les plantes. Pour l'épervière, le pissenlit et de nombreux autres membres de la famille des asters, une méiose incomplète dans le processus de formation de l'œuf crée des graines viables qui sont essentiellement des clones de la plante mère. Les espèces apomictiques perdent peut-être les avantages d'un mélange génétique normal, mais elles gagnent la capacité de se reproduire à volonté sans avoir à se fier aux pollinisateurs (et la plupart, voire toutes, gagnent au passage la capacité de se reproduire normalement en cas d'urgence). Quand une espèce est adaptée, cette stratégie peut être une réussite, comme vous le prouvera toute pelouse couverte de pissenlits.
2. C.W. Eichling, cité dans Dodson, 1955.

Pour ce qui nous concerne, mes petits pois et moi, c'est l'heure de la récolte qui finit par arriver un jour. L'été touchait à sa fin, les tiges grimpantes ployaient sous la chaleur, les cosses jaunissaient et, à l'intérieur, les pois mûrs étaient secs. Mendel travaillait le plus souvent seul, mais il lui arrivait de recevoir l'aide de quelques novices et d'un assistant formé. Mon équipe personnelle se composait exclusivement d'un enfant de 3 ans : Noah se montrait si enthousiaste pour tout projet en lien avec des graines qu'il fut ravi de se joindre à moi. Après notre cueillette, nous nous installâmes pour écosser les pois à l'ombre du porche. Rapide comme l'éclair, Noah récupéra aussitôt le contenu d'une cosse et glissa les pois dans sa bouche. Quelques années auparavant, j'avais fait l'erreur d'emmener un chien avec moi lors d'un projet impliquant de poser des pièges à mammifères. J'avais assisté impuissant à la disparition de données prometteuses bien vite englouties. En l'occurrence, j'eus cette fois plus de chance avec mes données, car Noah les recracha aussitôt. Contrairement aux petits pois qui avaient poussé dans le jardin de sa maman, ceux-ci avaient été amenés à maturité, jusqu'à ce qu'ils soient durs et secs, comme des lentilles crues. Noah ne dit rien, mais il me jeta un regard dégoûté qui me rappela l'un de ses premiers enchaînements de phrases, soigneusement élaboré un matin après que je lui avais servi le petit déjeuner : « Maman prépare à manger. Papa prépare du caca. »

Nous étions là à nous débattre avec notre pile de cosses et je fus une fois de plus épaté par l'incroyable patience de Mendel face à l'ampleur de sa tâche, lorsqu'il lui avait fallu compter les pois. Ma récolte à moi était maigre, réduite par un nuisible inattendu sur lequel nous reviendrons au chapitre VIII, mais je fus bien content lorsque tout fut terminé tant le processus de comptage se révéla monotone. Cette similitude entre nos expériences avait quelque chose de fascinant, aussi – c'était justement l'intérêt. Mon expérience reproduisait la première génération du travail de Mendel : le croisement de lignées pures de deux variétés distinctes. Je sélectionnai des pois lisses et ronds du Wurtemberg et ceux très ridés d'une vieille variété américaine appelée Bill Jump. À en croire Mendel, le gène lisse, dominant, submergerait totalement les ridés. Et après avoir durant des mois veillé sur mes plantations, j'en avais maintenant la preuve sous les yeux : un saladier rempli de petits pois lisses et ronds, comme si le gène des Bill Jump avait tout bonnement disparu. J'enfonçai ma main dans le bol et fit glisser les pois entre mes doigts, ressentant alors ce qu'avait dû éprouver Mendel : la satisfaction de comprendre assez bien un système pour être capable de le prédire.

Lorsqu'un phénomène est connu, on a du mal à imaginer qu'il ait pu être un mystère. Mais après les découvertes de Mendel, des décennies s'écoulèrent avant que l'on s'intéresse aux secrets de l'hérédité qu'il avait révélés. Il termina sa vie à Brünn dans l'anonymat, tandis qu'un peu partout dans le monde des savants se démenaient toujours pour tenter de comprendre comment les spécificités des parents se transmettaient à leur progéniture. Pour reprendre les termes d'un botaniste frustré en 1899 : « Nous n'avons plus besoin d'idées générales sur l'évolution. Nous avons besoin de connaissances particulières sur l'évolution de formes particulières[1]. » Comme en réponse à ce vœu, l'année suivante,

1. William Bateson, éminent botaniste britannique fit cette déclaration en 1899, lors d'une conférence à la Société royale d'horticulture. Dans la citation détaillée, son commentaire semble une étrange prémonition de la redécouverte de Mendel, qui ne tarderait plus : « Ce qu'il nous faut d'abord savoir, c'est ce que fait une variété croisée avec ses plus proches alliés. Pour que le résultat ait une valeur scientifique, il est presque absolument nécessaire que la descendance de ces croisements soit examinée de manière statistique. » Durant sa carrière, Bateson joua un rôle essentiel dans la mise en avant des idées de Mendel. Il est l'inventeur du terme « génétique ».

trois chercheurs publièrent des « redécouvertes » de l'hérédité mendélienne ; ainsi naquit la génétique moderne.

Chacun, indépendamment, reprenait certains aspects du travail de Mendel, parvenant aux mêmes conclusions. Et, toujours sans le savoir, ils procédèrent de la même manière que lui : en contrôlant la fécondation et en examinant les caractéristiques des plantes à graines comme le maïs, le coquelicot, la giroflée, l'onagre et les graines, lisses ou ridées du petit pois.

Dans la nature, le mélange génétique cohérent qui se produit dans les graines leur donne un potentiel d'évolution extraordinaire. Alors que la reproduction par les spores était erratique et souvent autoadministrée, les graines, elles, combinaient de manière régulière et directe les gènes de deux parents, en utilisant des stratégies de floraison de plus en plus sophistiquées. Cette façon de procéder permit aux plantes à graines de se diversifier et de régner sur à peu près tous les habitats terrestres, ainsi que d'accélérer le développement de toutes les autres caractéristiques des graines que nous évoquerons dans ces pages. Cela donna naissance à des cultures aussi variées que les haricots verts ou la carambole, et nous aida incidemment à mieux comprendre le processus d'évolution. Mais les gènes des graines seraient moins utiles sans une autre particularité dont nous avons tendance à croire qu'elle va de soi.

Je me sentis plus proche de Mendel après avoir produit, comme lui, une génération de petits pois lisses, mais je tenais à poursuivre son expérience sur une année complète, simplement pour voir si j'obtenais moi aussi son fameux ratio de trois pour un[1]. À en croire le tableau des probabili-

1. L'année suivante, je plantai mes hybrides et obtins 1 218 pois au total. Le ratio de lisses par rapport aux ridés était à 2,45 contre 1, réplique

tés, la sélection des croisements de cette année produirait un nombre prévisible de pois double-récessifs ayant l'apparence ridée du pur Bill Jump. Pour que j'en aie la confirmation, le sachet de pois secs devrait attendre bien sagement le retour du printemps sur une étagère de ma cabane. En réalité, ces graines auraient même pu patienter deux ans, voire trois ou plus, et continuer à dormir tranquillement dans cet état si particulier de temps suspendu qu'est la dormance. Les jardiniers, les phytogénéticiens en dépendent, ainsi que l'écologie d'à peu près tout ce qui pousse, des pois aux arbres de la forêt tropicale et jusqu'aux fleurs sauvages des prairies alpines. Mais comment une graine peut-elle dormir des années, voire des siècles, avant de germer ? Un mystère fondamental que les scientifiques commencent à peine à comprendre.

proche mais non exacte du célèbre résultat de Mendel. La différence était peut-être due à mon échantillon beaucoup plus réduit, ou bien à la contamination par le pollen des variétés de pois présentes dans le jardin d'Eliza tout proche.

PARTIE III

LES GRAINES RÉSISTENT

« Existe-t-il un autre marché tel que celui-ci ?
Où avec une seule rose
L'on peut acheter des centaines de roseraies :

Où,
Pour une graine,
L'on obtient toute une jungle ? »

Rûmî
« Le marché aux graines » (vers 1273)

CHAPITRE VI

MATHUSALEM

« Car il y avait du blé pour plusieurs années,
du vin et de l'huile en abondance,
toutes sortes de légumes,
une très grande quantité de dattes. »

Flavius Josèphe
(décrivant les entrepôts de Massada),
La Guerre des Juifs[1]

Le général romain Flavius Silva arriva au pied de la forteresse de Massada à l'hiver 72-73 apr. J.-C. L'histoire nous apprend qu'il avait une légion entière sous son commandement, et qu'il était accompagné de quelques milliers d'esclaves et de civils. Elle ne nous dit pas, en revanche, ce qu'il pensa à l'instant précis où il découvrit la forteresse. On aurait volontiers tendance à imaginer quelque chose comme « Oh, merde ! »

Perché au sommet d'un piton rocheux haut de trois cent vingt mètres, cerné de falaises à pic, le fort était équipé d'un mur casematé, de tours de guet et d'une armurerie abondamment fournie. Il offrait une vue absolument dégagée dans

1. Trad. Robert Arnauld d'Andilly, *Œuvres complètes de Flavius Josèphe*, C. Delagrave, 1879.

toutes les directions ; l'une des rares voies d'accès consistait en une piste raide et sinueuse portant le sinistre nom de « chemin du Serpent ». Pire, les défenseurs de Massada appartenaient à un groupe particulièrement violent de Juifs dissidents appelés les sicaires, un nom dérivé de celui des dagues qu'ils utilisaient pour assassiner leurs ennemis. Le général Flavius Silva en conclut donc assez vite que son armée et lui seraient forcés de camper dans le désert rocheux et hostile alentour. Les rebelles, eux, n'avaient que l'embarras du choix parmi les palais et villas construits dans le style qu'affectionnait le bâtisseur de la forteresse, Hérode le Grand.

Les Romains optèrent néanmoins pour un siège prolongé. Silva avait l'ordre d'écraser les sicaires, qui formaient l'un des derniers bastions d'un soulèvement juif d'une ampleur exceptionnelle, la Grande Révolte. Il fallut des mois aux ingénieurs romains pour ériger une rampe d'accès, encore clairement visible aujourd'hui, véritable vague de terre massive du côté ouest du pic. Lorsque la construction fut terminée, les soldats de Silva grimpèrent jusqu'au sommet, de là ils défoncèrent le mur à l'aide d'un bélier et prirent la forteresse d'assaut. Grâce à cette victoire, la carrière du général Silva connut un avancement considérable. Il fut promu gouverneur de Judée pour huit ans, puis rejoignit Rome en tant que consul, deuxième rang le plus important, juste après celui d'empereur. Mais le siège de Massada eut bien d'autres répercussions, insoupçonnées celles-là, et fut *a posteriori* particulièrement décisif pour le nationalisme juif, les collectionneurs de monnaie et nos connaissances sur la dormance des graines.

À leur entrée dans Massada, les légionnaires de Silva qui s'attendaient à affronter des guerriers armés de dagues ne trouvèrent qu'un silence sinistre. Le millier d'hommes, de femmes et d'enfants sicaires avaient préféré le suicide de masse à la capitulation ou à la capture. L'histoire de leur résistance, puis de leur sacrifice, devint un symbole d'endurance quasi mythique pour le peuple juif[1]. Dans la perspective de la création d'un État, les futurs leaders d'Israël firent de Massada une allégorie de l'unité nationale et de la détermination. Pendant des décennies, le chemin du Serpent fit office de rite de passage pour les jeunes scouts et les soldats israéliens ; aujourd'hui Massada compte parmi les attractions touristiques les plus populaires du pays. Si le général Silva s'y présentait de nos jours, il pourrait emprunter un téléphérique pour accéder au sommet et découvrirait la devise « Massada ne tombera plus jamais » sur toutes sortes de supports, tasses, tee-shirts…

Les assiégés de Massada restent dans la mémoire des numismates et des experts en graines non pas tant pour ce qu'ils firent que pour ce qu'ils laissèrent derrière eux. Refusant que les Romains mettent la main sur quelque richesse que ce soit, les derniers sicaires déplacèrent leurs biens et leurs réserves de nourriture jusqu'à un entrepôt central qu'ils incendièrent[2]. Le bois des poutres et des chevrons fut réduit en cendres et les murs s'affaissèrent vers l'intérieur, formant un tas de pierres qui demeura intact pendant presque deux mille ans. Les archéologues fouillant les ruines dans les années 1960 y découvrirent un trésor de pièces anciennes dont l'étude permit de résoudre un certain nombre d'interrogations concernant la numismatique juive[3]. Sans surprise, beaucoup de pièces étaient ornées

1. Pour une étude fascinante de la manière dont les événements de Massada passèrent du statut de détail historique secondaire à puissant récit héroïque, voir Ben-Yehuda, 1995.
2. À en croire l'historien romain Josephus, les sicaires gardèrent intacte une partie de leurs provisions pour bien montrer qu'ils avaient eu de quoi se nourrir jusqu'à la fin. Ce qui pourrait expliquer pourquoi certaines graines de datte de Massada sont carbonisées alors que d'autres n'ont pas été touchées par les flammes.
3. Jusqu'à ces fouilles de Massada, la provenance de certaines pièces durant la Grande Révolte avait été considérée comme « l'un des problèmes les plus difficiles de la numismatique juive » (voir Kadman, 1957, et Yadin, 1967).

des gracieuses feuilles du palmier dattier de Judée, dont le fruit était à la fois la nourriture de base locale et un produit d'exportation très lucratif. L'empereur Auguste en était friand et de vastes palmeraies bordaient le Jourdain depuis le sud du lac de Tibériade jusqu'aux rives de la mer Morte. En creusant un peu plus profondément, l'équipe d'archéologues trouva aussi des provisions : du sel, des céréales, de l'huile d'olive, du vin, des grenades et bien entendu de généreuses réserves de dattes, si magnifiquement préservées que des morceaux de fruit restaient accrochés aux noyaux.

S'il semble parfaitement logique que les sicaires aient eu un stock de cette incontournable production locale, la découverte de ces dattes à Massada n'en demeura pas moins un événement majeur. Bien que mentionnée dans la Bible et le Coran, louée par tous pour sa saveur, de Théophraste à Pline l'Ancien, la variété de dattes très précise qui poussait à l'époque en Judée avait depuis longtemps disparu – victime du changement climatique et des modes d'occupation de l'espace par les hommes[1]. Et voilà que pour la première fois depuis des siècles l'on pouvait enfin voir et toucher le fruit qui était autrefois considéré comme la principale source de revenus du roi Hérode. Ce qui se passa ensuite fut encore plus extraordinaire. Quatre décennies après que les assistants du muséum avaient nettoyé, étiqueté et catalogué les dattes de Massada, quelqu'un décida d'en planter une.

1. Après l'écrasement de la Grande Révolte par les Romains, suivi d'un autre soulèvement plusieurs dizaines d'années plus tard, l'ancien royaume de Judée connut un déclin rapide. L'économie fondée sur les exportations s'effondra, des villes entières furent abandonnées, les changements climatiques rendirent la culture des dattes, même à petite échelle, très difficile. La variété de palmier si célèbre finit par disparaître complètement, ainsi que l'observa avec nostalgie le pasteur et explorateur anglais Henry Baker Tristram lors d'une visite en 1865 : « Le dernier palmier a disparu, sa gracieuse et légère couronne ne se balance plus sur la plaine, dire qu'il avait autrefois valu à Jéricho son surnom de Ville des Palmiers » (Tristram, 1865).

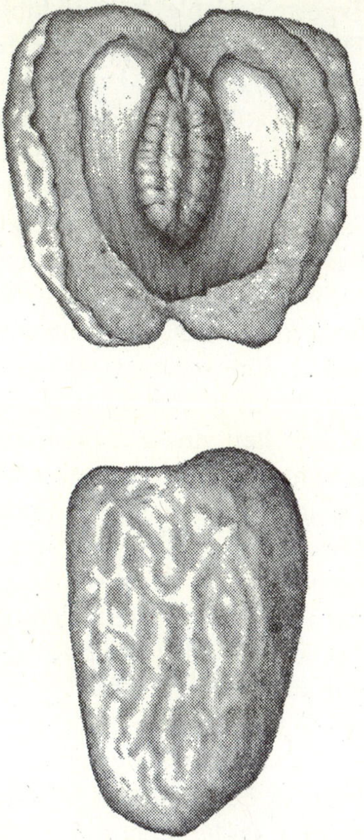

Datte (Phoenix dactylifera).

Cultivés depuis l'Antiquité pour leurs fruits sucrés, les palmiers dattiers détiennent le record de longévité des graines. Une datte découverte dans les ruines de la forteresse de Massada germa après une dormance de près de deux mille ans.

« Dire que j'étais follement excitée serait en dessous de la vérité », me raconta Elaine Solowey en se remémorant ce jour du printemps 2005 où elle remarqua la petite pousse jaillie de terre. Experte agricole dans un kibboutz du désert du Néguev, le Dr Solowey avait planté « des centaines de milliers d'arbres » dans sa carrière avant de tenter sa chance avec les dattes de Massada. « Je n'en espérais vraiment rien, avoua-t-elle. Je croyais ces graines tout à fait mortes. Plus mortes que mortes, même ! » Selon Elaine Solowey, c'est sa collaboratrice, Sarah Sallon, qui eut cette idée la première.

« Ça semblait inévitable, dit Sarah Sallon. À dire vrai, je m'y attendais. » Lorsque je la joignis par téléphone, il était vingt-deux heures à Jérusalem, elle avait travaillé tard, mais Sarah se lança avec enthousiasme dans notre conversation, qu'elle parvint à poursuivre malgré la présence de son fils dans la pièce voisine. J'en vins à me demander si la graine n'avait pas tout simplement été contaminée par la seule proximité de son incroyable énergie. Pédiatre de formation, Sarah Sallon est aujourd'hui une experte renommée en médecines naturelles, particulièrement celles obtenues à partir des plantes natives d'Israël. L'équipe de son laboratoire travaille avec celle d'Elaine Solowey sur le terrain pour cultiver et tester des dizaines d'herbes médicinales. « Mais je m'intéressais également à ce qui poussait là avant, expliqua-t-elle. Tout ce qui a disparu. » Les guérisseurs d'autrefois se servaient des dattes du palmier de Judée pour traiter à peu près tout, la dépression, la tuberculose, ou des maux plus courants. « Ramener cet arbre à la vie pourrait avoir une utilité bien plus grande que l'on ne l'imagine », souligna-t-elle.

Cette pousse, dont l'apparition surprit tant Elaine Solowey (mais pas Sarah Sallon, donc), mesure désormais trois mètres de haut ; l'arbre fut baptisé « Mathusalem », d'après le personnage le plus vieux mentionné dans l'Ancien Testament. Cela dit, à 969 ans, le Mathusalem de la Bible atteint à peine la moitié de l'âge de ce petit palmier. La datation au carbone 14 confirme que les dattes de Massada avaient probablement été conservées pendant des dizaines d'années avant la chute de la forteresse. Mathusalem ressemble peut-être à un jeune arbre, mais sa durée de vie de près de deux mille ans fait de lui l'un des plus vieux organismes sur Terre. Privilège de l'âge, il a droit à un traitement de faveur. « Nous lui avons construit un jardin clôturé rien que pour lui, avec son propre système d'irrigation, alarme anticambriolage et caméra de sécurité », détailla Elaine en riant. « Il ne manque de rien. »

Le pronom masculin s'impose doublement, pour Mathusalem. En effet, les palmiers dattiers sont unisexués et celui-ci est bien masculin. Lorsqu'il fleurit pour la première fois en 2012, ses bourgeons se révélèrent chargés de pollen, mais pour faire renaître le fruit disparu il aurait fallu une graine femelle. Je demandai à Sarah s'ils travaillaient dessus, elle attendait la question avec impatience : « Évidemment ! s'exclama-t-elle. Mais je ne peux rien en dire ! » En matière de sciences, il n'est jamais bon de vendre la mèche avant d'avoir analysé, revu, publié tous les résultats. À l'heure où vous lisez ce livre, cependant, Sarah et Elaine auront peut-être déjà annoncé les leurs au monde entier. Avec un peu de chance, nous saurons non seulement comment les dattes de Judée ont pu vivre aussi longtemps, mais aussi quel est leur goût exact et si, oui ou non, elles ont le pouvoir de guérir un mal de tête.

Mathusalem est né de la plus ancienne graine germée naturellement à notre connaissance[1]. C'est l'histoire d'une incroyable endurance qui forme un contrepoint pertinent, pacifique, à la défense héroïque de Massada et pourrait donner lieu à la réapparition des dattes de Judée sur les

1. Elaine préimbiba la graine d'hormones végétales et d'un apport enzymatique – des techniques standards lorsqu'il s'agit de faire germer des échantillons fragiles –, mais cela n'aurait pas fonctionné sans une volonté de germer de la part de Mathusalem lui-même.

rives du Jourdain[1]. Cependant, ce n'est pas un cas unique, d'autres graines anciennes revinrent soudainement à la vie. En 1940, le bombardement du British Museum par les Allemands permit un sérieux bond en avant dans l'étude de leur longévité. Les pompiers éteignirent l'incendie, évacuèrent les gravats, et les employés, à leur retour sur les lieux, découvrirent que certains de leurs spécimens avaient germé. En réaction à la chaleur et à l'humidité, les graines d'un arbre à soie trouvé en Chine en 1793 avaient produit des pousses d'apparence parfaitement normale. (Trois de ces jeunes arbres furent replantés au Chelsea Physic Garden tout proche, où ils furent détruits par une autre bombe en 1941.) Depuis lors, d'entreprenants botanistes ne cessent de battre le record de longévité – 200 ans pour le genre *Leucospermum* et d'autres espèces exotiques africaines découvertes cachées dans un butin de corsaires ; 600 ans pour une graine de balisier préservée dans un hochet amérindien ; 1 300 ans pour les graines de lotus d'Orient trouvées sur le lit d'un lac asséché. L'un des développements récents les plus prometteurs nous vient du Haut-Arctique, où une équipe de chercheurs replanta il y a peu du tissu végétal d'une minuscule graine de *Silene stenophylla* restée gelée dans le terrier d'un écureuil plus de trente mille années durant. Elle ne parvint pas à germer en soi, mais le fait qu'une partie reste viable aussi durablement suggère que le record de Mathusalem pourrait bientôt tomber.

« Les graines ont une durée de vie presque infinie », m'annonça Sarah lorsque j'évoquai avec elle les limites

1. Les dattes israéliennes modernes sont les descendantes des variétés cultivées standards importées au XXe siècle. Des tests génétiques montrent que Mathusalem n'a aucun lien avec celles-ci – son plus proche parent serait une variété égyptienne appelée *hayani*. Même s'il ne s'agit sûrement que d'une coïncidence, elle a l'avantage de joliment faire écho à l'histoire traditionnelle des Juifs rapportant les dattes d'exode.

de la dormance. La réponse d'Elaine fut plus prosaïque, mais sûrement plus proche de la vérité. Toutes les graines finissent par mourir, expliqua-t-elle, et la plupart en quelques années, plusieurs dizaines maximum. Mais Mathusalem fut découvert à « l'endroit idéal » – profondément enseveli sous un bâtiment effondré dans un environnement aride où il se trouvait à la fois protégé des insectes et des rongeurs, de l'humidité et des dommages que lui auraient causés les rayons du soleil. Lors de l'engouement pour l'égyptologie, qui s'empara de l'Europe et de l'Amérique au XIXe siècle, on prétendait que des conditions similaires avaient permis de préserver les céréales et les pois enterrés avec les pharaons. Sur place, des guides peu scrupuleux firent de belles affaires en vendant aux touristes du « blé des pharaons » dont des magazines grand public tels que *Harper's* ou *The Gardener's Chronicle* vantaient le rendement fabuleux et les bienfaits pour la santé. Encore aujourd'hui, on peut trouver des pois étiquetés « de Toutankhamon » dans certains catalogues de graines. Il n'existe aucune preuve de la véracité des affirmations sur les graines des pharaons, cependant, si l'on en croit l'histoire de Mathusalem, elles ne sont pas impossibles.

En ramenant à la vie d'anciennes variétés de plantes, la science fait la une, mais ce n'est qu'un exemple extrême de ce que font les graines en permanence. Au sens large, la dormance est cette pause, de longueur variable, entre le moment où la graine est à maturité et celui où elle germe. Celles de jardin vendues en sachet sont dormantes, tout comme celles que vous semez sur votre terrain pour obtenir une pelouse : sèches, dures, faciles à stocker et prêtes à germer à l'instant où elles entrent en contact avec une terre humide. Si la dormance n'existait pas, paysans et jardiniers ne pourraient pas garder les graines pour de futures plantations ; les céréales, les légumineuses et les fruits à coque ne se conserveraient pas aussi longtemps dans nos placards et garde-manger. Cela nous paraît aller de soi, mais, si elles ne pouvaient pas être conservées ainsi durant des mois, voire des années, notre système de production alimentaire tout entier serait une véritable folie. L'endurance des graines est donc vitale pour les hommes, pour l'agriculture, mais surtout pour les plantes elles-mêmes.

Si vous avez un jour soufflé sur un pissenlit, vous devez avoir une vague idée de la manière dont les graines se dispersent dans l'espace. La dormance, elle, permet très concrètement aux graines de se disperser dans le temps. Les plantes ont ainsi un moyen de positionner leurs graines sur un moment particulier : ce moment dans l'avenir où les conditions de germination seront réunies. Les végétaux dont les graines vivent le plus longtemps produisent des bébés qui survivront à l'hiver, à la sécheresse, aux obstacles qu'ils trouveront sur le chemin de la saison nouvelle. Ils se prémunissent ainsi contre les crues, les feux ou d'autres événements inopinés susceptibles d'éradiquer la totalité des jeunes plants d'une année donnée ; les graines dormantes attendront leur heure, à l'abri dans le sol. En termes d'évolution, l'avantage est énorme partout où le climat est rude, imprévisible ou fortement saisonnier. Il s'inscrit parfaitement dans la théorie de Bill DiMichele selon laquelle les graines auraient évolué au carbonifère sur les hautes terres sèches et hostiles, la dormance leur donnant clairement un avantage supplémentaire sur leurs concurrentes à la durée de vie si courte, les spores. Cela permet aussi d'expliquer pourquoi la dormance est la stratégie dominante pour les graines dans presque tous les environnements sauf au sein de la forêt tropicale où les conditions climatiques sont, à peu de choses près, en permanence favorables. Là, elles ont tout intérêt à germer immédiatement pour éviter de plus grands dangers, tels que la pourriture, les nuisibles et les prédateurs.

Les plantes qui, les premières, inventèrent la dormance ne firent probablement rien d'autre que lâcher leurs graines trop tôt. Expulsées prématurément, ces graines n'avaient sûrement aucune prédisposition particulière à l'adaptation, simplement besoin de davantage de temps pour se développer avant d'être prêtes à germer. Certaines espèces suivent encore cette tendance, comme le sait tout jardinier qui se lance dans la culture du persil. Il lui faut une éternité pour surgir de terre, car ses minuscules embryons doivent d'abord pousser pendant des jours et des jours à l'intérieur même de la graine avant d'être assez gros pour produire une racine. Au fil du temps, la plupart des plantes développèrent l'habitude de garder leurs graines assez longtemps pour qu'elles sèchent, réduisant leur teneur en eau jusqu'à 95 %. C'est le facteur le plus important pour ralentir le métabolisme, nous l'évoquerons dans le chapitre suivant. Pour l'heure, envisagez la dessiccation comme un point de départ qui permit à la dormance des graines d'élaborer rapidement toute une gamme de stratégies très complexes, pour ne pas dire obscures, parfois. En général, et dans ce livre, la dormance est définie au sens large comme toute pause, de quelque durée que ce soit, intervenant après l'arrivée à maturation de la graine et avant sa germination. Mais certains experts, comme Carol Baskin, établissent une distinction importante entre les graines simplement inactives et celles qui sont techniquement dormantes.

« Si une graine est véritablement dormante, vous pouvez la placer sur un substrat humide à des températures favorables, elle ne germera pas », m'expliqua-t-elle. En d'autres termes, les graines dormantes ne sont pas seulement posées là à attendre la prochaine averse et les beaux jours. Pour correspondre à la définition de la dormance, selon Baskin, une graine doit résister activement à la germination, à l'aide d'une variété d'astuces retardant le moment où la pousse apparaîtra. Cela paraît contre-intuitif – la graine n'a-t-elle pas pour seul objectif de germer ? –, mais cela leur donne un moyen sophistiqué d'interagir avec les conditions météorologiques, la luminosité, l'état des sols et les autres facteurs qui constituent leur environnement. La tactique la plus répandue dans les régions tempérées s'appuie sur les températures : une graine, pour être prête à la germination, doit subir successivement les effets glaçants de l'hiver, puis du réchauffement. Cette stratégie fonctionne en général de concert avec la luminosité, dont les impératifs peuvent parfois être étonnamment spécifiques. Certaines graines de moutarde sauvage réagissent aux changements dans l'angle et dans la durée de lumière du jour, même sous deux mètres de neige, tandis que de nombreuses espèces forestières sont capables de faire la différence entre la pleine lumière du jour (bonne chance de pousser) et les longueurs d'onde du rouge lointain qui filtrent à travers les feuilles (trop ombragé). Quels que soient leurs besoins, les graines dormantes ne peuvent pas germer et ne germeront pas tant que certaines conditions ne sont pas réunies.

« Cette évolution n'est pas tant l'affaire de la graine que de la jeune pousse », expliqua Carol. Si la germination peut réussir n'importe quand, pourvu que l'environnement soit humide, le plus important est ce qui vient ensuite. Il serait inutile pour la plante mère de se consacrer pleinement à bichonner et à disperser ses graines si celles-ci se mettaient à germer à la mauvaise saison et périssaient immédiatement de soif, de froid, de chaud ou de manque de lumière. L'enjeu en termes d'évolution est si fort que les signaux censés tirer les graines de leur dormance se font excessivement spécifiques. Les exemples les plus élaborés proviennent des zones subissant fréquemment des incendies, où les jeunes plants poussent mieux après le passage des flammes, lorsque le terrain est non seulement éclairci, mais aussi recouvert de cendres, riche en nutriments. Les graines adaptées à ce système, comme celles de certains acacias, du sumac, de l'hélianthème et de l'ajonc, restent souvent totalement imperméables, incapables de s'imbiber tant que l'extrême chaleur des flammes n'aura pas fissuré leur enveloppe ou fait sauter quelques minuscules bouchons pour pouvoir laisser entrer l'eau. D'autres espèces encore ont besoin des gaz chauds contenus dans la fumée ou réagissent aux substances chimiques particulières émises par le bois partiellement carbonisé. Les experts en germination ont pour habitude de passer les graines au feu puis de les enfumer pour simuler les feux de forêt en laboratoire. Les plantes du désert, quant à elles, doivent être capables de différencier les averses occasionnelles des pluies continues qui seules parviennent à étancher la soif d'une jeune pousse. La controverse n'est pas tranchée quant aux moyens qu'elles utilisent, cependant certains experts pensent que l'enveloppe autour de leur graine contient des « pluviomètres » intégrés, des substances chimiques qui inhibent la germination tant qu'elles ne sont pas lessivées par la quantité de pluie requise.

Aux yeux de Carol Baskin et de son mari, dormance et réveil comptent parmi les aspects les plus intrigants de la biologie des graines. « Le processus nous fascine », résuma-t-elle. En tout, Jerry et elle identifièrent quinze classes et niveaux différents de dormance, chacun étant doté de nombreuses variations. Les classifications varient selon ce qui provoque la dormance (par exemple, une enveloppe imperméable, un embryon sous-développé, une contrainte chimique ou environnementale) et la « profondeur » de la dormance (à quel point il est difficile d'en sortir). Que ce soit depuis leur jardin du Kentucky, sur les flancs des montagnes hawaïennes ou dans les déserts glacés du nord-est de la Chine, ils ne cessent de faire des découvertes. S'ils se replongent si fréquemment dans le sujet, c'est que nous ne comprenons toujours pas très bien ce processus. Tous les chercheurs sont d'accord sur un point : la dessiccation est essentielle. Ils connaissent la plupart des substances chimiques et des gènes qui entrent en jeu, mais la manière dont une graine, apparemment sans vie, parvient à détecter des phénomènes aussi divers que le gel, la fumée, la chaleur, la durée du jour et les longueurs d'onde de la lumière du soleil, voilà qui demeure un mystère. Même la distinction basique entre la fin de la dormance et le début de la germination est floue. En matière de sciences, et dans la vie en général, il n'est pas rare de savoir des choses que l'on ne comprend pas forcément. Quand j'allume mon ordinateur, par exemple, je sais ce qui se passe. Je sais taper sur mon clavier, faire des recherches sur Internet ou distraire les grands-parents de mon fils en leur envoyant par courriel des photos de ses dernières grimaces. Mais je n'ai pas la moindre idée de la manière dont fonctionne la machine, ainsi que peuvent en attester mes fréquents appels au service technique. En ce qui concerne la dormance des graines, la science a encore beaucoup à découvrir, c'est ce qui rend ces questions si motivantes.

À la fin de notre conversation, je demandai à Carol si l'animation suspendue était une bonne analogie pour la dormance. (Quand la science ne parvient pas à fournir une réponse complète, il paraît tout naturel de se tourner vers la science-fiction.) « Pas tout à fait, me répondit-elle. Parce que la graine reste active, elle. » La phrase me fit sourire – il fallait bien une scientifique pour qualifier d'« active » cette petite boule dure, sèche et inerte qu'est la graine dormante. Pour les biologistes, en effet, la métabolisation se poursuit, comme n'importe quel être vivant ; seulement, elle est très, très ralentie.

Lorsque le personnage du titre ouvre les yeux, dans le classique de H.G. Wells *Quand le dormeur s'éveillera*, il découvre un monde transformé. Deux cents ans se sont écoulés, toutes les personnes qu'il connaissait sont mortes. Point positif, son compte épargne a accumulé tant d'intérêts qu'il est devenu l'homme le plus riche de tous les temps. La dormance est un peu une expérience similaire pour une graine – après tout, à son réveil, Mathusalem avait son propre jardin privé. Plus généralement, les graines dorment durant une unique saison, parfois quelques années, dizaines d'années éventuellement, mais la récompense est loin d'être négligeable : des conditions favorables et, avec un peu de chance, un bon terrain. Dans le roman de Wells, le dormeur réveillé croise très vite des gens vêtus de robes étranges qui tentent de l'empêcher de prendre possession de sa fortune. Les graines aussi, à leur réveil, sont en compétition avec un entourage bizarre, car tout au long de leur sommeil d'autres graines de diverses variétés se sont accumulées dans la terre autour d'elles, rejoignant celles qui s'y trouvaient déjà.

Nulle part ailleurs dans la nature n'existe un ensemble comparable à la banque de graines naturellement présente dans le sol. Si l'on peut comparer la dormance à l'animation suspendue, ces banques représentent, elles, la compétition suspendue : des centaines de milliers de rivales acharnées, issues de nombreuses espèces et générations, alignées les unes à côté des autres à attendre. Lorsque, soudain, les conditions adéquates se présentent (particulièrement après un incendie ou une autre perturbation), elles se lancent dans une lutte impitoyable pour s'installer. Cette compétition entre des voisins si nombreux constitue depuis toujours un puissant moteur en termes d'évolution, avec des conséquences aussi bien dans la taille des graines que sur la vitesse de germination, ou la qualité comme la quantité de leurs réserves alimentaires. Certains experts estiment que les banques de graines introduisirent même des variations génétiques dans les populations de plantes, la dégradation de l'ADN des graines les plus anciennes générant des bizarreries. Face à l'étonnante diversité et longévité de ces banques de graines naturelles, ceux qui les étudient en viennent parfois à recourir à la ponctuation la plus rare en matière de science : le point d'exclamation. Charles Darwin fit germer cinq cent trente-sept graines contenues dans trois cuillerées de vase séchée « toutes réunies dans une grande tasse à café » !

Par leur durée de vie, ces banques offrent un aperçu fascinant du passé. Dans le cas de Mathusalem, la banque était un ancien entrepôt, mais même dans la nature les graines préservées dans la terre incluent souvent des espèces disparues du paysage. Les écologistes y ont d'ailleurs recours pour trouver des indices sur les habitats historiques, pour savoir quelles plantes poussaient où. La fascination de Darwin pour les graines débuta lorsqu'il vit des roses trémières, fleurs des prés et des jardins, apparaître sur le bas-côté d'une route qui venait d'être dégagée au cœur d'une épaisse forêt. Il en conclut que les graines avaient dû se trouver dans le sol, « et n'avaient pas été dérangées depuis une éternité », vestiges d'une époque où la forêt n'existait pas. Les exemples les plus incroyables de redécouverte surviennent lorsque la terre, remuée, permet de mettre à jour des banques de graines oubliées depuis longtemps, parfois dans des endroits inattendus. Au printemps 1667, les Londoniens, ébahis, virent des fleurs envahir leur ville. Soudain étaient apparus un peu partout des champs dorés de moutarde ou d'autres fleurs sauvages, toutes venues du nord de la Tamise où, six mois plus tôt, le grand incendie avait ravagé des milliers de domiciles et de bâtiments, dégageant le sol, ainsi que les graines enfouies depuis des générations.

La banque de graines nous donne un aperçu du passé, mais la dormance permet, au contraire, aux plantes de rester concentrées sur le futur – sur la projection de leur descendance vers l'avenir. Les plus conscients de cette réalité sont sûrement les jardiniers et les agriculteurs, qui se retrouvent, année après année, à devoir ôter les mêmes mauvaises herbes des mêmes lopins de terre. D'ailleurs, ce fut un groupe de paysans exaspérés qui donna l'idée au professeur William James Beal de se lancer dans ce qui devint l'une des expériences scientifiques les plus longues de l'histoire. Botaniste au Michigan Agricultural College (aujourd'hui université d'État du Michigan), Beal lança son projet à l'automne 1879 après avoir été interpellé par les agriculteurs locaux : ils voulaient savoir combien d'années d'arrachage et de culture finiraient par venir à bout des mauvaises herbes dans leurs champs. Pour trouver la réponse, Beal enfouit soigneusement vingt bouteilles de verre sur une colline non loin de son bureau. Chacune contenait cinquante graines, de vingt-trois espèces locales, choisies « dans l'idée de les tester à différents moments de l'avenir ». Au fil des trois décennies suivantes, Beal déterra une bouteille tous les cinq ans, planta les graines et prit note du nombre qui continuait à germer. À sa retraite, il passa le relais à un jeune collègue (ainsi qu'une « carte au trésor » lui indiquant les endroits secrets où les bouteilles avaient été cachées). Les successeurs reculèrent le terme de l'expérience, de sorte que la dernière « bouteille de Beal » ne sera pas exhumée avant 2100. On ignore si les descendants des paysans d'origine travaillent toujours dans les mêmes champs, mais, si c'est le cas, ils continuent comme leurs ancêtres à arracher des mauvaises herbes telles que la molène blattaire et la mauve à feuilles rondes. En effet, déterrées en 2000, les graines de ces deux espèces germaient sans problème après cent vingt années passées dans le sol.

Beaucoup considèrent désormais l'expérience de Beal comme un gadget, une réminiscence du XIXe siècle, la belle époque des grands naturalistes. Son idée toute simple continue cependant de nous rappeler, à intervalles réguliers, qu'une graine vit très, très longtemps. Certes, les méthodes de recherche modernes sont devenues plus complexes, mais le travail de Beal annonçait des développements majeurs dans l'étude des graines. Car encore aujourd'hui, des scientifiques mettent de côté des graines pour l'avenir – des milliards, même, représentant des milliers d'espèces. Au lieu de les stocker dans des bouteilles de verre, nous les entreposons dans des coffres-forts haute sécurité et des grottes glaciales dans l'Arctique. Comme Beal, les protecteurs des graines modernes sortent leurs spécimens de temps à autre pour les faire germer ; mais contrairement au bon professeur, ils n'essaient pas de comprendre le fonctionnement des banques de graines du passé. Au contraire, ils en créent de nouvelles.

CHAPITRE VII

À LA BANQUE

« Le travail est entre les mains
du professeur Vavilov [...]
Grâce à ses voyages à travers le Turkestan,
l'Afghanistan et les pays voisins,
et par le biais d'une vaste correspondance,
une collection de graines de blé, d'orge,
de seigle, de millet, de lin, etc.,
a été rassemblée à grande échelle.
Le bureau central est situé à Leningrad,
il occupe un immeuble immense,
véritable musée vivant des plantes utiles
représentées par leurs graines. »

William Bateson,
Science in Russia (1925)

Le lac de Horsetooth Reservoir s'étire sur 10 km dans un canyon situé à l'ouest de Fort Collins, dans le Colorado. Quatre barrages en retiennent l'eau, leurs hauts murs clairement visibles de divers endroits de la ville. Si l'un ou l'autre venait à céder, l'eau atteindrait le centre-ville en moins de trente minutes, un temps trop court pour organiser son évacuation. Une étude des autorités conclut que tout ou partie de la ville, ainsi que plusieurs autres communes en aval, « serait gravement endommagé ou détruit ». Le coût de la reconstruction et de la rénovation s'élèverait à six milliards de dollars.

Il est un bâtiment, cependant, qui devrait s'en sortir sans problème. Il se situe à l'angle du campus de l'université d'État du Colorado, coincé entre le centre militaire des officiers de réserve et un stade d'athlétisme. Le nom sur la plaque est « Centre national de préservation des ressources génétiques », mais la plupart des gens ici le connaissent sous son ancien nom : la « Banque de graines nationale ». Un passant non averti ne pourra jamais deviner que ces murs en ciment, quelconques, abritent des laboratoires et des chambres fortes cryogéniques capables de résister aux tremblements de terre, aux tempêtes de neige, aux coupures d'électricité de longue durée et aux incendies de grande ampleur. Si jamais les barrages du Horsetooth venaient à céder, ce qui n'est guère probable, la construction est même conçue pour flotter.

« Nous avons des fondations doubles, m'expliqua Christina Walters tandis que nous franchissions une large porte intérieure. C'est comme un bâtiment à l'intérieur d'un bâtiment. » La collection de graines se trouve dans ce noyau central, à l'abri de crues jusqu'à trois mètres de haut. « Les concepteurs ont aussi pensé aux tornades, ajouta-t-elle. Les murs sont en béton armé. Même au volant d'une Cadillac lancée à 120 km/h, vous ne pourriez rien lui faire. »

On ne voit pas très bien qui pourrait vouloir attaquer la banque de graines nationale à la Cadillac, mais l'image me fit rire. D'ailleurs, je ris beaucoup en compagnie de Chris Walters. La cinquantaine énergique, cette femme charmante au regard souriant me parla des graines avec beaucoup d'humour et de passion. « Entrons », dit-elle, et une autre porte coulissa devant nous. À l'intérieur, les lumières s'allumèrent automatiquement au fur et à mesure de notre progression entre les innombrables et interminables rangées d'étagères mobiles, comme celles que l'on peut trouver dans les bibliothèques qui ont besoin d'économiser de la place. Avec plus de deux milliards de spécimens à entreposer, à la banque de graines nationale, l'espace est précieux.

« Nous dépendons du ministère de l'Agriculture, les plantes cultivées sont donc primordiales ici », expliqua Chris. La collection rassemble des variétés de toutes les plantes alimentaires imaginables ainsi que des échantillons de leur plus proche parent sauvage. L'idée n'est pas d'accumuler les plus populaires, mais de sauvegarder l'éventail de gènes qui les rend si utiles – de subtiles variations de goût, de valeur nutritive, de tolérance à la sécheresse, de résistance aux maladies. Les banques de graines stockent leurs milliers de variétés dans un but plus général : préserver et mieux comprendre la diversité elle-même. « Qu'est-ce que c'est que ça, voyons ? Ah, du sorgho. J'adore le sorgho », dit Chris en récupérant un sachet en aluminium sur l'étagère voisine.

On doit pouvoir affirmer sans trop se tromper que le sorgho ne doit pas être la seule chose que Chris Walters adore dans son métier. Elle commença sa carrière en ces lieux en 1986, en tant que chercheuse postdoctorante, avant de gravir tous les échelons jusqu'à superviser aujourd'hui l'ensemble du programme de recherche, de la germination à la génétique. Comme Derek Bewley, elle explique sa passion pour les plantes par son grand-père, agriculteur. Sa famille à elle déménagea beaucoup et n'eut même jamais la chance d'avoir un jardin, cependant elle se souvient avoir supplié sa mère de lui acheter ces petites plantes ornementales que l'on peut trouver dans les supermarchés. « C'étaient juste de pauvres coléus, vous voyez, ceux qui ont des feuilles violettes ! » précisa-t-elle en riant. À l'université, sa passion pour la botanique commença à se porter plus spécifiquement sur les graines, mais ce n'était pas évident. Un professeur lui suggéra d'étudier plutôt de « vraies plantes ». Mais Chris persévéra, puis se spécialisa dans la dessiccation, la longévité et la physiologie. Trente ans plus tard, ils sont peu nombreux dans le monde à comprendre aussi bien qu'elle ce qui se passe (ou pas) à l'intérieur d'une graine dormante.

« Il ne faut pas que je m'attarde trop ici », déclara-t-elle soudain en reposant le sorgho et en se dirigeant vers la porte. Je la suivis avec joie. Les graines se conservent beaucoup plus longtemps dans le froid et les énormes unités de réfrigération maintiennent la salle de collection à la température glaciale de – 18 °C. Nous sortîmes en frissonnant, des nuages de vapeur tourbillonnaient autour de nos pieds – ce qui expliquait la présence de parkas et de vestes d'hiver sur les portemanteaux à l'entrée. La visite se poursuivit en direction d'une deuxième chambre forte située en dessous où d'autres graines étaient maintenues dans un froid plus intense encore à l'intérieur de cuves métalliques remplies de nitrogène liquide. « Les graines ont des personnalités différentes », dit Chris, qui m'expliqua ensuite qu'ils jouaient sur deux facteurs critiques, la température et l'humidité, pour trouver la conservation la plus adaptée. Lorsqu'ils tenaient le bon dosage, les résultats pouvaient se révéler spectaculaires. Un grain de riz, capable de rester viable deux ou trois ans dans la nature, peut vivre deux cents ans entre ces murs. Mieux, les spécimens de blé sont bien partis pour se conserver deux fois plus longtemps. « L'immortalité n'existe pas, précisa-t-elle toutefois. Rien ne dure éternellement. » Mais dans de telles infrastructures, tout semble envisageable.

Dans son bureau, je demandai à Chris de m'expliquer comment font les graines – comment ces objets apparemment inertes peuvent survivre aussi longtemps. Comme tous les experts avec qui je pus m'entretenir, elle souligna aussitôt le peu de choses que nous comprenons réellement à leur sujet. Mais elle précisa ensuite ce que savent les scientifiques. « Lorsqu'une graine sèche, les enzymes ralentissent, les molécules cessent de bouger, expliqua-t-elle en écartant les livres et les documents empilés sur les chaises pour que nous puissions nous asseoir. L'activité métabolique s'arrête, en gros. » Sur ce, elle me montra des illustrations, des schémas et même une photo au microscope à balayage électronique de cellules de graines desséchées. Une fois l'eau évaporée, elles ressemblent à des sachets plastique froissés tout bosselés. Un peu comme un sac de courses rempli par un enfant de 3 ans. « C'est un vrai bazar là-dedans, et très difficile à étudier parce qu'on n'y voit rien. » Mais le travail de Chris montre bien que les réactions nécessaires au fonctionnement de la cellule de la plante, les bases mêmes du métabolisme, reposent sur l'eau. Sans eau, tout s'arrête. Réintroduisez-la et la graine reprend vie.

Je lui demandai si c'était comparable à une soupe lyophilisée – un mélange de trucs qui finit par donner un plat savoureux une fois que l'on y ajoute de l'eau. « Oui, en quelque sorte », répondit-elle, avant de se reprendre : « La différence, c'est ce qui se produit après. La soupe est un ensemble d'ingrédients qui flottent au hasard. Tandis que la graine forme des cellules organisées, qui fonctionnent. Les cellules de la graine desséchée ont la capacité de se souvenir et de retrouver leur structure. C'est inhabituel. La plupart des cellules n'en sont pas capables. » Sur ce, elle se tourna vers moi et, d'un air moqueur, conclut : « Si l'on desséchait vos cellules, par exemple, et que l'on rajoutait de l'eau, on obtiendrait de la soupe. »

Heureusement pour moi, et pour la majeure partie des membres du règne animal, la vie et la reproduction n'imposent pas de survivre à la dessiccation. Cependant, quelques créatures savent le faire : certains nématodes, rotifères, tardigrades et un groupe de minuscules crustacés que certains lecteurs de *Pif Gadget* ou du *Journal de Mickey* ont peut-être connus. Les « Pifises », tel était le nom que portaient les artémies vendues avec les magazines. Comme les graines, leurs œufs desséchés peuvent survivre durant des années – dans la nature ou dans des sachets envoyés par correspondance – et leurs cellules se souviennent exactement comment se rassembler dès qu'elles se trouvent dans un aquarium. Les experts pensent aujourd'hui que les graines desséchées et les Pifises ont beaucoup en commun, préservant leurs fonctions vitales dans un état de vitrification à l'intérieur de leurs cellules. Des chercheurs en médecine ont récemment imité leur système pour créer les premiers vaccins secs stables, ce qui permet leur utilisation dans des endroits où la réfrigération fait défaut. « La dessiccation fut notre inspiration », m'expliqua un expert de la rougeole. Ils commencèrent par l'artémie, mais obtinrent de meilleurs résultats pour « suspendre » des vaccins vivants avec le myo-inositol, un sucre extrait du riz et des noix[1].

La biologie de la dormance a de multiples répercussions, sur les produits pharmaceutiques ou sur l'exploration spatiale. Les scientifiques de la NASA étudient les graines pour développer de nouvelles stratégies de stockage et de survie pour les missions longues. Les astronautes fixèrent même une caisse de graines de basilic à l'extérieur de la station spatiale internationale, et les petites graines dormantes germèrent tout à fait normalement après plus d'une année d'exposition. À la banque de graines, cependant, la majeure partie des recherches a un objectif plus terre à terre : nourrir la population, dans un monde soumis à de rapides bouleversements. Ces organismes sont de gigantesques bibliothèques

1. Bénéficiant d'une bourse de vingt millions de dollars de la Fondation Bill & Melinda Gates, une équipe dirigée par le Dr Robert Sievers a développé des vaccins contre la rougeole qui restent viables jusqu'à quatre ans en suspension dans un « verre bioactif » de myo-inositol.

de variantes vers lesquelles peuvent se tourner agriculteurs et généticiens en quête de certaines spécificités. Après la submersion des rizières d'Indonésie et du Sri Lanka par le tsunami de 2004, les banques de graines intervinrent rapidement, fournissant des variétés tolérantes au sel pour permettre de replanter. Et lorsque le puceron du blé russe menaça les récoltes de céréales américaines dans les années 1980, les chercheurs passèrent en revue plus de trente mille variétés présentes dans les banques de graines pour trouver celles dotées d'une résistance naturelle. L'agriculture commerciale se concentrant de plus en plus sur quelques cultures de masse, les banques de graines jouent un rôle essentiel pour se prémunir contre les maladies, les catastrophes naturelles et la baisse constante de diversité parmi les cultures vivrières partout dans le monde. Dans les années à venir, elles détiendront sûrement les clés de notre ajustement à une autre tendance globale.

Je visitai Fort Collins à la mi-mai, mais en août le résultat aurait été le même. Le thermomètre oscillait autour des 32 °C, déclenchant une série de records à vingt degrés au-dessus des normales de saison. Deux semaines plus tôt, la région avait connu une autre première météorologique – en matière de chutes de neige. Dans ce contexte, ma conversation avec Chris Walters s'orienta spontanément vers le changement climatique. « Cela affecte déjà nos choix de graines et la manière dont nous les ramassons, aussi », avoua-t-elle. Comme je lui demandais un exemple, elle me répondit du tac au tac : « Le sorgho. Il va exploser. » Elle m'expliqua que cette haute graminée d'Afrique était naturellement adaptée aux climats du continent dont elle est originaire. « C'est une céréale faite pour la sécheresse, la chaleur, qui sera de plus en plus cultivée. » En prévision, la banque de graines contient déjà quarante mille échantillons de sorgho différents.

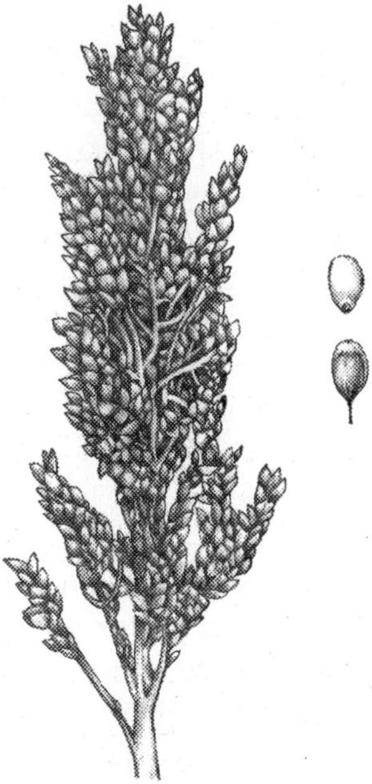

Sorgho (Sorghum bicolor).

Céréale des pays chauds originaire d'Éthiopie, le sorgho a des chances de connaître un succès grandissant, à cause du réchauffement climatique. Les grains peuvent être réduits en farine, fermentés pour faire de la bière et même soufflés comme du pop-corn.

Si Chris a raison, ces établissements sont appelés à jouer un rôle vital à l'ère du changement climatique, facilitant notre transition vers des cultures alternatives plus adaptées au temps chaud. Mais ils protègent aussi l'agriculture contre les désastres – qu'il s'agisse de guerres, de catastrophes naturelles ou de soulèvements politiques susceptibles d'anéantir des systèmes agricoles tout entiers. En 2008, des scientifiques dévoilèrent une nouvelle réserve mondiale de semences, dans l'Arctique norvégien. Creusée en profondeur à flanc de montage dans l'archipel du Svalbard, elle préserve les graines dans une obscurité froide et sèche, ne nécessitant que peu de réfrigération supplémentaire, ni autre soutien de l'extérieur. « Même en cas d'énorme problème dehors, remarqua son directeur et fondateur, elle survivrait[1]. » Surnommée le « coffre de l'apocalypse », son inauguration fit les gros titres partout dans le monde.

« La peur fait vendre », lâcha Chris lorsque je mentionnai le projet Svalbard. Elle ajouta aussitôt que la communauté scientifique liée aux semences, dans son ensemble, avait salué cette publicité. L'attention ainsi créée donnait de la visibilité à leur travail et leur avait apporté un coup de pouce bienvenu dans la lutte perpétuelle pour les recherches de financement. Car une banque de semences coûte très cher à entretenir. Si des mots comme « coffre » ou « banque » peuvent laisser croire qu'il suffit de tourner la clé et de s'en aller, la gestion d'une collection de graines impose en réalité une activité constante. Même stockés dans le froid, les échantillons se dégradent facilement ; il faut sans cesse veiller à ce qu'ils restent viables. « À l'origine, l'idée était de vérifier tous les sept ans, mais nous n'avons pas le budget », précisa Chris pendant notre visite du laboratoire de germination. Nous nous arrêtâmes auprès d'un technicien qui nous montra des plateaux de pousses de haricots chacune enveloppée dans de l'essuie-tout humide. « Du coup, maintenant nous sommes sur un cycle de dix ans… pour lequel nous n'avons pas le budget non plus ! »

Sans tests de germination réguliers, les graines de n'importe quel échantillon peuvent s'éteindre, personne ne s'en rendra compte. « Elles meurent sous l'accumulation des

1. Cary Fowler, cité par le magazine *60 Minutes* (archivé sous le titre « A visit to the Doomsday Vault », 20 mars 2008, CBS News, www.cbsnews.com/8301-18560_162-3954557.html).

affronts qu'elles subissent », résuma Chris. Les soucis se multiplient au fil du temps, un peu comme les bobos, petits ou grands, que chacun ressent avec l'âge. Pris séparément, aucun n'est vraiment grave, mais lorsqu'une graine passe un certain palier, sa viabilité se réduit soudain à rien. L'astuce est de repérer l'échantillon avant que cela se produise, pour que la graine puisse être plantée, amenée à maturité puis récoltée pour reconstituer le stock. Régénérer les échantillons les plus anciens peut maintenir une collection en vie éternellement, mais, avec des variétés allant des noix de cajou tropicales jusqu'aux kales rustiques préférant l'hiver, il n'est pas possible de tout planter dans une unique structure.

« Nous ne gérons pas cette partie du processus ici », m'informa Chris, qui en semblait soulagée. Son équipe et elle avaient établi des partenariats avec plus de vingt banques de semences régionales et centres de recherches dans des lieux (et sous des climats) aussi divers que le Dakota du Nord, le Texas, la Californie, Hawaï et Porto Rico. Ils collaborent également avec la réserve mondiale du Svalbard et une impressionnante structure gérée par Kew Gardens pour les espèces sauvages[1]. En fait, les banques de semences se multiplient un peu partout, à mesure que les gouvernements, les universités et les groupes privés prennent conscience de la menace que constitue le déclin de la diversité des cultures et la disparition des plantes autochtones. « Il existe plus d'un millier d'établissements comme le nôtre aujourd'hui, annonça Chris alors que notre entretien touchait à sa fin. Ça devient un véritable mouvement ! » Et comme dans bien des

1. La Millenium Seed Bank accueille aujourd'hui plus de deux milliards de graines représentant 34 000 espèces différentes, comprenant plus de 90 % des plantes à graines natives du Royaume-Uni. D'ici 2025, ce projet vise à préserver des graines de 25 % de la flore mondiale, en se concentrant particulièrement sur les espèces rares et menacées. Déjà au moins douze espèces de cette collection ont disparu à l'état sauvage.

milieux, il existe des méchants et des gentils. Les méchants n'ont généralement pas de visage – ce sont des disparitions d'habitats à grande échelle ou des tendances de l'agriculture mondiale. Sauf dans un cas, où le rôle de l'« ennemi des graines » fut joué par une figure historique tout à fait identifiable : Joseph Staline. L'un des premiers héros du mouvement dont parle Chris compta parmi les victimes de Staline lorsque celui-ci se retourna contre la communauté scientifique de son pays et décida d'emprisonner des intellectuels et des universitaires. C'était un botaniste brillant, tenace, dont le travail influença la sélection des plantes des générations durant et ouvrit la voie de toutes les banques de semences qui suivirent.

Bien que peu connu en dehors des cercles botaniques, Nikolaï Vavilov est considéré par beaucoup comme l'un des plus grands scientifiques du XXe siècle. Fils d'un riche industriel, il survécut à la révolution bolchevik grâce à son expertise. Lénine déplorait peut-être l'existence d'une intelligentsia éduquée, mais il croyait aussi que l'agriculture soviétique devait se moderniser avant tout par le biais de la science. Confronté à une sévère pénurie de céréales durant les années 1920, Lénine décida d'affecter une partie des fonds d'aide à la création de l'Institut de botanique appliquée. « C'est la prochaine famine que nous devons empêcher, déclara-t-il. Et il est temps de s'y atteler[1]. »

En tant que premier directeur de cet institut, Vavilov reçut un généreux soutien pour ses recherches sur la sélection des végétaux et, par extension, pour sa passion des graines. Il voyagea un peu partout, récoltant des tonnes d'échantillons qui lui permirent de comprendre précisément comment des cultures telles que le blé, l'orge, le maïs et les haricots en venaient à varier d'un endroit à un autre

1. Cité par Dunn, 1944.

– arrivant à maturité plus tôt ou plus tard, survivant au gel, résistant aux nuisibles, à la maladie[1]. Vavilov comprit, mieux que quiconque de sa génération, comment ces spécificités pouvaient être stockées indéfiniment, sous forme de graines et utilisées pour faire naître de nouvelles variétés. Il rêvait de développer des cultures taillées sur mesure pour le climat rude de la Russie, permettant de mettre enfin un terme aux effroyables et persistantes crises alimentaires de son pays. En quelques années, il fit d'un palais tsariste au cœur de Leningrad la plus grande réserve de semences mondiale doublée d'un centre de recherches, en appui duquel venaient des centaines de collaborateurs disséminés dans des stations de terrain un peu partout sur le territoire.

Malheureusement, Staline ne partageait pas l'enthousiasme de son prédécesseur pour la sélection scientifique des cultures, et il montrait peu de patience pour les méthodes de Vavilov, qui demandaient du temps. Peu après la mort de Lénine, le programme de réserve de semences tomba en disgrâce – et avec lui la génétique mendélienne qui l'inspirait. Lorsqu'en 1932 une nouvelle famine frappa l'URSS, Staline lui préféra les « scientifiques aux pieds nus » – un ensemble d'agronomes prolétariens sans formation qui promettaient des résultats rapides[2]. Vavilov se trouva de plus en plus empêché de mener à bien ses recherches et finit même par être arrêté, accusé sur la foi de documents falsifiés de

1. Vavilov comprenait non seulement la variété des plantes cultivées, mais identifiait aussi ce qu'il appelait des « centres d'origine », huit régions du monde qui les premières avaient domestiqué les cultures les plus importantes, où ces cultures demeurent variées et où l'on peut encore trouver leur parent sauvage. Cette idée reste un principe essentiel pour la sélection des plantes et la recherche en botanique.
2. Sous la direction de Trofim Lyssenko, ce célèbre mouvement contra la génétique mendélienne par une théorie fumeuse d'hérédité acquise par l'environnement, renvoyant l'agriculture soviétique – et la biologie en général – une génération en arrière.

saboter l'agriculture soviétique. Dans sa prison, il continua d'écrire sur les graines, les cultures, jusqu'à ce que ses forces le lâchent. Dans une ultime ironie, celui qui avait consacré sa vie à lutter contre la famine finit par mourir de faim, négligé par ses geôliers.

Pendant que Vavilov s'éteignait en prison, ses idées, elles, restaient bien vivantes. Bientôt des banques de semences calquées sur le modèle soviétique apparurent un peu partout dans le monde. Les États-Unis ouvrirent la voie avec Fort Collins au pire moment de la guerre froide, juste après le lancement de *Spoutnik* qui stimula le pays sur tous les fronts pour « rattraper » les sciences soviétiques. L'Allemagne nazie, pour sa part, ne s'embarrassa pas de tant de principes. Durant le siège de Leningrad, Hitler envoya un commando ayant pour instructions de sécuriser à tout prix la réserve de semences de Vavilov puis de rapporter la collection à Berlin. La ville ne tomba jamais, mais la réserve demeura sous la menace constante du peuple affamé. Au moins quatre employés zélés moururent de faim sans avoir touché un seul des milliers de sachets de riz, de maïs, de blé et d'autres graines précieuses dont ils avaient la charge[1].

Encore aujourd'hui les graines suscitent toutes sortes d'héroïsmes. En 2003, alors que les troupes américaines avançaient sur Bagdad, les botanistes irakiens emballèrent précipitamment des échantillons de leurs graines les plus rares pour les envoyer à une structure basée à Alep, en Syrie. Tout ce qui était resté sur place fut détruit. Dix années plus tard, les Syriens firent de même, évacuant leur

1. La collection de Vavilov survécut au lyssenkisme et à la destruction causée par la Seconde Guerre mondiale, cependant l'institut qui l'accueillait souffrit de manque de financements et subit un long déclin à l'ère moderne. Récemment, décision fut prise de détruire son irremplaçable verger – réunissant plus de cinq mille variétés de fruits et de baies – pour faire place à un projet de lotissements.

collection tout entière quelques jours à peine avant qu'Alep ne se transforme en champ de bataille. Malheureusement, toutes ne résistent pas à la destruction. La Somalie perdit ses deux banques de semences durant les années 1990 ; au Nicaragua, les rebelles sandinistes pillèrent la collection nationale ; d'inestimables variétés de blé, d'orge et de sorgho disparurent de la banque de graines éthiopienne lors de la guerre de 1974 qui renversa Hailé Sélassié.

À la lumière de ces faits historiques, les murs haute sécurité, capables de résister aux assauts d'une Cadillac semblent tout à coup assez logiques. Certes, je vois mal qui pourrait prétendre que les graines ne méritent pas d'être protégées, cependant je n'ai pas entendu Chris Walter ni qui que ce soit souligner l'ironie la plus fondamentale liée au mouvement des banques de semences. Jusque très récemment, la diversité des cultures s'assurait seule, à peu de choses près, entretenue par les mêmes paysans, jardiniers et bricoleurs de végétaux qui l'avaient développée à l'origine. Partout où existait l'agriculture, les paysans cultivaient les variétés locales, qu'ils gardaient dans la « banque » que constituait leur champ, avant de les replanter et d'affiner leur sélection saison après saison. Sauver la diversité n'est devenu un objectif qu'après l'avènement de l'agriculture industrielle, concentrée sur des hauts rendements à partir de quelques variétés cultivées à grande échelle[1]. Aussi impressionnantes et nécessaires soient-elles devenues, les banques de semences ne sont que la solution compliquée à un problème que nous avons nous-mêmes créé.

« Je suis tout à fait d'accord », me confirma Chris lorsque je lui soumis cette question. « La meilleure conservation se

1. De manière similaire, la crise qui frappe la diversité des plantes sauvages résulte également des activités humaines, qu'il s'agisse de la disparition de leur habitat naturel, du changement climatique ou de l'introduction d'espèces invasives.

fait *in situ.* » Pour les cultures, il s'agit du champ du paysan ; pour les espèces sauvages, d'une vaste zone saine d'habitat naturel. « Mais ce n'est pas toujours possible, poursuivit-elle simplement avec le pragmatisme qui caractérise les scientifiques. La collection de semences est une chose que nous pouvons faire, donc que nous devons faire. C'est une façon de gagner du temps. »

La dormance, prolongée par la réfrigération, fournit aux banques de graines un surcroît de temps de conservation. Mais, en plus de rester une ressource essentielle pour les recherches sur les plantes et leur sélection, il n'en demeure pas moins une question : gagner du temps, mais pour quoi faire ? Quels changements dans l'activité humaine pourraient mener à cette conservation *in situ* dont parlait Chris ? La réponse se trouve en partie non pas dans un laboratoire ni dans une cuve cryogénique, mais dans une petite exploitation agricole aux abords de la ville de Decorah, dans l'Iowa, d'une population de 8 121 habitants. Là, depuis près de quarante ans, un groupe de jardiniers passionnés maintient en vie des milliers de variétés de légumes, pas seulement dans ses propres champs, mais dans des potagers dispersés dans le monde entier.

« Notre collection est vivante », résuma Diane Ott Whealy. « Les légumes anciens sont un patrimoine, mais à la différence des bijoux ou des meubles, il ne suffit pas de les sortir ou de les épousseter de temps en temps. La meilleure manière de préserver les graines est de les planter. »

J'appelai Diane Ott Whealy à son bureau sur l'exploitation, un endroit apparemment très animé, notre conversation fut interrompue à plusieurs reprises par les questions des uns et des autres ou des prises de rendez-vous. À Decorah comme à Fort Collins, des salles aux températures contrôlées accueillent des quantités de graines. Mais contrairement à l'organisme gouvernemental, le groupe de Whealy gère également une ferme de trois cent soixante hectares, un commerce de vente de graines par correspondance et coordonne un réseau mondial, en pleine expansion, de « défenseurs du patrimoine jardinier ». Si Chris Walters parle de « mouvement » pour qualifier les mille banques de semences existant dans le monde, alors Seed Savers Exchange, qui rassemble treize mille membres, fait office de révolution. « Nous sommes une banque de semences populaire, explique simplement Diane. Nous nous consacrons à l'identification, la préservation et la distribution des légumes anciens. » Mais si ses collègues et elle rassemblent une collection traditionnelle (dont on trouve des duplicata à Fort Collins et au Svalbard), leur but ultime est de reconnecter les graines et les gens, d'aider les jardiniers et les agriculteurs à collecter, échanger et, beaucoup plus important, à planter leurs graines anciennes, année après année.

Diane et celui qui était alors son mari, Kent Whealy, fondèrent Seed Savers en 1975, en partie inspirés par une belle-de-jour violette inhabituelle héritée de son grand-père (« Cette belle-de-jour avait beaucoup de personnalité. Comme mon grand-père », me précisa-t-elle.) Leur projet occupa d'abord une petite table de jeu dans leur salon puis devint très vite un réseau mondial réunissant des collectionneurs de graines passionnés. « C'est souvent très chargé émotionnellement, expliqua-t-elle. Quand les gens ont commencé à nous envoyer des échantillons, beaucoup y ajoutaient une recette. Oui, ils voulaient que leur variété soit préservée, mais aussi qu'elle pousse, qu'elle soit cueillie, mangée – célébrée comme nourriture ! » Dès le départ, ceux qui rejoignaient ce réseau cherchèrent également à rencontrer d'autres collectionneurs. Le pique-nique annuel se transforma en une conférence puis en un festival étalé sur trois jours et la première newsletter de dix-sept pages devint un véritable catalogue rassemblant plus de six mille variétés à vendre ou à échanger, dont bon nombre introuvables ailleurs.

D'un point de vue biologique, la démarche de Seed Savers est complémentaire de celle Fort Collins. L'organisme gouvernemental réunit une vaste diversité qui, cependant, varie peu – les graines n'étant amenées à maturité que lorsque le personnel a besoin de refaire le stock. « Continuer à planter les graines, c'est leur donner l'occasion de s'adapter, constate pour sa part Diane. Même sans le changement climatique, les végétaux doivent se régler sur les conditions locales. » Grâce à leur jardinage permanent, les gardiens de semences ne se contentent pas de maintenir la diversité dans les potagers. Ils permettent aux plantes d'évoluer et participent à la création de nouvelles adaptations qui rempliront les jardins et les banques de semences de l'avenir.

À la fin de notre conversation, je demandai à Diane si elle jugeait possible d'avoir un jour le sentiment du devoir accompli ; le jour où l'on plantera autant de variétés qu'il existe de jardiniers, les banques de graines apparaîtront peut-être superflues. « Non, ce ne sera jamais terminé, dit-elle en riant avec l'assurance de celle qui a trouvé sa vocation. Nous resterons à jamais des guerriers des graines. »

Le succès de Seed Savers Exchange tient en partie à la volonté – à l'enthousiasme, même – de ses membres. Les jardiniers le savent, et ceux qui partagent leur vie aussi : la semaison et la récolte ne constituent qu'une petite part du processus. Chez nous, l'un des moments clés intervient au cœur de l'hiver, avec l'arrivée des catalogues de graines (parmi lesquels celui, imposant, de Seed Savers). Pour Eliza, cela marque le lancement officiel de la nouvelle saison. Tandis que dehors tombe une pluie glaciale balayée par le vent, elle passe en revue, ravie, des milliers de fleurs et de légumes, pour choisir les productions de l'année à venir. Noah adore les feuilleter, lui aussi, et il n'est pas rare d'en trouver quelques exemplaires cornés entre *Bonsoir Lune*, *Laissez passer les canards* et les autres classiques pour enfants empilés à côté de son lit.

Bien que fasciné par tout ce qui se rapporte aux graines, je me considère moins comme un jardinier que comme quelqu'un « au service » du jardinage. Pour Eliza (et Noah, maintenant), cette activité est à la fois une passion et un plaisir, une fructueuse addiction que je suis ravi de soutenir. Si je me consacre au bois, à la pelouse et aux autres corvées ménagères, c'est pour mieux leur libérer du temps – qu'ils passeront dans notre jardin en perpétuelle expansion. Et puisque nous partageons tous ses produits, ces délicieux fruits et légumes, c'est un arrangement qui fonctionne à merveille. Il y a tout de même une certaine surface que j'aide chaque année à cultiver.

Comme Eliza, ma mère avait la passion du jardinage et le rôle principal de mon père, comme le mien, ne consistait pas vraiment à arracher les mauvaises herbes ou à arroser, plutôt à se régaler de la production. Mais depuis la mort de ma mère, Noah et moi rendons visite à mon père chaque printemps pour l'aider à replanter le jardin presque à l'identique. Mon père et moi trouvons un certain réconfort à labourer et à semer comme elle, au même endroit, ainsi que dans l'enthousiasme de Noah. C'est un rituel de mémoire enrichi par la curieuse biologie des graines – par la dormance, et le désir de faire jaillir la vie de quelque chose qui en semble pourtant si dépourvu à première vue. Cet éternel mystère amène souvent nos discussions sur la science des graines vers des interrogations quasi philosophiques.

Avant de quitter Fort Collins, je demandai une fois de plus à Chris de m'aider à comprendre le métabolisme de la graine dormante. Carol Baskin m'avait expliqué que les cellules restaient actives, mais à un niveau bas. Chris, pour sa part, exprima un point de vue différent. Elles changent avec le temps, reconnut-elle, cependant ce n'est pas forcément un signe d'activité cellulaire au sens traditionnel. « Je crois que ce à quoi nous assistons est simplement la décomposition naturelle des composés organiques, dit-elle, faisant appel à ses nombreuses années d'études de chimie. C'est un peu comme une date de péremption sur des médicaments. Les produits chimiques contenus dans la préparation se dégradent, tout simplement, jusqu'à ne plus fonctionner du tout. Les graines, c'est pareil. »

Je savais que Chris parlait d'expérience. Elle était à la tête d'un programme de recherche entièrement consacré à la mesure de l'air autour des graines, qui documentait les changements dans les signatures chimiques émises au fur et à mesure du vieillissement. Cependant, cela ne me paraissait toujours pas clair. Comment les graines pouvaient-elles être vivantes sans la moindre activité métabolique discernable ?

« Je répondrai à cette question par une autre, répliqua-t-elle aussitôt. Le métabolisme définit-il la vie ? Si les graines sont vivantes, mais qu'elles ne métabolisent pas, alors peut-être faut-il repenser notre définition de ce que signifie être vivant. »

Malgré des décennies d'études, des milliers d'années de plantations et de récoltes, les graines conservent leur capacité à ébranler nos certitudes les plus élémentaires. C'est ce qui les rend aussi fascinantes non seulement comme sujet de recherche, mais aussi comme métaphore de la vie et du renouveau. Ce n'est pas une coïncidence si tant de mots découlent étymologiquement du mot « grain », de grenade à grenier. On peut d'ailleurs dire que Chris me laissa une « graine de pensée », un noyau de notion susceptible de germer, de s'épanouir et de porter ses fruits. Je réfléchis encore à ce qu'elle me dit ce jour-là, car il n'existe qu'un seul moyen de savoir si une graine est vivante, même à la banque de semences nationale : il faut la planter et voir si elle pousse.

Tandis que nous spéculons sur la vie contenue dans les graines, les fleurs, les buissons, les herbes et les arbres qui les produisent sont tout à fait certains de ce qu'ils font. Leur foi en l'évolution est absolue. Rien ne le prouve mieux que le sujet sur lequel nous allons maintenant nous pencher, les moyens mis en œuvre par les plantes pour défendre leurs graines (aussi incroyables qu'incroyablement utiles). Cette étincelle de vie dormante peut être cachée, difficile à mesurer, mais les plantes mères sont capables de tout pour la protéger.

PARTIE IV

LES GRAINES SE DÉFENDENT

« Ne vous mettez jamais
entre une lionne et ses petits. »

Proverbe traditionnel

CHAPITRE VIII

COUPS DE DENTS, COUPS DE BEC

« Ô rats, réjouissez-vous !
Le monde est devenu
un immense magasin de salaison !
Rongez, grignotez, régalez-vous,
déjeunez, soupez, dînez, goûtez[1] ! »

Robert Browning,
L'Homme à la flûte (1842)

L'annexe F du Code de construction international donne la liste des préconisations pour tenir les rats et autres rongeurs hors des logements. Parmi elles, une dalle de fondation de cinq centimètres d'épaisseur, des protections de bas de porte métalliques et des grilles, ou de la tôle, sur toute ouverture au niveau du sol. Les conditions pour le stockage de céréales ou les équipements industriels peuvent être plus strictes encore, le béton plus épais, davantage de métal nécessaire et des murs rideaux enfouis jusqu'à soixante centimètres sous le niveau du sol. Malgré toutes ces protections, les rats et leurs autres petits camarades continuent de consommer entre 5 et 25 % des récoltes

1. Trad. par J. Girardin.

céréalières mondiales et parviennent régulièrement à se frayer un passage à coups de dents à l'intérieur d'importantes structures. En 2013, un rongeur indésirable réussit à faire court-circuiter le tableau de distribution électrique de la centrale nucléaire de Fukushima, provoquant une hausse de la température dans les trois bassins de refroidissement et manquant de reproduire la catastrophe de 2011. La nouvelle fit les gros titres partout dans le monde, journalistes, blogueurs et commentateurs télé s'interrogeant tous sur les raisons pour lesquelles les rats étaient à ce point attirés par les fils électriques. Pourtant, la vraie question ne porte pas sur ce que les rongeurs aiment ronger, mais plutôt sur la difficulté que nous avons à les empêcher de manger. Pour commencer, comment se fait-il qu'un rat parvienne à grignoter un trou dans un mur en béton ?

Tout est dit dans le nom « rongeur » : l'animal est principalement caractérisé par la façon dont il se nourrit, en rongeant, à l'aide de ses impressionnantes incisives. Ces dents apparurent dans la bouche de petites créatures semblables aux souris ou aux écureuils il y a soixante millions d'années. Soit environ soixante millions d'années avant l'invention du béton, du Plexiglas, des plaques métalliques ou de n'importe lequel de ces matériaux fabriqués par l'homme que souris et rats parviennent à grignoter. Les experts n'ont toujours pas tranché sur l'origine des rongeurs, mais les doutes ne sont pas vraiment permis quant à l'utilisation de leurs imposantes incisives. Si l'arbre généalogique compte aujourd'hui quelques excentriques comme le castor, qui s'attaque au bois, et le rat-taupe nu, qui se sert de ses dents pour creuser, la grande majorité des rongeurs passe son temps à en faire usage à l'ancienne, pour grignoter des graines[1].

1. Si les rongeurs incluent dans le régime alimentaire une grande variété de matière végétale (et parfois des insectes ou de la viande), leurs dents

Avant l'arrivée des rongeurs, les ancêtres des chênes, des marronniers ou des noyers se dispersaient grâce à de petits pépins ailés peu protégés contre d'éventuels grignotages. Des fossiles de ces graines ressemblent à des bouts de paille, des brindilles toutes frêles conçues pour voleter en tombant. À l'apparition des rongeurs, une course à l'armement virtuelle s'engage pour les végétaux : face aux dents plus solides, les graines se dotent d'enveloppes plus résistantes, ce qui pousse les dents à se renforcer davantage, favorisant enfin l'avènement des glands et des fruits à coque épaisse que nous connaissons aujourd'hui. (D'autres réagirent en devenant plus petites, dans l'espoir d'être avalées d'un coup, voire complètement ignorées.) Les rongeurs posent un dilemme d'évolution aux arbres : c'est à la fois une chance de voir leurs graines dispersées et un risque de les perdre totalement. Du point de vue des rongeurs, et toujours dans une perspective d'évolution, le déblocage des éléments nutritifs des graines se révèle une mine d'or : très vite, ils deviennent les mammifères les plus nombreux et les plus diversifiés sur la planète.

La notion de coévolution implique qu'un changement dans un organisme en déclenche un autre – si une antilope se met à courir plus vite, alors les guépards doivent eux aussi accélérer pour espérer les attraper. Les définitions traditionnelles décrivent le processus comme une sorte de tango entre des partenaires familiers : à chaque pas répond un élégant contre-pas équivalent. Dans la réalité, la danse de l'évolution se limite rarement à un pas de deux. Des relations comme celles qui unissent rongeurs et graines se développent au cœur de ce qui s'apparenterait plutôt à un quadrille, dans lequel les couples ne cessent de changer de

distinctives sont bien apparues pour leur permettre de s'attaquer aux graines, qui restent leur principale ressource alimentaire.

partenaire, enchaînant un tourbillon de figures… Le résultat final ressemble peut-être à un échange de bons procédés, mais il y a des chances pour que beaucoup d'autres danseurs en aient influencé l'issue au passage – tour à tour meneurs, suiveurs, écraseurs d'orteil. Personne ne connaît l'exact enchaînement d'événements qui finit par donner naissance aux rongeurs à forte mâchoire et aux graines à coque épaisse ; cette histoire remonte loin et ne laissa que quelques vagues indices dans l'enregistrement fossile. Cependant rares sont les experts qui considèrent comme une simple coïncidence leur montée en puissance soudaine et simultanée.

Les relations deviennent le plus souvent à bénéfice réciproque – les grignoteurs obtiennent quelque chose à manger et, dans la foulée, ils dispersent des graines. Dans cette équation, la faim seule est le moteur chez les rongeurs, mais pour les plantes l'équilibre est délicat. Leurs graines doivent être assez séduisantes pour être désirées, cependant assez résistantes pour ne pas être croquées sur place. Une coquille dure force les rongeurs à transporter leur butin à l'abri de leur terrier pour s'y attaquer plus tard. Idéalement, ils oublient où ils les ont stockées, ou bien meurent avant d'avoir eu l'occasion de les avaler. Prenons l'exemple de *Noisette l'écureuil*, de Beatrix Potter. Les universitaires considèrent ce livre comme un commentaire sur le système de classe britannique, mais il parle aussi des graines : si Monsieur Brun, le hibou, attaque de temps à autre un des écureuils qui viennent stocker leurs provisions sur son île, il y aura bien quelques noisettes, quelques glands, qui resteront où ils ont été entassés, assurant ainsi l'apparition de la prochaine génération de chênes et de noisetiers.

Beatrix Potter choisit pour toile de fond le Lake District, en Angleterre, mais si elle avait vécu en Amérique centrale, elle aurait pu raconter la même histoire pile à l'endroit où je menai mes recherches de doctorat, sous l'épaisse ramure d'un *almendro*. Là, le petit Noisette aurait trouvé non seulement des tas de copains écureuils pour lui tenir compagnie, mais aussi d'autres rongeurs : des souris à poches, des rats du riz, des rats sauteurs, des rats épineux, sans oublier les pacas et les agoutis, qui ressemblent plus ou moins à des cochons d'Inde de la taille de petits chiens. Comme moi, tous ces animaux venaient à l'*almendro* en quête de graines. Contrairement à moi, les rongeurs rôdaient là depuis des milliers, pour ne pas dire des millions d'années. (Le thésard, lui, a seulement l'impression que ça dure très longtemps.) Ainsi cerné de tant de créatures *incisives*, pas étonnant que l'*almendro* ait développé une coque assez solide pour défier un étudiant. En général, la défense des graines ne s'arrête toutefois pas à la seule protection physique. L'écologie de cet arbre de la forêt tropicale en particulier permet de comprendre pourquoi tant de graines sont dures comme la pierre et pourquoi il faut bien davantage que du béton pour arrêter un rat affamé.

Une graine d'*almendro* mesure cinq centimètres de long et un peu plus de deux centimètres et demi de large, ses côtés sont lisses, ses extrémités en pointe, ce qui lui donne l'apparence d'une très grosse pastille pour la gorge. Comme un noyau de pêche ou de prune, cette graine inclut une couche supplémentaire de coque incassable, contenant l'amande plus fragile bien à l'abri à l'intérieur[1]. La chair du fruit autour est fine, brun-vert, mais assez sucrée pour attirer une large variété de singes, d'oiseaux et de chauves-souris. Au pic de la saison, des dizaines d'espèces se réunissent autour des *almendros*, s'agitant dans les branches

1. Fonctionnellement, les noyaux de ces espèces sont des graines, mais techniquement la coque est constituée d'une couche de fruit durcie appelée « endocarpe ».

pour récupérer le butin, qui tombe au sol. Mais parmi tous ces frugivores, seule une grande chauve-souris emporte son repas loin de l'arbre. Alors si l'*almendro* veut disperser sa descendance, il doit également se concentrer sur les créatures qui mangent ses graines. Et s'il peut être difficile de considérer un arbre comme intelligent (du moins hors d'un roman de J.R.R. Tolkien), le système mis en place par l'*almendro* semble pourtant précis, calculé, presque parfait.

Du point de vue de la plante, tous les disperseurs potentiels ne se valent pas. Prenons mon cas personnel : je collectai de grandes quantités de graines que j'emmenai ensuite très loin... avant de les détruire systématiquement, et jusqu'à la dernière, dans le cadre de mes recherches. Et même si j'avais prévu de les faire germer, mon laboratoire se trouvait dans une université du nord de l'Idaho, qui est loin d'être l'habitat idéal pour les arbres tropicaux. À l'autre bout du spectre, les rongeurs les plus petits comme les rats du riz ou les souris à poches n'ont pas la force nécessaire pour transporter les graines d'*almendro* au-delà de quelques dizaines de centimètres. Pour exclure les prédateurs les moins efficaces, les plus petits, et limiter les dégâts provoqués par les plus gros, il faut que les défenses de la coque soient à un niveau de solidité précis qui optimise ce que les écologistes appellent le « temps de manipulation ».

Dans le cas de l'*almendro*, la coque idéale se révèle une enveloppe ligneuse d'une épaisseur de plus de sept millimètres à l'endroit le plus large et deux fois plus lourde qu'un noyau de prune ou de pêche. Les parois incluent des protections supplémentaires : une couche de cristaux résineux, qui ressemble beaucoup au verre pilé que les exterminateurs ajoutent au béton lorsqu'ils veulent sceller un trou de rat. Avec ceci de différent que la graine n'essaie pas d'empêcher totalement l'accès du rongeur, simplement de le ralentir. L'écureuil met, en moyenne, au moins huit minutes

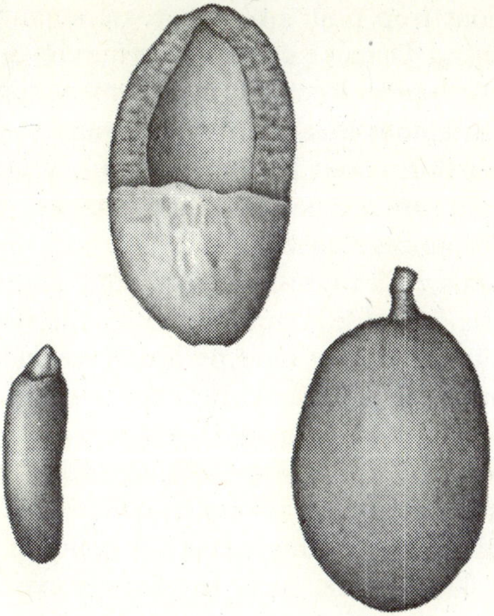

Almendro (Dipteryx panamensis).

Les graines de l'incontournable almendro sont protégées par l'une des coques les plus solides qui soient dans la nature, en défense contre les dents des rongeurs. La coque est représentée au-dessus, partiellement ouverte en coupe. Une graine extraite apparaît juste au-dessus de ce texte, à gauche, et le fruit complet se trouve à droite.

pour grignoter la coque doublée de cristaux de l'*almendro*, et parfois jusqu'à une demi-heure. C'est un investissement de temps considérable pour un animal qui, pour survivre, doit localiser puis manger entre 10 et 15 % de sa masse corporelle chaque jour. La graine d'*almendro* mérite un tel effort, mais tout juste. Les rats épineux et les rongeurs de plus petite taille s'en donnent d'ailleurs rarement la peine – pas nécessairement parce qu'ils n'y arriveraient pas, mais parce que ça ne serait pas assez rentable pour eux. Le défi en soi et le temps qu'ils seraient forcés de lui consacrer les épuiseraient trop pour qu'une grosse amande suffise à les récompenser. Dans ce contexte, la dureté et l'épaisseur des coques d'*almendro* semblent parfaitement adaptées pour réserver les amandes aux écureuils, agoutis et pacas – les rongeurs assez forts pour les emporter. Cependant, l'arbre ne peut tout de même pas les y contraindre. L'incitation doit venir des autres danseurs.

Lorsque j'eus perfectionné ma technique du maillet et du burin, j'appris à fendre la graine et à en extraire l'amande en moins d'une minute. Une performance meilleure que celle des écureuils, mais encore insuffisante si je m'étais trouvé en environnement hostile – entouré de crocodiles ou dans un enclos plein de loups affamés. C'est le dilemme auquel sont confrontés les rongeurs. Car aussi sûrement que l'*almendro* attire les mangeurs de graines, il attire du même coup leurs prédateurs. Je savais d'expérience que l'on pouvait croiser des serpents fer-de-lance aux abords des *almendros*, mais d'autres tels que *Lachesis muta* (dit le « maître de la brousse ») ou le boa constrictor, aussi friands de rongeurs n'y sont pas rares. Je vis un jour une buse semi-plombée emporter un petit animal à fourrure en plein jour. Si je m'étais attardé jusqu'à la tombée de la nuit, j'aurais peut-être pu apercevoir des dizaines de chouettes différentes, ainsi que des ocelots, des margays et des jaguarondis, tous attirés par la concentration d'appétissantes proies. Un ami qui étudie les communautés de mammifères me montra un jour une série de photographies prises par des appareils dispersés un peu partout dans la forêt – on y découvrait des jaguars, des pumas, de grosses fouines et d'autres, affichant tous un air surpris sous l'effet du flash. Il y avait même quelques chasseurs en compagnie de leur chien. Il me demanda si je ne remarquais pas quelque chose et soudain, je compris : en fond, un peu partout, apparaissait un tronc d'*almendro* et autour, le sol était jonché de graines. Dans les forêts tropicales d'Amérique centrale, la communauté des animaux attirés par une bonne récolte d'amandes d'*almendro* ne se limite pas aux frugivores, granivores, et à leurs prédateurs. Elle inclut tous ceux qui sont sur la piste de l'un ou de l'autre, qu'ils soient scientifiques, chasseurs, ornithologues, tous ceux qui sont en quête d'un peu d'action, en somme.

Considérant toute cette agitation, et plus particulièrement les reptiles affamés, les écureuils et les autres rongeurs préfèrent généralement les fruits de l'*almendro* comme plats à emporter. Ils viennent y récupérer leur repas puis filent s'installer à l'écart pour le manger – à douze, quinze mètres, beaucoup plus parfois. Les agoutis, en particulier, se révèlent des disperseurs de première catégorie. Non seulement ils emportent les graines très loin, mais ils les mettent en sécurité sous terre dans des petits trous tout propres disséminés un peu partout dans leur zone d'habitat. Pour l'arbre, le contrat est rempli : cette créature déplace ses graines, les plante puis, ayant de bonnes chances d'être tuée par l'un des nombreux prédateurs en embuscade, va en laisser germer une bonne proportion.

Ce scénario se répète dans le monde entier avec différents rongeurs, différentes espèces de plantes, incitant ainsi les graines comme les noix à évoluer, à développer des coques épaisses et solides. En fait, n'importe quelle spécificité susceptible d'allonger le temps de manipulation devient un avantage, raison pour laquelle, probablement, les noix (du noyer) ont cette forme de cerveau entortillé, si difficile à extraire en un seul morceau. Les rongeurs, de leur côté, ont développé non seulement des dents ultrarésistantes, mais des abajoues de grande capacité permettant de transporter de nombreuses graines d'un coup, ainsi que le don mystérieux de sentir, pour mieux les écarter sans avoir besoin d'y goûter, celles qui sont malades ou infestées de vers.

Comme souvent dans l'évolution, l'impact des rongeurs sur les défenses des graines ne concerne pas seulement deux protagonistes. Cette course à l'armement implique toute une série de relations interespèces, et des concessions de part et d'autre. Pour l'*almendro*, mes recherches parvinrent à montrer toute la sophistication d'un système, certes, mais aussi à quelle vitesse il peut s'effondrer.

Dans une forêt tropicale saine, fouler les abords d'un *almendro* donne l'impression de marcher sur un gravier très caillouteux – des coques rongées, fendues, abandonnées tapissaient le sol sous nos pieds. J'en comptai des milliers, presque aucune n'était intacte, encore moins germée ou sous forme d'arbrisseau. Avec une telle concentration de rongeurs, les seules graines susceptibles de pousser étaient celles qui avaient été dispersées, emportées très loin. Dans une forêt plus morcelée, en revanche, la population de gros rongeurs subit les contrecoups de la chasse ou d'autres perturbations, et l'on ne trouve presque aucune trace de grignotage ou de réserves cachées dispersées. Les graines germent simplement à l'endroit où elles tombent, laissant chaque arbre adulte entouré d'un fourré constitué par ses propres enfants. À court terme, ce scénario n'est pas bon pour la génération suivante – les jeunes plants ne poussent pas bien à l'ombre de leurs parents[1]. En matière d'évolution, l'*almendro* se trouve coincé, perdre ses partenaires de tango le laisse démuni, sa graine est bien trop dure, plus aucun habitant de la forêt n'est équipé pour la mâcher.

Mes recherches me permirent de comprendre que la défense des graines impose aux végétaux de savants calculs ;

1. Il existe toute une branche de l'écologie de la dispersion consacrée à cette idée. Le fait de s'éloigner aide la jeune plante à échapper aux prédateurs, à la concurrence avec ses parents et avec sa génération, ainsi qu'à la série de virus spécifiques à une espèce et autres pathogènes qui rôdent à proximité des arbres adultes.

la protection n'en est qu'une des multiples variables. Une question demeurait cependant : quelle est exactement la dureté de la coque de l'*almendro* ? Est-elle plus solide que du béton, par exemple ? J'eus la réponse en rédigeant ce chapitre.

J'avais terminé ma thèse des années auparavant, mais on n'investit pas autant de temps dans un sujet sans en garder quelques souvenirs. Desséchée au point de prendre une couleur miel foncé, la coque d'*almendro* posée sur mon bureau porte encore quelques coups de dents de rongeurs. Pour la tester contre le béton, je n'eus qu'à sortir : la cabane du raton laveur est posée sur des plots de fondation en béton classique, que l'on trouve dans n'importe quel magasin de bricolage. Je plaçai ma coque sur la tranche – comme un burin – contre l'un de ces plots et y portai un grand coup à l'aide d'un marteau. Je ne fus pas du tout surpris de voir des fissures apparaître dans le béton : si les rongeurs avaient perfectionné leurs dents au fil de leur évolution, si l'*almendro* avait de son côté développé l'une des graines les plus dures de tout le règne végétal, alors lesdites graines devaient être presque aussi solides que les dents des rats. Quelques coups supplémentaires finirent par briser un petit éclat de béton qui fut projeté dans la terre en dessous. Je le ramassai en évitant de mettre les doigts dans les résidus peu ragoûtants qui traînaient là : crottes et plumes abîmées laissées derrière elles par nos poules, plus une demi-douzaine de pièges à rats vides. Y jetant un coup d'œil agacé, je pris note mentalement de revenir le soir même leur remettre du beurre de noix en guise d'appât.

« Les gens ne te croiront pas », m'avertit Eliza en souriant lorsque je lui racontai ce que j'avais trouvé sous la cabane du raton laveur. Mais ainsi que l'avait un jour remarqué Oscar Wilde : « La vie imite l'art bien plus que l'art imite la vie. » Et pourtant. Tandis que j'étais là, à écrire ces pages sur les rongeurs, certains d'entre eux sévissaient pile sous mes pieds. Attirée par le grain de nos poules, une grande famille de rats gris avait élu domicile dans l'espace situé sous la cabane. Ils s'étaient faufilés par un trou bien net grignoté dans un panneau de grillage en acier galvanisé et avaient trouvé là un QG confortable d'où mener toutes leurs expéditions sur les comestibles à proximité. Ils découvrirent bientôt mes petits pois, que j'avais bêtement laissés sécher sur pieds. Le temps que je comprenne ce qui se passait, ils avaient décimé mes Bill Jump et porté un coup sévère à mes *Württembergische Wintererbse*. Les malheureux rescapés récupérés par Noah et moi tenaient dans trois tasses à peine, dans lesquelles, heureusement, assez d'hybrides pour poursuivre l'expérience sur une autre saison (mieux protégée cette fois).

La disparition de mes pois au profit de ces rongeurs me servit de leçon – comme dit encore M. Wilde, « l'expérience est le nom que chacun donne à ses erreurs ». Tout d'abord, j'en conclus que Gregor Mendel devait être un petit cachottier dont je ne connaissais pas toutes les méthodes. À moins que le monastère de Saint-Thomas n'ait eu une armée de chats, Mendel devait disposer d'un lieu protégé pour faire sécher ses récoltes. Je parierais volontiers que ses journaux et ses notes, malheureusement disparus, expliquaient comment tenir éloignés les rongeurs du grenier. Et j'appris surtout que les mêmes règles s'appliquent aussi bien dans un environnement artificiel, avec un légume domestique et des rongeurs non natifs, que dans la nature. En venant repérer mes plants, les rats gris avaient parfaitement suivi cette logique de précision qui est au cœur de l'interaction entre rongeurs et graines. Les pois Bill Jump étant lents à parvenir à maturité, ils n'étaient pas encore tout à fait secs, ce qui les rendait, par comparaison, plus faciles à croquer.

Lorsque j'essayai de goûter aux pois du Wurtemberg, en revanche, je manquai d'y laisser une molaire. C'est une variété qui nécessite plus de temps de manipulation, donc, en théorie, qui aurait dû être emportée plus loin afin d'être grignotée à l'abri. Je ne fus en conséquence pas surpris, lorsque j'ouvris l'espace situé sous la cabane, de découvrir une pile de gousses vides et d'enveloppes de pois du Wurtemberg : loin de disperser ses réserves, le rat gris stocke tout en un seul endroit, comme dans un garde-manger.

Durant les semaines que je consacrai à tenter de piéger ces indésirables, j'en vins à regretter qu'ils aient si bien évolué. Cela dit, même dans un monde sans rongeur, mes pois auraient sûrement été confrontés à un nuisible ou à un autre. Lorsque les plantes mères commencèrent à préparer le déjeuner de leurs rejetons, tous les êtres vivants, des dinosaures aux champignons, voulurent y goûter, rendant inévitable l'évolution des défenses des graines. Les relations atteignent parfois un point d'équilibre, mais pas toujours. L'*almendro* semble savoir parer à tous les rongeurs, à l'exception des pécaris, sorte de cochons sauvages agressifs aux imposantes molaires qui broient leurs graines sans problème. Pis encore, les branches de l'*almendro* sont l'un des repaires favoris de l'ara de Buffon, qui y niche pour mieux se repaître de ses graines, qu'il pulvérise sans peine grâce à son bec spécifiquement adapté. Car, parmi tous ces prédateurs, les oiseaux sont ceux dont l'évolution est la plus ancienne. Ils descendent des dinosaures, dont certains avaient déjà développé des organes destructeurs de graines il y a plus de cent soixante millions d'années. Les paléontologues le savent, car des grappes de *gastrolithes* révélateurs, ces petits cailloux distinctifs que l'on trouve dans les gésiers, sont visibles dans certains fossiles. Les oiseaux modernes utilisent encore le grit pour broyer leur nourriture, et les gésiers les plus solides sont ceux des granivores – des poules aux canaris, des gros-becs aux jais, sans oublier ce qui est peut-être l'un des plus célèbres groupes d'oiseaux au monde.

Pour Charles Darwin, les pinsons des îles Galápagos semblaient une concentration d'espèces sans lien les unes avec les autres, surtout notables par leur facile apprivoisement. Ainsi qu'il l'écrivit sur le terrain, « des petits oiseaux [...] qui se posent sur vous et boivent l'eau au creux de votre main ». Il fallut que John Gould, un ornithologue ayant travaillé sur les perroquets et familier des becs casseurs de graines, se penche sur ces spécimens pour mettre en évidence leurs proches affinités. Ainsi que l'explique Jonathan Weiner dans *The Beak of the Finch*[1], les biologistes ont depuis découvert que les variations saisonnières en termes d'abondance de graines produisent des adaptations mesurables chez les pinsons[2]. Des différences de moins d'un demi-millimètre sur la longueur du bec déterminent quels oiseaux sont capables ou non de casser les plus solides. Quand la nourriture manque, cette distinction devient une affaire de vie ou de mort ; résultat, les becs d'une population entière peuvent changer en une seule génération. Le fait que la sélection naturelle intervienne si vite aide à expliquer comment, aux Galápagos, un unique pinson originel put évoluer en treize espèces différentes, certaines dotées d'un bec capable de broyer les graines, d'autres qui aspirent le nectar ou se

1. Non traduit en français. (N.d.T.)
2. Désormais dans sa cinquième décennie, l'étude du pinson des Galápagos est l'un des examens les plus approfondis de l'évolution jamais entrepris sur le terrain. Sous la direction de Peter et Rosemary Grant, des biologistes de l'université de Princeton, la recherche a permis de révéler comment la sélection naturelle et d'autres facteurs (génétiques, comportementaux, environnementaux) se sont associés pour créer et maintenir les espèces. La lecture de *The Beak of the Finch* de Weiner (1995) et de *How and Why Species Multiply* (2008) des Grant est chaudement recommandée.

nourrissent de fruits ou d'insectes. Certains se concentrent sur les fleurs de cactus et l'un d'entre eux peut se servir de son bec sur l'écorce à la manière des piverts. À l'échelle globale, le scénario des Galápagos nous aide à comprendre comment le fait de se spécialiser sur les graines (ou tout autre aliment) peut avoir une influence sur l'évolution. Il y a même une théorie qui soutient que la consommation de fruits à coque dure pourrait avoir contribué à donner au crâne humain sa forme actuelle.

Enfant, je soumettais mon crâne à toute une variété de sports. Je finis par opter pour la nage, cependant je consacrai plusieurs saisons au football, au base-ball et, malgré ma frêle carrure, je tentai même une incursion dans le football américain. Point commun de tous ces entraînements et ces matches, les jeunes athlètes avaient droit, en guise d'en-cas, à des quartiers d'orange fraîche, livrés avec la peau. Nous nous empressions de nous les coller dans la bouche, peau tournée vers l'extérieur, avant de courir partout comme des chimpanzés. Essayez, vous verrez : aussitôt vous aurez l'air d'un singe. Pourtant, ce n'est pas à cause du grand sourire orange. Deux années durant, j'ai étudié des gorilles de montagne en Ouganda et, s'ils s'expriment de toutes sortes de manières, je les ai rarement vus sourire. Si ce truc avec le quartier d'orange fonctionne si bien, c'est parce qu'il remodèle le crâne, projetant la mâchoire vers l'avant à la façon d'un museau. Tous les autres grands singes et les plus anciens hominidés partagent cette structure. Chez nos ancêtres directs, en revanche, le visage s'aplatit, et c'est là qu'intervinrent les graines.

« L'inflexion radicale remonte à quatre millions d'années environ », m'expliqua David Strait, professeur d'anthropologie à l'université d'État de New York. Les visages humains modernes semblent plats parce que nos os sont petits, précisa-t-il, probablement une adaptation liée à l'ingestion d'une nourriture cuite, molle. Mais c'est un autre changement alimentaire qui lança cette évolution. « Les renforcements du visage, dit-il, les larges pommettes, les tendons, la taille et la forme des dents – tout indique une production de grande force et une bonne résistance à cette force. » Par « force », entendez celle nécessaire à l'ouverture de coques de diverses graines et noix.

Voilà une dizaine d'années que Strait et son équipe tentent de démontrer que le fait de mordre de gros objets solides, tels que les fruits à coque, explique la transformation du crâne de nos ancêtres. Leurs modèles informatiques montrent le crâne de l'australopithèque – hominidé éteint dont le représentant le plus célèbre est le spécimen appelé « Lucy » – en train de mastiquer gaiement, la force de chaque bouchée répartie sur certaines dents particulières. Une habitude qui perdure chez nous aujourd'hui. Revenons à notre analogie par le sport : les spectateurs présents au stade grignotent, quant à eux, rarement des fruits frais. Non, ce qu'ils laissent, ce sont des papiers de hot-dogs, des gobelets en plastique et aussi, souvent, des coques vides d'arachides grillées. La prochaine fois que vous en aurez entre les mains, concentrez-vous sur les dents que vous utiliserez pour ouvrir les plus récalcitrantes. Il y a de grandes chances pour que vous placiez l'arachide sur le côté de votre bouche, juste derrière les canines, à l'endroit où le crâne absorbe mieux le choc de la morsure. Ce sont les prémolaires et, si Strait a raison, le fait de les utiliser pour casser les coques provient d'un lointain instinct issu de l'évolution.

« Beaucoup de mes collègues n'y croient pas, explique-t-il en riant. Mais tant pis ! » Les critiques de la théorie des « aliments durs » de Strait mettent en avant des analyses chimiques et une certaine usure des dents qui se retrouve souvent, suggérant plutôt un régime alimentaire dominé par différentes herbacées. Mais Strait n'y voit pas de contradiction. Les anciens hominidés s'alimentaient facilement en période d'abondance, mais, à l'instar des pinsons des Galápagos, le plus important était de réussir à surmonter la disette. « Les fruits à coque étaient la nourriture de secours », expliqua-t-il. Autrement dit, ce qui influe le plus sur l'évolution, car les enjeux sont primordiaux. « Les aliments mous, les fruits, sont délicieux et sucrés, détailla-t-il avec l'aisance de celui qui est habitué à énoncer ses arguments. Mais lorsqu'ils viennent à manquer, il faut partir, manger autre chose ou mourir. » Vu sous cet angle, il semble parfaitement logique que le visage des hominidés se soit réorganisé pour favoriser l'action d'une prémolaire capable de casser des coques.

Si l'habitude de broyer des aliments durs eut effectivement des conséquences sur la forme de notre crâne de la même manière qu'elle en eut sur celle des becs des pinsons et des mâchoires des rongeurs, l'inverse est-il vrai : la mastication des humains eut-elle un impact sur les graines ? Vers la fin de notre conversation, David Strait me donna un indice. Il mentionna une nouvelle étude montrant comment la microstructure des coques de graines reflète celle de l'émail des dents. Dans un cas comme dans l'autre, les cellules sont alignées en rangs serrés de baguettes et de fibres, comme si les deux parties étaient parvenues au même résultat concret pour résister à leur impact respectif. Il me transmit également un article sur une graine du Sud-Est asiatique si solide que sa germination est très compliquée – les moitiés de son enveloppe dense adhèrent l'une à l'autre à l'extrême limite de ce qu'une jeune pousse est capable d'écarter. Pourtant cette graine n'en est pas moins la proie de scarabées, d'écureuils, voire d'orangs-outans de temps à autre. Manière de nous rappeler que les défenses physiques ne peuvent pas tout. Des *almendros* aux arachides, l'histoire est la même : quelle que soit la dureté de la coque, il y aura toujours un rat, un perroquet ou un supporter de foot à proximité qui trouvera le moyen de l'ouvrir. Raison pour laquelle, d'ailleurs, la coque n'est que la partie émergée de l'iceberg. Si les plantes étaient capables de protéger leur bébé à tous les coups, rien qu'en construisant une boîte plus efficace, le café serait *vraiment* du jus de chaussette, le Tabasco n'aurait aucun goût et Christophe Colomb n'aurait jamais embarqué pour l'Amérique.

CHAPITRE IX

LES RICHESSES DU GOÛT

« Elle est chaude ! Elle pique fort !
La soupe ! La bonne soupe !
Renforce le dos,
Rallonge la vie,
Elle est chaude ! La bonne soupe ! »

Boniment traditionnel de vendeur ambulant,
Philadelphie[1]

« Vous venez de loin, dit le vieil homme. Du diable vauvert. » Le cheval gris moucheté sur lequel il était monté s'impatienta, agitant les anneaux tressés de cuir bleu, rouge et vert accrochés à sa bride faite main. Je tentai de croiser le regard de mon interlocuteur, mais il restait fixé droit sur l'air au-dessus de nos têtes. Je me contentai d'adresser un sourire au cheval, bêtement. Ils nous bloquaient le passage, mais, en tant que visiteurs d'une région tribale, nous avions besoin de leur permission pour avancer. Or la conversation semblait mal engagée.

---

1. À Philadelphie, au XVIIIe siècle, les marchands de soupe chantaient un petit refrain pour vendre à la criée leur ragoût épicé. Les recettes traditionnelles du « *Pepper pot* » de Philadelphie comprennent différents morceaux de viande, de la tripe, de la tortue, mais tous s'accordent sur l'assaisonnement : une bonne grosse dose de poivre noir.

« Depuis votre arrivée, nous sommes maltraités », poursuivit-il, accentuant mon malaise. Nous n'étions là que depuis un instant. Je n'étais même pas certain que l'*almendro* pousse dans cette forêt. Puis il explicita : « Vous et votre Christophe Colomb. »

En biologie, lorsque l'on repère de nouveaux sites, il arrive que l'on aille jeter un coup d'œil sans permission à un terrain prometteur. Cependant, ces quelques mots suffirent à me rappeler que je m'invitais sur un continent entier. Même les Costaricains qui m'accompagnaient n'étaient pas considérés comme locaux – leurs ancêtres étaient espagnols, débarqués dans le sillage de Colomb qui jeta l'ancre non loin, à Puerto Limón en 1502. Pour finir, le vieil homme consentit à déporter son cheval sur le bas-côté et, maintenant qu'il avait dit ce qu'il avait sur le cœur, nous souhaita cordialement la bienvenue. Nous ne trouvâmes finalement aucun *almendro* dans la région, je n'eus donc pas besoin d'y revenir, mais je n'oubliai jamais les mots de cet homme. Des siècles avaient passé, pourtant certains d'entre nous continuent d'aller au bout du monde, lancés dans leurs quêtes personnelles. Je compris plus tard que Christophe Colomb et moi avions même un autre point commun : nous étions tous deux en quête de graines.

« Déjà sur la plage, écrivit un jour l'explorateur, [...] nous découvrons tant de traces et d'indices de la présence d'épices que nous avons des raisons de croire que nous en trouverons de grandes quantités en temps voulu. » Le journal de bord de son premier voyage contient pas moins de deux cent cinquante descriptions botaniques, souvent détaillées, de cultures, d'arbres, de fruits, de fleurs des Caraïbes. La liste inclut des plantes (et des graines) qui changeraient à jamais la cuisine et le commerce européens, tels le maïs, l'arachide, le tabac. Pourtant, après les premières semaines, Colomb laisse entrevoir quelques déceptions. « Je suis désolé, je ne les reconnais pas », écrit-il après avoir inspecté les herbes et les buissons peuplant l'île Isabella (aujourd'hui appelée Crooked Island). Plusieurs jours plus tard, la flore le pousse même à se dire « extrêmement désolé », et dans un autre passage il se lamente sur une forêt d'arbres odorants, mais inconnus : « Je suis excessivement peiné de ne pas être capable de les identifier. » Colomb s'inquiète, car si ses navires ont bel et bien rencontré un Nouveau Monde, l'issue n'est pas du tout celle qu'il avait promise à ses mécènes. La reine Isabella, le roi Ferdinand et tous les autres nobles ayant financé ses expéditions espéraient davantage qu'un récit de ses découvertes – ils voulaient devenir riches. Ils avaient investi dans une nouvelle voie vers l'Asie et s'attendaient à être remboursés en produits asiatiques : or, perles, soie et, par-dessus tout, ces épices exotiques qui ne poussaient nulle part ailleurs. Malheureusement, ni Colomb ni aucun de ses compagnons de voyage n'avaient la moindre idée de ce à quoi elles ressemblaient.

Au XVe siècle, les épices parvenaient en Europe après avoir transité entre les mains de tant d'intermédiaires, suivi un si long chemin entre Asie et Moyen-Orient, que leurs destinataires ne savaient ni comment ni sous quelle forme elles poussaient. Des légendes populaires conseillaient de chercher des arbres en flammes gardés par des serpents, d'observer les brindilles des nids d'oiseaux arabes ou de récolter les branches et les baies du Paradis, pas moins. Marco Polo, tout de même, attribuait les épices aux véritables plantes poussant dans d'authentiques endroits : l'Inde et les Moluques. Mais voilà, pour les Européens, ce n'étaient que des noms, que personne n'était capable de placer sur une carte, et dont la flore n'était même pas imaginable. Christophe Colomb devait sans doute humer l'écorce de chaque nouvelle plante à l'affût d'un parfum de cannelle, goûter des bourgeons dans l'espoir de trouver des clous de girofle et exhumer des racines en quête de gingembre. Probablement se penchait-il aussi sur leurs graines, car les épices les plus précieuses à l'époque, muscade, macis et poivre[1], appartenaient à cette catégorie.

Les universitaires comparent souvent cette historique course aux épices à notre appétit moderne pour le pétrole. Dans un cas comme dans l'autre, les réserves sont limitées, la demande potentiellement infinie, et l'impact sur le marché mondial considérable. Mais, si les ressources pétrolières s'amenuisent déjà, les récoltes d'épices, elles, demeurent constantes, elles augmentent même, étendant leur règne depuis des siècles. Remonter le fil de leur histoire, c'est parcourir celle du commerce, de l'exploration, de la civilisation. Dans l'Égypte ancienne, par exemple, des grains de poivre venus de la côte de Malabar, en Inde, parvinrent on ne sait comment à se frayer un chemin jusqu'aux narines des pharaons décédés – ils comptaient parmi les agents de conservation les plus prisés par les embaumeurs royaux. En 408 apr. J.-C., lorsque Rome fut cernée par les Wisigoths, les Barbares, ayant recours au chantage, exigèrent entre autres trois mille livres de poivre pour mettre un terme au siège. En 795, Charlemagne promulgua un décret ayant pour but de généraliser la culture du cumin, du carvi, de la coriandre, de la moutarde et un ensemble d'autres graines savoureuses sur tout le territoire de l'Empire carolingien. Au Moyen Âge, il était fréquent de payer la dîme féodale en épices et la pratique persiste : lorsque l'actuel duc de

1. La muscade et le macis proviennent d'un même arbre natif de Malaisie. La muscade est la graine, tandis que le macis pousse sous la forme d'un appendice rouge, charnu, de la graine, appelé *arille*. Le poivre vient d'une plante grimpante de forêt tropicale, native de la côte ouest de l'Inde. Le poivre noir se compose de la graine et d'une fine couche de tissu du fruit flétri ; le poivre blanc est simplement dépourvu de la couche de fruit.

Cornouailles (qui porte aussi le titre de prince de Galles), Charles d'Angleterre, accepta officiellement son titre en 1973, on lui offrit une livre de poivre et une autre de cumin.

Les statistiques les plus révélatrices sur les épices se résument à une simple affaire d'économie, au point que l'on pourrait croire une brochure publicitaire en faveur des activités boursières. Durant les cinquante années qui suivirent sa création, la Compagnie hollandaise des Indes orientales domina le commerce mondial de la muscade, du macis, du poivre et du clou de girofle, et connut l'une des plus grandes périodes de profit de l'histoire du négoce. Les marges brutes ne descendaient jamais sous les 300 % et la société réglait de juteux dividendes, en argent comptant comme en épices. Les actionnaires d'origine qui gardèrent leurs parts obtinrent un rendement annuel dépassant en moyenne les 27 %, et ce pendant quarante-six ans. Pour exemple, un tel taux aurait permis, sur ce laps de temps, de transformer un investissement modeste de cinq mille dollars en une fortune de plus de deux milliards et demi[1]. (Par comparaison, ExxonMobil – l'entreprise mondiale la plus rentable actuellement – rapporte autour de 8 % par an.) Avec un tel enjeu financier, il n'est pas étonnant qu'en 1674 les Néerlandais aient cédé sans hésiter Manhattan aux Britanniques en échange d'une minuscule île productrice de muscade en Malaisie. Comme il n'est pas étonnant non plus de découvrir que l'un des rares coffres au trésor de pirates exhumés – enterré par le capitaine William Kidd en 1699 – ne contenait ni argent ni or, mais quelques rouleaux de riches tissus et une balle de muscade et de clous de girofle.

---

1. Le rapport annuel total moyen inclut tous les dividendes en numéraire et en épices, plus l'appréciation des titres depuis la fondation de la société jusqu'à son pic de 539 florins atteint en 1648. Pour en savoir plus sur l'extraordinaire histoire de cette société, voir De Vries & Van der Woude, 1997.

Pour mieux comprendre les inquiétudes de Christophe Colomb concernant les épices, il faut se pencher sur le résultat d'un autre voyage, un tout petit peu moins célèbre que le sien. Lorsque Ferdinand Magellan prit la mer un quart de siècle après Colomb, il promit à ses mécènes le même résultat : une route commerciale vers l'ouest jusqu'aux îles aux épices. Trois ans plus tard, quatre de ses cinq navires étaient perdus et Magellan était mort, ainsi que son second à bord, son troisième, son quatrième, son cinquième et plus de deux cents membres d'équipage. Pourtant, lorsque les dix-huit survivants atteignirent tant bien que mal Séville sur le dernier vaisseau encore à flots en 1522, ils ne se contentèrent pas de se présenter comme les premiers à avoir accompli la circumnavigation : ils arrivèrent aussi chargés de muscade, de macis, de clous de girofle et de cannelle, trouvés sur l'île de Ternate, dans l'archipel indonésien des Moluques. Une fois vendues, ces matières premières rapportèrent largement de quoi rembourser les navires disparus et indemniser les familles des personnes décédées ; ce voyage allia ainsi découverte *et* profit. Christophe Colomb avait eu le même objectif, mais, n'ayant pas rapporté d'épices, il avait échoué.

L'histoire retient de Colomb qu'il fut le premier à mener à bien la traversée de l'Atlantique, inaugurant du même coup une nouvelle ère d'exploration et de conquêtes. Mais l'on oublie souvent qu'il revint à trois reprises jusqu'au Nouveau Monde, cherchant, en vain, à mettre la main sur des épices, de l'or, ou d'autres ressources de valeur. Au deuxième voyage, il constata que tous les membres de la colonie qu'il avait implantée sur Hispaniola avaient été assassinés par les autochtones. Il revint de son troisième périple enchaîné, accusé de tyrannie et sa quatrième traversée le vit s'échouer en Jamaïque où il passa plus d'un an. Pour reprendre les termes de l'un de ses biographes, « On dépensait tant d'argent pour les bateaux et les vivres ; où était donc le retour sur investissement ? [...] Et la terre des épices ? [...] Même aux yeux des plus impartiaux, Colomb commença à passer pour un imposteur ou un imbécile[1]. » Certains se doutaient qu'il avait découvert une terre nouvelle, mais l'amiral continuait d'affirmer que les îles caribéennes et les côtes environnantes étaient bien situées en Asie et que les épices finiraient par se trouver[2] – et puis aussi, sûrement, le Japon, la Chine et l'Inde. Mais, si Christophe Colomb devait mourir sans avoir jamais su qu'il avait découvert un nouveau continent, il eut bien conscience d'avoir trouvé le mauvais poivre.

« Il y a aussi beaucoup d'*aji*, qui est leur poivre et vaut davantage que le nôtre », écrivit-il après un dîner avec les locaux sur Hispaniola. Bien qu'il n'ait jamais vu de poivre noir sur pied, la différence de goût et de force, sans parler de la forme, de la couleur des grains et des fruits, tout lui indiquait que ce n'était pas l'épice qu'il connaissait. On peut interpréter sa remarque sur la valeur comme une manière avantageuse de présenter les choses. Face aux déceptions rencontrées lors de ce premier voyage, il fallait montrer sous leur meilleur jour les quelques graines, plantes et pépites d'or qu'il avait péniblement réunies pour en faire une cargaison. Cependant, *a posteriori*, les mots de Christophe Colomb semblent prophétiques, car le piment qu'il rapporta de l'autre côté de l'Atlantique devint réellement l'une des épices les plus populaires au monde.

Séchés puis broyés ou bien ajoutés entiers, les fruits et les graines du piment *Capsicum* se retrouvent dans un grand

1. Young, 1906, p. 206.
2. Bien que cela puisse paraître ridicule *a posteriori*, on ne peut pas en vouloir à Christophe Colomb d'avoir cru les « îles aux épices » à ce point difficiles à localiser. Pendant une bonne partie du XVIIIe siècle, on ne trouvait des muscadiers que sur moins de dix des vingt-cinq mille îles du Sud-Est asiatique. Et les clous de girofle sur cinq seulement.

nombre de plats, du curry thaï au goulasch hongrois en passant par le ragoût américain. À partir des quatre espèces sauvages poussant sur la terre du Nouveau Monde, plus de deux mille variétés cultivées furent développées, classées selon la force de leur goût depuis le paprika, le plus doux, jusqu'aux piments *habañeros*, les plus relevés. (Les poivrons sont aussi dérivés de cette même famille, mais ils sont cultivés pour leur taille et leur douceur et non pour leur force). Une personne sur quatre dans le monde mange chaque jour des piments et, par un retournement qui aurait sûrement compensé la déception de Colomb, le piment remplaça le poivre dans toute l'Inde et l'Asie du Sud-Est. L'amiral n'atteignit peut-être pas les îles aux épices, mais il finit par influer sur leur cuisine.

En réalité, Christophe Colomb et ses piments transformèrent en profondeur toute l'industrie des épices. Le simple fait de transporter leurs graines par-delà l'océan permit de prouver que le piment se cultivait, qu'il suffisait que les conditions idéales soient réunies pour le voir se développer et pousser loin de son territoire d'origine. À partir du moment où ce fut acquis, plus rien ne put arrêter cette tendance. À la fin du XVIIIe siècle, la muscade s'était implantée à la Grenade, les clous de girofle et la cannelle, à Zanzibar et l'on commençait à planter du poivre noir dans tous les pays tropicaux, pourvu qu'il existât des troncs d'arbres auxquels cette plante grimpante puisse s'accrocher. Des produits bon marché envahirent peu à peu les étals, les prix chutèrent et les épices perdirent leur cachet exotique. Bien qu'encore rentable, le commerce des épices ne fut plus jamais à l'origine de guerres, de la création d'empires ou de voyages d'exploration. Mais, des siècles durant, l'appétit pour ces matières premières modela l'histoire et les graines sont au cœur de l'affaire. Au rayon épices de n'importe quel supermarché, encore aujourd'hui, ce sont les graines qui dominent. Mais que l'on en ajoute une pincée, une pointe, qu'on les broie, qu'on les saupoudre, qu'on les consomme chaque jour, on prend toutefois rarement le temps de les envisager sous un angle biologique. Pourquoi les épices sont-elles épicées ? Il se trouve qu'aucune histoire ne répond mieux à cette question que celle des piments, ceux-là mêmes que découvrit Christophe Colomb.

« En gros, il s'agit avant tout d'une production de graines », me résuma Noelle Machnicki, qui est bien placée pour en parler : auteure d'une thèse de doctorat intitulée « Comment

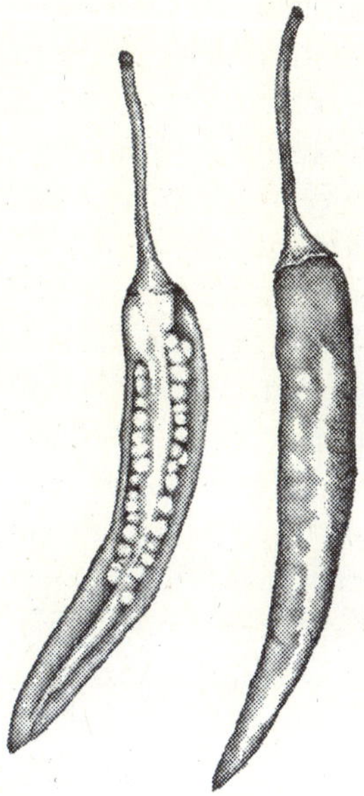

Piment (Capsicum *spp.*).

Les milliers de variétés de piments domestiques descendent de quatre espèces originaires d'Amérique du Sud. Dans la nature, leur piquant éloigne les champignons tueurs de graines aussi bien que les rongeurs et autres mammifères incapables de supporter la force du piquant.

le piment devint fort », Noelle consacra beaucoup de temps à réfléchir aux piments. Lorsque je la rencontrai, elle venait de soutenir sa thèse sur le sujet et occupait deux postes, dans deux universités, situés dans deux villes différentes. « Je vis une sorte de double vie, en ce moment », reconnut-elle d'un ton las, en buvant son grand café. Noelle a des cheveux et des sourcils noirs et un visage expressif qui, en un clin d'œil, peut passer de méfiant à chaleureux. Lorsque j'abordai le sujet des piments, toute trace de fatigue disparut soudain et l'enthousiasme gagna son discours. Son travail vient couronner quinze années de recherches de « l'équipe piment » du laboratoire Tewksbury de l'université de Washington. Leurs articles tous réunis résument bien la manière dont la science devrait fonctionner : des questions qui mènent à des idées, qui entraînent de nouvelles questions et enfin, une révélation. Chez Noelle, tout commença par l'amour des champignons.

« À la base, je suis mycologue. » Originaire des environs de Chicago, elle rejoignit le campus arboré de la fac Evergreen de l'État de Washington, pour y étudier les champignons vénéneux, qui prolifèrent sous les pluies de cette région du nord-ouest pacifique. Elle s'était ensuite concentrée sur une passion bien particulière. « Je suis fascinée par l'interaction entre les champignons et les plantes », précisa-t-elle – comment ils échangent des nutriments par les racines dans la terre et parviennent à surgir partout, sur des écorces, des fleurs, à l'intérieur des feuilles, même. Aussi, lorsque le professeur de biologie Joshua Tewksbury lui demanda de l'aider à identifier un champignon qui poussait sur une graine de piment, il eut toute son attention. À l'époque, Tewksbury avait déjà mené ses recherches sur les piments du Sud-Ouest américain jusqu'en Bolivie, dans la région du Chaco, où il avait découvert une variété dont la force changeait selon l'environnement : ceux qui poussaient dans un habitat sec étaient totalement doux quand ceux des zones humides se révélaient « nettement plus forts que le Tabasco », pour reprendre les termes de Noelle. Dans les endroits intermédiaires, les deux variétés se développaient côte à côte et la seule manière de les différencier était de les goûter – par centaines par jour, parfois. Heureusement pour Tewksbury, il s'était adjoint les services de la collaboratrice idéale : une mycologue amatrice de nourriture épicée. « Je tolère en effet les piments mieux que la plupart des gens », concéda-t-elle du bout des lèvres. Comme j'insistais pour en savoir davantage, elle éclata de rire et avoua garder un flacon de sauce piquante dans le tiroir de son bureau au travail. « Mais Josh aussi ! » ajouta-t-elle.

Les piments de Bolivie présentaient une particularité rare : ils semblaient avoir préservé un instant clé dans l'évolution du piment. « Nous savons que les premiers n'étaient pas forts », affirma Noelle, avant d'expliquer que toutes les espèces modernes, piquantes ou non, descendaient d'un ancêtre commun, doux. Le dilemme écologique qui motiva l'apparition du piquant dans certains piments semblait toujours exister en Bolivie, où certains changeaient et d'autres non. Si Noelle et le reste de son équipe parvenaient à comprendre le mécanisme, ils sauraient comment et pourquoi le piment devient pimenté. En revanche, d'un point de vue chimique, la réponse était déjà connue.

Il y a longtemps que les scientifiques ont lié la force des piments à la présence de capsaïcine, un composant généré par le tissu blanc et spongieux qui entoure les graines[1]. C'est ce que les experts appellent un « alcaloïde », une substance que vous connaissez sûrement mieux que vous ne

1. Ce tissu blanc, appelé « placenta », fabrique la capsaïcine dont il garde environ 80 %. À peu près 12 % est transmis aux graines, le reste va dans le tissu du fruit, à l'extrémité surtout, ce qui permettrait d'éloigner un animal venu le grignoter avant qu'il n'ait provoqué trop de dégâts.

pensez. Les alcaloïdes partagent tous une structure similaire à base d'azote, un ensemble de blocs de construction que les plantes réarrangent selon plus de vingt mille combinaisons différentes. L'azote est un nutriment vital dont les plantes ont besoin pour pousser, il faut donc une bonne raison pour qu'elles l'utilisent pour produire des alcaloïdes. Généralement, cette bonne raison se résume à une forme de défense chimique. Et, puisque les végétaux cherchent avant tout à se défendre contre les animaux, les alcaloïdes qu'ils utilisent agissent presque toujours sur les humains aussi. Ils peuvent être épicés, comme la capsaïcine, mais pas seulement, loin de là. Parmi les alcaloïdes les plus communs, on trouve certains des stimulants, narcotiques et remèdes médicinaux les plus connus comme la caféine, la morphine, la quinine, la cocaïne. En Bolivie, cependant, les piments, même les plus doux, sont rarement convoités par les mammifères. C'est pourquoi le champignon qui s'en prend à leurs graines apparaît comme le suspect numéro un aux yeux de Noelle.

« Un champignon pathogène qui attaque les graines, voilà qui exerce une forte pression de sélection, expliqua-t-elle. Les graines, c'est la lignée – un lien direct vers la bonne santé. » En d'autres termes, une menace pesant sur leurs graines serait, pour les piments, une puissante motivation pour développer une réaction chimique. Après tout, il n'est guère d'impératif d'évolution plus fort que la vie ou la mort de ses enfants. Dans une élégante série d'expériences, Noelle montra que le champignon était effectivement capable de tuer une grande partie des graines qu'il infestait, seules les plus pimentées se révélaient notablement plus résistantes que les douces. La capsaïcine ralentit ou bloque l'expansion de plusieurs champignons, dans la nature comme dans les boîtes de Petri du laboratoire, ce qui permet de supposer que sa synthèse a été favorisée par l'évolution grâce à cette caractéristique. Cependant, la réussite de ces expériences souleva aussitôt une nouvelle question. En effet, pourquoi donc les piments ne sont-ils pas tous forts ? Si la capsaïcine est si efficace, pourquoi certains restent-ils aussi doux que des pommes ?

Pour résoudre cette énigme, revenons au grand quadrille de la coévolution, cet ensemble de compromis et de concessions qui mena à l'apparition des dents des rongeurs et des coques épaisses autour des graines. Cette fois, la lutte est invisible, mais elle n'en est pas moins impérieuse. Les recherches de Noelle montrèrent que piments et champignons réagissaient en interaction directe – plus le champignon résistait, plus le piment produisait de capsaïcine et *vice versa*. « Je vois ça comme une course à l'armement coévolutionnaire », résuma-t-elle. Et chez les participants, le prix à payer est élevé. Pour lutter contre la capsaïcine, le champignon dut ralentir son développement, ce qui est un handicap partout, sauf dans un piment. En face, la production de capsaïcine affecte la capacité des plantes à retenir l'eau, ce qui réduit du même coup leur production de graines par temps sec. Qui plus est, cela prive d'énergie le matériau boisé qui forme l'enveloppe des graines, les rendant ainsi plus vulnérables aux fourmis prédatrices. Dans un cas comme dans l'autre, ce sont de sérieux désavantages qui n'ont de sens qu'en certaines conditions. Rappelons-nous que les résultats de la coévolution ne sont pas seulement liés aux partenaires impliqués dans la danse. La salle de bal a également un rôle.

Dans la région du Chaco, en Bolivie, les savanes arides ponctuées de buissons de cactus côtoient des flancs de collines boisées humides, situées non loin des frontières avec le Paraguay et le Brésil. En prélevant des échantillons de piments sur une ligne de 300 km de ce terrain mixte, Noelle et son équipe découvrirent assez vite un phénomène récurrent.

« Dans les zones à précipitations abondantes, les piments sont forts. Mais moins il pleut, moins ils sont piquants », résuma-t-elle. Dans les forêts tropicales, les champignons prolifèrent et les insectes qui les répandent de fruit en fruit sont nombreux, les piments ont donc un intérêt évident à miser sur la capsaïcine. Dans les environnements arides, en revanche, les champignons se développent moins facilement, et le piment est surtout confronté au manque d'eau, qui constitue une menace pour la production de graines. Dans ces conditions, le piquant du piment devient un point faible. Cette dynamique des avantages et des inconvénients replace l'apparition de la capsaïcine en contexte : elle est le fruit d'un savant équilibre entre précipitations, insectes, champignons et le coût physique qu'impose la production de ce composant. On comprend comment un changement dans le climat ou l'habitat put faire disparaître la forme douce des ancêtres des piments de culture. Lorsque la vie se fait humide et moisie, le piment s'enflamme.

La plupart des épices ne recevront jamais d'examen aussi minutieux que celui consacré par Noelle et son équipe aux piments, mais l'histoire de la capsaïcine illustre une tendance générale. Un jour, peut-être, des recherches similaires seront-elles menées sur la myristicine dans la muscade et le macis, ou la pipérine qui donne son piquant au poivre noir. Le goût épicé est finalement le résultat d'une chorégraphie compliquée entre les plantes et leurs adversaires. Sans cette interdépendance, la cuisine serait aujourd'hui très fade à peu près partout dans le monde. Voilà qui soulève une question qui mérite réflexion : nous ajoutons des graines, des écorces, des racines et d'autres parties végétales pour donner de la saveur aux plats de viande, pourquoi n'est-ce pas l'inverse ?

Du canard au poivre vert au porc vindaloo, ce sont les épices qui font l'intérêt des classiques de la cuisine mondiale, pas la viande. Il y a une raison biologique fondamentale à cela. Si la viande n'est pas épicée, c'est parce qu'elle bouge. Quand un poulet, une vache, un cochon ou n'importe quel autre animal est attaqué, toute une variété d'options s'offre à lui : courir, s'envoler, grimper à un arbre, se terrer dans un trou ou bien rester sur place et affronter l'ennemi. Les plantes, elles, sont sédentaires[1]. Elles n'ont d'autre choix que de subir, une situation idéale pour l'évolution des substances chimiques. Lorsque l'on ne peut ni fuir ni renvoyer coup pour coup (même s'il peut arriver que certaines plantent une épine de temps à autre), il paraît tout à fait logique de repousser les agresseurs à l'aide d'alcaloïdes, de tannins, de terpènes, de phénols, ou de l'un des nombreux composants inventés par les végétaux. Les insectes disposent également d'une large gamme d'armes de défenses chimiques, mais ils les tiennent souvent des plantes qu'ils ingèrent. Certaines grenouilles, certains tritons fabriquent du poison eux aussi et il existe au moins une espèce d'oiseau toxique. Mais la seule véritable exception à la règle des animaux atoxiques se trouve dans les océans où les bryozoaires, les éponges, les anémones et nombre d'autres créatures passent leur vie accrochés à des rochers, aussi stationnaires que des plantes. Des milliers d'alcaloïdes marins ont été isolés chez ces animaux – qui sait, une fois ajoutés à des fajitas, des souvlaki ou du poulet tikka, ils auraient peut-être un goût intéressant, eux aussi ?

Avant de conclure notre entretien, je demandai à Noelle ce qu'il restait à découvrir à propos de la capsaïcine et des

1. Ce genre d'affirmation générale invite aux exceptions, et le règne végétal, bien sûr, s'emploie à les fournir. Les exemples de mouvements des plantes sont nombreux, il y a le piège attrape-mouches de la dionée carnivore, les feuilles des sensitives qui se rétractent, l'imperceptible balade du palmier marcheur. Cela dit, après la dispersion et la germination des graines, de manière assez générale, la vie d'une plante consiste à prendre racine et à ne plus bouger.

piments, sur quoi travaillaient-ils, ses collègues et elle ? La discussion nous emmena aussitôt vers des sujets tout aussi novateurs que la thèse de Noelle. Les oiseaux qui dispersent les piments, par exemple, semblent totalement immunisés contre leur piquant. Ils se gavent de fruits à volonté, et les graines circulent dans leur système digestif sans être affectées, voire s'en trouvant même améliorées puisque apparemment le passage par un oiseau les aide à se débarrasser d'éventuels champignons. De plus, la capsaïcine ralentit la digestion des oiseaux, les forçant ainsi à déposer les graines plus loin. Noelle m'apprit aussi que les insectes qui propagent les champignons de fruit en fruit sont peut-être spécialisés dans le piment. Puis elle évoqua un étudiant qui s'intéresse à la manière dont les fourmis font la différence entre les graines piquantes et les autres. Elle mentionna enfin qu'un chercheur avait récemment découvert un champignon capable de produire sa propre capsaïcine – bien que personne ne sache encore vraiment pourquoi. Cependant, l'angle le plus prometteur est peut-être celui-ci : les effets de la capsaïcine sur les mammifères, ce qui est, après tout, la raison pour laquelle Christophe Colomb embarqua avec lui une cargaison de piments, piments qui trouvèrent bientôt leur place dans tous les tiroirs à épices du monde.

Lorsque la capsaïcine entre en contact avec la langue, les sinus, ou d'autres parties sensibles, cela produit ce que les chimistes appellent une « sensation intolérable de brûlure et d'inflammation[1] ». Les chefs cuisiniers et les amateurs de sauce piquante le décriraient peut-être différemment, mais la cause est la même : un tour de passe-passe chimique qui perturbe le système naturel de détection de la chaleur du corps. Normalement, les capteurs de brûlure présents dans la peau ne s'activent qu'à partir de 43 °C, température à laquelle

1. Appendino, 2008, p. 90.

les cellules commencent à être physiquement endommagées. Lorsque la bouche entre en contact avec une soupe trop chaude, par exemple, la sensation éprouvée est une réaction logique du système. Cependant, elle est la même quand on mord dans un piment, quelle que soit sa température. Les molécules de capsaïcine ciblent les récepteurs de chaleur et ouvrent les vannes, dupant le corps qui se met à ressentir une douleur et une montée d'endorphines identiques à celles qui accompagnent une blessure grave. Du point de vue du cerveau, la bouche est en feu. Cela ne dure peut-être que quelques secondes, quelques minutes parfois, ou plus longtemps si la dose est forte, puis la capsaïcine finit par se dissiper et le corps prend conscience qu'il n'a eu aucun mal.

La sensation peut être agréable, l'équivalent culinaire d'un tour de montagne russe ou d'un film d'horreur – effrayant, mais pas dangereux. À en croire certaines études, le plaisir provoqué par les endorphines n'atteint son pic qu'après la disparition de la sensation de brûlure. On pourrait en conclure, paradoxalement, que l'on mange du piment seulement parce que c'est si bon lorsque ça s'arrête. Noelle aime tant la nourriture épicée que, comme on l'a vu, elle garde en permanence un flacon de sauce piquante à portée de main. Mais elle pense que l'on n'a développé ce goût que par nécessité. Les piments auraient trouvé leur place dans le régime alimentaire des humains pour une autre raison. « En petite quantité, le piment est un agent de conservation assez efficace », détailla-t-elle, ajoutant que la capsaïcine ne repousse pas seulement les champignons, mais aussi tout un tas de microbes. Fait révélateur, les piments, ainsi que beaucoup d'autres épices, furent d'abord cultivés dans les pays tropicaux humides, où la viande et les légumes frais se gâtent très rapidement. Durant les milliers d'années qui précédèrent l'invention de la réfrigération, avoir la bouche en feu semblait un bien faible prix à payer face aux menaces des moisissures et des bactéries les plus dangereuses. Si Noelle voit juste, les humains commencèrent à consommer de la capsaïcine précisément pour la raison pour laquelle celle-ci est apparue : pour repousser les attaques de la pourriture et des champignons.

Sans ragoût de viande ou de haricots à conserver, les autres mammifères ne développèrent pas ce goût pour le piment. Ils ressentent la même brûlure que nous, mais pour eux cela reste une douleur et rien de plus. De ce fait, si le piquant du piment était censé, à l'origine, lutter contre les champignons, c'est aussi un excellent moyen d'éloigner rats, souris, campagnols, pacas, agoutis et tous les autres mammifères susceptibles de s'attaquer aux graines. Aux endroits où ces rongeurs sont fréquents, le piment tient là un avantage de poids en termes d'évolution ; c'est très sûrement ce qui explique l'existence de ce trait dominant. Et cela induit une stratégie de dispersion imparable : une fois écartés les animaux qui mâchent et détruisent, les seuls qui peuvent emporter les graines sont les oiseaux, aux récepteurs sensoriels insensibles à la capsaïcine, donc physiquement incapables de sentir la brûlure du piment.

En quittant Noelle, j'avais encore la tête pleine de questions sur les piments. Ainsi va la science – plus on en apprend, plus on devient curieux. L'histoire complexe du piment explique non seulement comment les graines sont devenues piquantes, mais pourquoi les épices ont tant d'usages en dehors de l'assaisonnement. Elles doivent leur évolution à leur interaction à la fois avec les bactéries, les champignons et les écureuils, alors il n'y a rien d'étonnant à ce qu'elles aient paru adaptées à tout un tas de situations. Du temps de Christophe Colomb, elles servaient évidemment en cuisine, mais aussi comme plantes médicinales, en guise d'aphrodisiaques, de conservateurs et d'offrande. (Contrairement au mythe très répandu, les épices exotiques n'étaient jamais utilisées pour couvrir le goût de la viande avariée. Elles coûtaient une fortune et étaient un signe extérieur de richesse – ceux qui pouvaient se les offrir avaient accès à des ingrédients frais et de bonne qualité.) De nos jours, la situation n'a pas changé autant que l'on pourrait le croire. La capsaïcine du piment – pour prendre un seul exemple – sert de base à tout un tas de produits, crèmes contre l'arthrose, pilules amaigrissantes, lubrifiants pour préservatifs, peinture pour coque de bateau ou spray d'autodéfense. Aux jeux Olympiques, des cavaliers furent disqualifiés au saut d'obstacles pour en avoir frotté les pattes de leur monture, quant aux gardes-chasse des réserves naturelles africaines, ils se servent de drones pour en projeter sur les éléphants afin de les faire fuir loin des braconniers. Mais en Chine, la capsaïcine est utilisée pour un usage qui rappelle une autre forme de semence, encore plus célèbre que les piments.

Le président Mao Zedong prônait l'austérité, la simplicité paysanne, dans le style de vie comme dans la façon de se nourrir, mais il adorait les piments. Même durant la période où il vécut dans une grotte, il demandait à ce que l'on en ajoute à ses sandwiches, et l'on raconte qu'il en mangeait par poignées pour se donner de l'énergie lorsqu'il lui fallait travailler jusque tard dans la nuit. De nos jours, les policiers du Hunan, la région d'où était originaire Mao, distribuent régulièrement des piments forts aux conducteurs somnolents pour tenter de réduire les accidents de la route. Pour la plupart des oiseaux de nuit partout dans le monde, cependant, le stimulant de choix se présente sous forme liquide, il est extrait d'une graine provenant d'un arbuste africain. Comme les épices à leur âge d'or, cette graine fut à l'origine de fortunes immenses, elle influença des événements mondiaux et inspira au moins un voyage par-delà les mers digne d'un roman d'aventures.

CHAPITRE X

I LOVE COFFEE

« Si je ne peux pas boire ma tasse
de café trois fois par jour,
alors dans mon tourment,
je vais me recroqueviller comme un morceau
de chevreau rôti. »

Jean-Sébastien Bach
& Christian Friedrich Henrici,
Schweigt Stille, Plaudert Nicht,
alias *La Cantate du café* (vers 1734)

En l'an 1723, un navire marchand français se trouva encalminé au milieu de l'océan Atlantique. Un mois durant, il dévia au gré des courants, voiles flottantes claquant au vent, attendant qu'il souffle durablement. Plus de deux siècles s'étaient écoulés depuis que Christophe Colomb avait ouvert la voie et les voyages transatlantiques allaient désormais de soi. Pourtant, parfois, le destin et les conséquences d'un périple tenaient encore à quelques grains… Tous s'accordent à dire que le début de la traversée avait déjà été mouvementé ; une terrible tempête avait sévi au large de Gibraltar puis des pirates tunisiens avaient failli s'emparer de la cargaison. Désormais bloqué dans cette zone des calmes équatoriaux, le bateau vit ses réserves en eau potable si réduites que le capitaine ordonna un strict rationnement pour l'équipage comme pour les passagers. Parmi ces derniers, un monsieur en ressentit plus durement les effets, car il partageait sa maigre part avec un petit arbuste tropical assoiffé.

« Il est inutile d'entrer dans les détails du soin infini que je dus apporter à cette plante délicate », écrivit-il longtemps après que le vent avait enfin emmené le bateau jusqu'à l'île de la Martinique. Et longtemps après que les descendants de ce frêle plant étaient en voie de révolutionner l'économie de l'Amérique centrale et du Sud. Cette plante, bien sûr, était un caféier, cependant les circonstances dans lesquelles ce jeune officier de marine, Gabriel-Mathieu de Clieu, en prit possession, restent mystérieuses.

Une version de l'histoire raconte qu'une nuit de Clieu, accompagné d'un groupe de camarades masqués, escalada les murs du jardin botanique à Paris, pénétra par effraction dans une serre et déracina le jeune plant avant de s'enfuir. Si la plupart des historiens doutent de la véracité de l'anecdote, personne ne remet en cause sa localisation. Au début du XVIIIe siècle, l'unique caféier présent en France se trouvait effectivement au Jardin des Plantes. C'était un beau spécimen en pleine santé, cadeau de la ville d'Amsterdam au roi Louis XIV. De Clieu, pour sa part, décrivait son plant de café comme « à peine plus gros qu'une marcotte d'œillet[1] », ce qui laisse à penser que ce devait être soit une marcotte, précisément, soit un semis récupéré auprès de l'arbre du Roi-Soleil. Les jardiniers royaux, qui n'avaient manifestement pas compris son énorme potentiel commercial, essayaient

1. Cette phrase (tirée de la *Notice sur le chevalier de Clieu et Bibliographie du café*, M. Louis du Bois, 1855) fait référence à une méthode très répandue pour propager les œillets et autres membres de cette famille. Les pousses végétatives peuvent facilement être bouturées à partir de la tige principale, juste au-dessus du nœud de la feuille.

de promouvoir le café comme une rareté horticole. Ayant beaucoup voyagé, de Clieu, en revanche, savait bien que les Occidentaux ne considéraient déjà plus ce produit, que buvaient Turcs et Arabes, comme une nouveauté exotique. De Londres à Vienne, comme dans les colonies, la boisson faisait désormais partie du quotidien, elle se consommait non seulement dans les cafés, mais aussi à domicile. Les plantations néerlandaises sur l'île de Java régnaient sur le marché mondial, à tel point qu'en anglais le mot « java » devint même synonyme de café. En important le café en Martinique, où il possédait un vaste domaine, de Clieu espérait briser le monopole néerlandais, soutenir l'Empire français et remporter, au passage, un joli bénéfice.

« Aussitôt arrivé en Martinique, je plantai [...] le précieux arbuste qui m'était devenu si cher, après tous les dangers qu'il avait surmontés », rapporta-t-il plus tard dans une lettre. Ces dangers n'incluaient pas seulement la pénurie d'eau. La correspondance de De Clieu révélait d'autres détails : un passager jaloux avait par exemple tenté à plusieurs reprises de voler le caféier et était parvenu à en arracher une branche ; une surveillance permanente et une clôture hérissée de pointes se révélèrent nécessaires pour protéger l'arbrisseau une fois dans son domaine ; de Clieu faisait aussi l'objet de rumeurs à propos de la manière dont il se serait procuré le plant, non en le volant, mais en séduisant une « dame de haut rang » à la cour. Des siècles plus tard, il nous est impossible de démêler le vrai du romanesque[1], mais les exploits de De Clieu montrent bien jusqu'où l'on peut aller pour une bonne

1. La plupart des récits modernes reprenant l'histoire de De Clieu sont tirés de la version donnée par William Ukers en 1922 dans le classique *All About Coffee*. J'eus accès à une partie de la correspondance originale de De Clieu et à une partie d'une histoire française du XIXe siècle retraduite, la plupart des détails mentionnés par Ukers s'y retrouvaient, mais nulle part je ne pus trouver confirmation d'une attaque de pirates !

tasse de café. Lorsque son précieux arbuste donna enfin des fruits, cette belle persévérance fut récompensée : de Clieu partagea graines et boutures avec les plantations voisines et, en quelques dizaines d'années, la Martinique se trouva en possession de près de vingt millions d'arbres très productifs.

Bien qu'un peu oublié aujourd'hui (sa fiche Wikipédia n'est pas très fournie), Gabriel-Mathieu de Clieu jouissait autrefois d'une certaine célébrité parmi les buveurs de café. Le poète anglais Charles Lamb lui rendit hommage en 1810 dans un poème qui commençait ainsi :

> « À chaque tasse de café savourée,
> J'ai pour ce généreux Français une pensée
> Grâce à sa noble ténacité,
> L'arbre en Martinique put prospérer[1]. »

De Clieu ne fut pas le seul à emporter le café par-delà l'Atlantique, mais Lamb, et d'autres, lui attribuent la paternité de tous les arbres, de la Martinique au Mexique et jusqu'au Brésil, responsable aujourd'hui de la moitié de la production mondiale[2]. Le rôle de De Clieu est peut-être

---

1. Le poème fut d'abord publié dans le volume *Poems for Children*, dont Charles Lamb et sa sœur Mary étaient coauteurs. D'après les différences de styles, et des diverses notes et lettres en leur possession, les experts attribuent ce poème en particulier à Charles.
2. Les descendants du caféier de De Clieu fournirent le stock de départ de plantations installées partout aux Antilles françaises et, sûrement, en Amérique du Sud et centrale. L'ampleur de leur dispersion demeure toutefois peu claire, mais une histoire populaire au Brésil attribue la paternité d'une partie des plants de café du pays à la Guyane française – et l'autre à un conte de vol et de séduction, une fois de plus ! À en croire la légende, une histoire d'amour entre un officier portugais venu en visite et la femme du gouverneur donna lieu à un cadeau de séparation peu habituel : avant qu'il ne parte pour le Brésil, elle lui offrit un bouquet de fleurs. À l'intérieur étaient dissimulées des boutures et des graines de ce café si jalousement gardé.

exagéré, mais le Français avait bel et bien raison sur un point : la demande de café était en pleine expansion. Depuis cette époque, la consommation mondiale a même explosé. Souvenons-nous de ce classique des années 1940 à la gloire du café, « Java jive », « *I love coffee* », disait la première phrase. L'amour du café fit des grains de cet arbuste africain la deuxième matière première la plus commercialisée au monde. Seul le marché du pétrole génère un revenu annuel supérieur. Les consommateurs, dont je fais partie comme de un à deux milliards de mes congénères, s'interrogent rarement sur ce qui les motive à acheter, préparer, boire du café. Si jamais la question leur était posée, la réponse ne tarderait pas : la caféine, ce stimulant qui crée une dépendance modérée, présente dans les grains de café. Mais, au fait, pourquoi la caféine ?

Si Charles Lamb avait vraiment voulu rendre grâce à sa tasse matinale, il aurait mieux valu qu'il adresse son ode aux insectes, aux limaces, aux escargots et aux champignons. Au lieu de couplets comme « Sur l'île les louanges résonnent/Les plantations foisonnent », il aurait pu mettre en rimes les effets de la caféine, qui ralentit le cœur des escargots ou provoque chez les limaces des « contorsions désordonnées[1] » ainsi que le constata un groupe de chercheurs. Le poème aurait parlé de petits coléoptères comme les scolytes *Xylosandrus crassiusculus* ou de la chenille du sphinx du tabac dont les larves frétillent à la plus infime présence de caféine ; il aurait également pu expliquer comment cette substance ralentit la croissance des parasites fongiques, qu'il s'agisse de pourriture racinaire ou de la maladie du balai de sorcière. Mais voilà, les poètes, pas plus que les autres, ne pensent aux moisissures ou aux larves en se préparant un café. Le fait est, cependant, que sans ces nuisibles, nous n'en aurions jamais bu.

1. Hollingsworth *et al.*, 2002.

« La caféine est un insecticide naturel », proclamait un gros titre du *New York Times* peu après une première publication scientifique sur les effets de la substance. L'article était bref, mais soulignait que les moustiques y étaient particulièrement sensibles. En réalité, elle est si efficace contre un si grand nombre de parasites que le café n'est pas le seul végétal à en faire usage. Au moins trois autres arbres tropicaux produisent des graines qui en sont chargées : le cacao, le guarana et la noix de cola. Comme celles du café, elles peuvent d'ailleurs être broyées puis mélangées à de l'eau pour obtenir une boisson – du chocolat chaud, des boissons brésiliennes à base de guarana et tout ce qui est vendu sous l'appellation de « kolas » ou « colas », y compris les versions d'origine de Pepsi ou Coca[1]. La caféine est aussi présente dans les feuilles de thé et d'une espèce de houx sud-américain, le maté. Somme toute, dans à peu près tous les liquides stimulants dont on raffole partout sur la planète. Où qu'apparaisse la caféine dans la nature, les humains se pressent, armés de tasses, de gourdes ou de samovars.

Comme la capsaïcine, la caféine est un alcaloïde. Pour la fabriquer, les plantes ont besoin de cet azote si précieux qui leur sert avant tout à pousser. Les caféiers ont d'ailleurs mis en place ce qui s'apparente à un programme de recyclage : ils n'en produisent que pour les tissus les plus vulnérables, avant de la transférer, dans un deuxième temps, vers la zone la plus essentielle, les graines. Le processus commence à l'intérieur des jeunes feuilles, que la caféine aide à se défendre contre les insectes et les escargots, amateurs de pousses fraîches.

1. Bien que leurs formules restent des secrets bien gardés, Coca-Cola et Pepsi firent leur entrée sur le marché du soda à une époque où les « colas » contenaient, par nature, de l'extrait de noix de cola. Les recettes modernes en contiennent-elles encore, le débat n'est pas tranché, mais une récente analyse chimique ne permit pas d'isoler la moindre trace de protéines de noix de cola dans une canette de Coca classique (D'Amato *et al.*, 2011).

Dès lors que ces feuilles grandissent, se renforcent, la plante leur retire une grande partie de sa caféine pour la rediriger vers les fleurs, les fruits et les graines en devenir. Le fruit, une baie rouge, fabrique lui aussi de la caféine, qui se diffuse surtout vers l'intérieur, en direction de la paire de graines qu'il contient. Celles-ci non seulement en reçoivent, mais elles en produisent à leur tour, ce qui leur donne une concentration assez puissante pour repousser les agresseurs les plus intrépides[1]. Au total, les caféiers sont ciblés par plus de neuf cents espèces d'insectes ou autres parasites, il est logique de voir, dans l'apparition de la caféine, une réaction à leurs attaques. Mais, tout comme les historiens ne parviennent pas à se mettre d'accord sur les détails de l'affaire Gabriel-Mathieu de Clieu, les scientifiques n'arrivent pas tous aux mêmes conclusions concernant l'évolution de la caféine. Certes, c'est un pesticide efficace, mais ce n'est pas sa seule qualité.

La caféine est produite dans différentes parties de la plante, pourtant elle ne se fixe que dans les graines, au cœur des cellules de l'endosperme. C'est une bonne nouvelle pour les amateurs de café, pas forcément pour les graines, car la substance ne se contente pas d'éloigner les assaillants, elle empêche aussi la germination. Ce produit chimique qui tue les larves de coléoptères et fait se contorsionner les limaces est également un obstacle à la division cellulaire des plantes. Nous évoquions ce dilemme précédemment, mais il mérite d'être répété : pour pousser correctement, le caféier doit éloigner sa toute petite racine et sa minuscule pousse de la partie caféinée du grain. Pour ce faire, la graine s'imbibe d'eau rapidement, noyant les cellules préexistantes qui, en gonflant, s'écartent et poussent vers l'extérieur les pointes

1. La caféine est considérée comme un excellent pesticide général, mais les insectes spécialistes comme le scolyte du café ont développé une immunité. Ils n'ont aucun mal à avaler les grains de café, ils sont donc susceptibles de causer de gros dégâts.

qui se développent. Ce n'est qu'après s'être échappées du grain que la division cellulaire et la véritable croissance du germe peuvent débuter. Mais il se produit alors un phénomène encore plus intéressant. À mesure que la pousse grandit, la caféine suinte de l'endosperme en train de s'épuiser et se répand dans la terre autour du pied, où elle semble freiner l'expansion des racines alentour et empêcher la germination d'autres graines[1]. Pour dire les choses clairement, le café sait comment se débarrasser de la concurrence – en émettant son propre herbicide, qui nettoie son petit bout de terrain personnel. Dans la lutte vitale pour sa germination et sa croissance, la graine tient là un avantage qui se révèle aussi essentiel en termes d'évolution que l'éloignement des prédateurs.

Il est facile de comprendre pourquoi les caféiers protègent leurs graines et leurs feuilles, ou pourquoi ils tiennent tant à donner un bon départ à leurs jeunes pousses. La théorie finale sur l'évolution de la caféine est, en revanche, plus surprenante, mais nous sommes nombreux à y être sensibles, assez tôt le matin. Car elle est liée à l'addiction. La caféine recyclée se déplace dans le caféier, cependant il y a un endroit où sa présence est longtemps restée un mystère pour les scientifiques : le nectar de ses fleurs. Quel intérêt pour la plante de placer de l'insecticide à l'endroit censé attirer les insectes ? De récents travaux sur les abeilles apportèrent une réponse. Bien dosée, la caféine ne repousse pas les pollinisateurs, elle les attire, au contraire.

1. La manière précise dont la caféine passe de la graine au sol reste encore à déterminer – peut-être se diffuse-t-elle directement, ou bien passe-t-elle par la racine. Et, dans une dernière étape pratique du programme de recyclage de l'alcaloïde, une partie de la caféine se déplace de l'endosperme aux nouvelles feuilles de la pousse, les protégeant des agresseurs et permettant ainsi de reprendre tout le processus de zéro.

« Je pense que cela amplifie la réaction des neurones dans leur circuit de récompense », me dit Geraldine Wright. Professeure de neurosciences à l'université de Newcastle, Wright a consacré toute sa carrière au décryptage du comportement des abeilles. Elle les connaît si bien qu'il lui arrive même parfois de revêtir une « étole d'abeilles » lors d'événements publics : un essaim d'ouvrières vivantes qui recouvre son torse, de la poitrine jusqu'au cou. Ces insectes sont peut-être dotés d'un cerveau assez simple, mais ils sont capables d'incroyables coopérations. Dans le cadre d'une expérience, alors que Wright et ses collègues avaient entraîné une ruche à butiner certaines fleurs, ils découvrirent que les abeilles étaient trois fois plus susceptibles de choisir celles chargées en caféine[1]. Dans ce cas précis, au moins, leur cerveau fonctionne comme celui des humains – leur « circuit de récompense » s'allume lorsqu'elles ingèrent de la caféine. La production de fleurs caféinées attire vers les caféiers quantité de pollinisateurs qui s'agglutinent, comme les voyageurs du matin devant leur stand préféré pour se prendre un expresso.

Lorsque je demandai à Wright si l'addiction pouvait être la raison première de l'apparition de la caféine – si son efficacité en tant que pesticide et herbicide n'était en réalité que la cerise sur le gâteau –, elle jugea cela un peu exagéré. « Je ne suis pas certaine que la pression de sélection serait assez forte », m'écrivit-elle par courriel, et je pouvais imaginer sa moue dubitative. Cependant, le fait que la caféine soit présente dans le nectar des fleurs des citrus, mais non dans leurs graines ni dans leurs feuilles, tend à suggérer que ce n'est pas impossible. Oranges et citrons jaunes ou verts

1. La quantité de caféine dans le nectar du café suggère fortement une coévolution avec les abeilles mellifères. En excès, le répulsif est amer, toxique même, mais les fleurs de café fournissent juste la dose adéquate pour stimuler leur mémoire et inciter les abeilles à revenir.

se défendent seuls grâce à des huiles volatiles et d'autres composés, et ils réservent apparemment la caféine à l'unique fin de manipuler le cerveau des abeilles.

Du point de vue des graines, élucider le mécanisme exact de l'évolution de la caféine compte moins que la compréhension de son fonctionnement ; elle est tout aussi efficace dans son combat contre les prédateurs que dans celui visant les racines concurrentes. Mais si l'histoire des abeilles est à ce point importante, c'est que l'effet de ces grains caféinés sur le cerveau humain est la caractéristique qui eut le plus gros impact sur le destin du café et sur les civilisations qui en boivent.

« Les émotions s'emballent, les engouements sont vifs, dynamiques, la bienveillance, énergique [...] La mémoire est accrue, le jugement plus tranché et l'expression verbale devient inhabituellement animée, pendant un court moment[1]. » Telles sont les observations d'un journal médical en 1910. Les universitaires modernes se montreraient peut-être un peu plus modérés, mais leurs données mènent à la même conclusion. Une tasse de café instille suffisamment de caféine dans le système sanguin pour avoir un impact mesurable sur le système nerveux central. Les neurones cérébraux réagissent plus rapidement, les muscles se contractent, la pression sanguine grimpe, la somnolence disparaît. Mais, tout comme la capsaïcine brûle sans brûler, la caféine stimule sans vraiment stimuler. Cette impression d'être requinqué après un café provient moins de ce que la caféine fait au cerveau que de ce qu'elle empêche. Les experts disent qu'elle est un « antagoniste », car elle interfère avec la fonction naturelle de certaines substances chimiques du cerveau, plus particulièrement avec l'adénosine. Les chercheurs ne connaissent pas encore tous les

1. Dans *British Homeopathic Review*, cité dans Ukers, 1922, p. 175.

effets de l'adénosine sur le cerveau, mais, pour expliquer son rôle de base, servons-nous de la fiction.

L'émission de Garrison Keillor diffusée à la radio durant des dizaines d'années, *A Prairie Home Companion*, comprenait des publicités pour le « Comité consultatif du ketchup », un groupe industriel fictif qui promouvait le ketchup pour ses « agents adoucissants naturels ». Les sketches mettaient en scène des personnages tout mous, dont le comportement devenait plus impulsif et erratique, faute d'avoir régulièrement ingéré leur dose de ketchup. Ils décidaient subitement de courir le marathon, de se faire percer le nez, d'écrire leurs mémoires ou de braquer un magasin d'alcool. L'adénosine est une des substances biochimiques de base qui font fonctionner le corps humain, elle n'a donc pas grand-chose à voir avec le ketchup. Mais, en termes d'activité cérébrale, son rôle ne pourrait être mieux décrit que dans ces sketches. Car c'est bel et bien un agent adoucissant naturel, qui ralentit les neurones et déclenche toute une série d'événements qui finiront par aboutir au sommeil. La caféine ne donne pas d'énergie à proprement parler, simplement, elle empêche les gens de se sentir fatigués en contrant les effets de l'adénosine.

Dans les histoires du « Comité consultatif du ketchup », la douceur revient toujours quand les personnages retrouvent leur ketchup, tout comme la chimie du cerveau et le sommeil finissent toujours par vaincre les effets de la caféine. Mais les buveurs de café semblent apprécier cette sensation de piéger leur cerveau, de lui faire croire temporairement qu'il est revigoré. D'ailleurs, à l'instar des abeilles, ils y reviennent sans cesse. Quelques abeilles sont capables d'entraîner tout leur essaim en direction des fleurs caféinées. Chez l'homme, des sociétés entières furent influencées par le goût du café. Les historiens estiment qu'en Occident il ouvrit la voie aux Lumières et à la révolution industrielle qui en découla[1]. Tout commença par un changement des habitudes matinales.

« Le petit déjeuner des champions », tel est le slogan de la marque de céréales Wheaties depuis plus de quatre-vingts ans. Sur les campus, pour se préparer un véritable « petit déjeuner des champions » les lendemains de nuit courte et arrosée, les étudiants ajoutent parfois à leur portion de céréales une généreuse dose de bière. L'association de ces deux produits est considérée comme un remède à la gueule de bois, cependant rares sont ceux qui s'y essaient plus d'une fois, tant l'aspect en est peu ragoûtant. Ces étudiants aux yeux cernés seraient sûrement étonnés d'apprendre que, durant plus de neuf siècles, les populations du nord et du centre de l'Europe déjeunaient ainsi tous les jours. Car, avant l'avènement du café, la base du premier repas matinal était la « soupe à la bière ». La recette standard comprenait une bière très chaude versée sur du pain ou de la bouillie, complétée, lors des grandes occasions, par des œufs, du beurre, du fromage ou du sucre. Ce mélange procurait aux consommateurs de tous âges des féculents, des calories ainsi qu'une légère euphorie, même si la bière n'était généralement pas très forte. En fait, la soupe à la bière n'était que la première étape d'une longue journée ponctuée par le houblon. Avec le pain, la bière, brassée à la maison ou pas, était présente à tous les repas, elle constituait donc une part non négligeable de l'apport nutritionnel au Moyen Âge. Au XVIIe siècle encore, au moment où le café commence à se populariser, la consommation de bière dans le nord de l'Europe était estimée à entre 156 et 700 litres par an et par personne, avec une moyenne autour de 300 à 400 litres[2].

1. Les experts ont un joli nom pour cette période qui vit les habitudes de travail se transformer très rapidement : la révolution industrieuse.

2. Des totaux annuels allant jusqu'à 1 095 litres par personne étaient consignés dans les hôpitaux où, probablement, la bière constituait un

Par comparaison, les chiffres d'aujourd'hui paraissent bien modérés : les Américains en consomment à peine 78 litres par an, les Anglais autour de 74, quant aux Allemands qui en sont si friands, ils atteignent seulement les 107 litres.

Dans ce contexte d'ivresse généralisée, le café apparut comme l'un des meilleurs moyens de tendre vers la sobriété, à en croire les historiens de la société. Le café rendait les gens plus vifs, énergiques, soi-disant plus productifs même, loin du brouillard mental qui accompagnait la bière (ou le vin, pour le sud de l'Europe). Là encore, l'analogie estudiantine fonctionne : on comprend assez vite que l'on n'obtient pas les mêmes résultats à ses examens en substituant une bière au café du matin. L'un et l'autre sont issus de graines, mais remplacer le breuvage fermenté par le stimulant a de profonds effets, non limités à la moyenne générale. En Europe, la transition s'opéra dans la foulée de la Réforme, les promesses de sobriété et de productivité associées au café résonnaient favorablement dans la philosophie émergente de l'époque. Pour reprendre les termes d'un universitaire, le café « réussissait sur un plan chimique et pharmacologique ce que le rationalisme et l'éthique protestante tendaient à accomplir spirituellement et idéologiquement[1] ». De manière concrète, il préparait à la fois le corps et l'esprit aux travaux en intérieur qui devenaient de plus en plus courants dans les villes – ces emplois de gestion, de commerce et d'industrie. Ce n'est pas une coïncidence si les définitions et l'orthographe modernes des termes « café », « usine » et « classe ouvrière » apparurent au XVIIIe siècle dans la langue anglaise. La boisson se popularisa parmi les ouvriers des zones urbaines et Londres, à

moyen bon marché de nourrir les patients. Voir Unger, 2004 pour un excellent résumé des habitudes de consommation de bière du Moyen Âge à la Renaissance.

1. Schivelbusch, 1991, p. 39.

une époque, compta jusqu'à trois mille cafés, soit un pour deux cents habitants.

Comme souvent lorsque la société s'entiche d'un produit, le phénomène « café » s'accompagna d'un certain battage et de beaucoup d'exagérations. Les médecins et les bonimenteurs qui le considéraient légitimement comme un stimulant et le prescrivaient comme tel, le recommandaient aussi pour soigner tout un tas d'autres maux, de la goutte à la tuberculose, en passant par les maladies vénériennes. Certaines affirmations étaient contradictoires (tantôt cause, tantôt remède en cas de migraine), la plupart se révélèrent surtout fausses (vertus aphrodisiaques, renforcement de l'intelligence), d'autres encore restent sujets d'études scientifiques (antidépresseur, prévention contre les caries, coupe-faim, remède contre l'hypertension). L'intérêt constant de la recherche pour le café ne devrait surprendre personne. Ses grains contiennent au moins huit cents substances autres que la caféine – faisant ainsi de notre tasse quotidienne, à en croire certains, l'une des nourritures les plus chimiquement complexes de tout notre régime alimentaire. La plupart n'ont jamais été étudiées, leurs effets sur la santé demeurent donc un mystère. Les chercheurs s'accordent généralement sur certains points : les buveurs de café courent moins le risque de souffrir de diabète de type II, de cancer du foie et, pour les hommes du moins, de la maladie de Parkinson. Cependant, personne ne l'explique vraiment.

L'abus de café peut mener à l'insomnie et à ces manifestations de fébrilité dont se moquait Jean-Sébastien Bach dans le titre de sa fameuse *Cantate du café* : *Schweigt Stille, Plaudert Nicht* (« Calme-toi, arrête de bavarder »). Bach, célèbre amateur de café, présentait régulièrement ses œuvres au *Café Zimmermann*, le meilleur établissement de Leipzig. Ces rassemblements constituent d'ailleurs un exemple du rôle social et culturel que commençait à tenir cette boisson chaude au XVIIIe siècle. Stimulant la réflexion et la conversation d'une manière bien différente de l'alcool, le café réunissait des gens qui ne venaient pas pour la fête, mais pour des discussions sérieuses, des réunions, des événements culturels. On ne se rendait pas dans un café comme on allait à la taverne (et cette différence persiste encore aujourd'hui). On pouvait y retrouver ses amis, bien sûr, mais aussi étudier, s'informer, jouer aux échecs et même gérer ses affaires. Les assureurs maritimes qui fréquentaient l'établissement d'Edward Lloyd à Londres finirent par créer l'un des plus importants marchés de l'assurance au monde, qui porte encore aujourd'hui le nom du café. D'ailleurs, Lloyd's n'est pas le seul exemple célèbre. La banque de New York se mit en place au café *Merchant's* ; la Bourse de Londres fut lancée au *Jonathan's*, quant aux ventes publiques qui étaient organisées dans les cafés (œuvres d'art, livres, carrioles, bateaux, immobilier, mais aussi « objets saisis comme appartenant aux pirates »), elles menèrent à la création des deux plus grandes maisons de ventes aux enchères au monde, Christie's et Sotheby's[1].

Pour les philosophes, les auteurs, les intellectuels en général, les cafés devinrent très vite d'indispensables repaires, les lieux où ils pouvaient exprimer, diffuser leurs idées. On les surnomma les « universités à un penny », on prétendit que l'on pouvait recevoir une éducation correcte rien qu'en écoutant les conversations de haute tenue qui s'y déroulaient. On raconte que Voltaire buvait cinquante tasses de café par jour ; il passa tant de temps au *Procope*, à Paris,

1. L'amirauté britannique confisqua un butin de bijoux, de métaux précieux et de biens de consommation au capitaine William Kidd, pirate, en 1699 lors de sa capture. Ces objets furent ensuite vendus aux enchères au *Marine Coffee House* à Londres, rapportant suffisamment de capital pour créer une maison de retraite à l'intention des marins les plus déshérités (voir Zacks, 2002, p. 399-401).

que la table où il écrivait s'y trouve encore aujourd'hui, préservée dans un coin. Rousseau fréquentait le *Procope* lui aussi, il y aurait même affronté le grand encyclopédiste Denis Diderot aux échecs. Les sommités du club littéraire de Samuel Johnson se réunirent autour d'un café au *Turk's Head* à Soho durant près de vingt ans, quant à Jonathan Swift, il était si fidèle au *St. James* qu'il y faisait suivre son courrier. Les scientifiques n'étaient pas en reste, eux aussi aimaient le café et, même si la dissection d'un dauphin par Sir Isaac Newton au café *Grecian* relève de la légende[1], l'établissement l'accueillit très souvent en soirée. C'était une destination populaire après les réunions à la Royal Society toute proche (Royal Society dont l'existence débuta d'ailleurs sous l'appellation d'« Oxford Coffe Club »).

Les penseurs politiques affluaient également. Robespierre retrouvait ses camarades révolutionnaires au *Procope*, Napoléon Bonaparte dans sa jeunesse y laissa même son chapeau en gage, faute d'argent pour régler sa note. Benjamin Franklin ne manquait pas d'y faire un saut lors de ses passages à Paris[2] et à Londres, il comptait parmi ses amis de café (le « club des Whigs honnêtes ») le radical Richard Price. Les idées de ce dernier marquèrent fortement Benjamin Franklin et d'autres leaders de la révolution

1. L'image est frappante, mais cette anecdote souvent rabâchée trouve une contradiction facile en la personne de Ralph Thoresby qui fut un témoin oculaire de l'affaire : il raconte qu'ils s'étaient rendus au café après la dissection (Thoresby, 1830, vol. 2, p. 117). Le plus intéressant peut-être tient à la présence de ce dauphin à proximité, dans la Tamise !

2. Rien ne démontre mieux, peut-être, la popularité légendaire de Benjamin Franklin en France que la réaction du café *Procope* à sa mort. Durant trois jours de deuil, la salle fut tendue de noir. On lut des discours en sa mémoire et les clients décorèrent un buste de Franklin d'une couronne de feuilles de chêne, ajoutant des branches de cyprès, des cartes du ciel, des globes et un serpent se mordant la queue – signe d'immortalité.

américaine, prouvant ainsi que Charles II avait raison, lui qui des décennies plus tôt, voyait déjà dans les cafés des foyers séditieux. S'il serait exagéré de laisser entendre que le simple fait de boire du café provoqua des révolutions, cela permit au moins l'apparition d'idées révolutionnaires. Drogue ou point de ralliement, le café joua bien un rôle dans la transformation des idéaux des Lumières en réalité politique.

En plaçant le café au centre des événements culturels et politiques, les Européens ne se contentèrent pas d'adopter une boisson arabe, ils adoptèrent du même coup un mode de vie arabe. Des siècles avant que les cafés ne se multiplient dans les rues de Paris ou de Londres, ils servaient déjà de lieux de rassemblement un peu partout au Proche-Orient et en Afrique du Nord. (La légende fait remonter les origines du café à un chevrier éthiopien qui aurait remarqué que ses bêtes dansaient sur leurs pattes arrière après en avoir mangé des grains.) Plaisir social et non alcoolisé, le café se trouva adapté tant aux principes de l'islam qu'au mode de fonctionnement des sociétés que les universitaires considèrent comme les plus profondément « conversationnelles ». L'influence des cafés déclina en Occident au fil du XIXe siècle, mais au Caire, par exemple, l'*Al-Fishawy* est ouvert depuis plus de deux cent soixante ans. Il suffit de s'intéresser au titre d'une récente publication universitaire pour percevoir l'importance constante du café dans le monde arabe : « Des clics, des taxis et des cafés : les médias sociaux et les mouvements d'opposition en Égypte, 2004-2011. » Tout au long des « révolutions Twitter », les cafés devinrent des lieux essentiels de rencontre physiques – à la fois QG de préparation, refuges, voire hôpitaux de fortune. Ils tinrent ces rôles lors de tous les soulèvements populaires ou presque, en Égypte et un peu partout dans la région, depuis cinq siècles.

Si Gabriel-Mathieu De Clieu traversait l'Atlantique aujourd'hui, il constaterait que la production et la transformation du café sont désormais bien établies dans les Caraïbes, un peu partout en Amérique centrale, et en Amérique du Sud. Mais s'il voulait en savoir plus sur la façon dont on le boit, peut-être vaudrait-il mieux qu'il vienne tout près de chez moi, dans une ville qui fut surnommée « la Mecque du café » d'Amérique du Nord. Lorsque Howard Schultz installa la première machine à expresso dans le *Starbuck's Coffee* de Seattle en 1983, il contribua à lui seul à ce qu'il faut bien appeler une « renaissance du café ». La boisson n'avait plus connu une telle explosion en Amérique du Nord et en Europe depuis le XVIIIe siècle. L'entreprise Starbucks compte aujourd'hui plus de vingt mille établissements dans soixante-deux pays. Ce boum ne sortit pas de nulle part. Il n'y a rien d'étonnant à ce que Starbucks ait vu le jour dans ce même centre urbain qui donna naissance à Microsoft, Amazon, Expedia, RealNetworks et à toute une série d'entreprises technologiques. Le café seyait bien à l'âge des Lumières, il se révéla un carburant tout aussi idéal à l'ère de l'information et très adapté au style de vie high-tech fondamentalement sédentaire qui l'accompagne. Pour reprendre l'expression d'un expert en la matière, le café devint « la drogue qui rendit le monde moderne possible ».

Internet, les SMS, les réseaux sociaux et les autres innovations numériques allongèrent les journées de travail et suscitèrent une attente de connectivité permanente : les effets stimulants du café n'en devinrent que plus essentiels. *Wired*, magazine et site web populaire qui traite de technologie, tient d'ailleurs son nom d'un terme d'initiés à la signification double : à l'aise dans l'univers numérique ET sous l'effet de stimulants. Le goût prononcé pour la caféine associé au stéréotype du « geek » devant son ordinateur se répandit dans la société au même rythme que se multiplièrent les écrans, qu'ils soient fixes, portables, en version Smartphone ou tablette. Les ventes de thé sont, elles aussi, en progression, et la caféine (souvent extraite de grains de café) est maintenant un additif très présent dans les boissons énergétiques, les sodas, les antidouleurs, l'eau en bouteille, les pastilles de menthe et – retournement botanique assez original – dans les graines de tournesol, dites « énergisantes ». Les employés de bureau avaient autrefois recours au breuvage tiède du percolateur installé près de la photocopieuse, ceux des sociétés telles que Google, Apple et Facebook profitent désormais gratuitement des établissements implantés sur le campus de leur entreprise. L'un des exemples les plus parlants, peut-être, de la relation entre le café, la technologie et la nouvelle économie est fourni par les boutiques comme le Surf Café à Seattle ou The Summit à San Francisco, où les clients peuvent louer des bureaux pour travailler sur leurs idées de start-up ou rencontrer des investisseurs. Ce croisement entre café et espace de travail semble un écho moderne du *Lloyd's* d'autrefois, où les assureurs, qui avaient commencé au comptoir, s'étaient peu à peu installés, passant ensuite aux tables et aux banquettes avant d'occuper, de nos jours, un gratte-ciel de trois bâtiments hauts de quatorze étages au cœur de Londres. De la même manière, le café imprime sa marque sur l'économie des nouvelles technologies. Sous son influence, des idées novatrices apparaissent, qui seront ensuite discutées dans des cafés avant peut-être d'être lancées sur le marché.

Pour redécouvrir la graine au cœur de tout, je décidai de me rendre dans un café de Seattle. (Inscrire son petit noir dans la catégorie « dépenses professionnelles » est un événement peu banal, dans une carrière et sous une barre chocolatée, qui plus est.) Mais comment choisir l'endroit idéal parmi les milliers d'établissements autorisés à préparer et à vendre des boissons chaudes ? J'en discutai avec un ami du métier, puis me renseignai un peu partout en posant cette question : où les gens qui travaillent dans des cafés à Seattle se rendent-ils pour en boire une bonne tasse ?

C'est ainsi que je franchis les portes du *Slate*, récemment couronné « Meilleur café d'Amérique » à la foire annuelle du café, la Coffee Fest. *Slate* a élu domicile dans l'ancienne boutique de barbier d'une petite rue du quartier de Ballard, l'un des plus branchés de Seattle. (Coïncidence, mes tantes Olga et Regina n'habitaient pas très loin, à une époque où ce quartier était une enclave scandinave plus connue pour ses harengs saurs que pour ses expressos.) L'ambiance y est remarquablement spartiate. Une platine vinyle vintage dans un coin passait du jazz en sourdine, mais c'était là l'unique distraction. Des murs gris, dépouillés, un comptoir sans chichis et de simples tabourets de bar, tout ici est fait pour mettre l'accent sur le produit et sur rien d'autre. Le décor pourrait paraître guindé, mais les personnes qui travaillent chez *Slate* font disparaître bien vite tout soupçon de prétention par la chaleur de leur accueil et leur enthousiasme pour le café, aussi authentique que le décor.

« Je vais vous installer ici », proposa la copropriétaire, Chelsey Walker-Watson, en me recevant avec une poignée de main et un sourire. Elle me désignait un tabouret au comptoir entre deux personnes armées comme moi de bloc-notes et, pendant un instant, je craignis qu'elles aussi ne soient en train d'écrire un livre sur les graines. Il s'agissait en réalité de nouveaux employés, aux côtés de qui je m'apprêtais à suivre une formation. Je passai donc trois heures sur mon tabouret – à préparer, boire et discuter du café, et à découvrir tout ce qu'il faut savoir pour servir les clients de l'établissement le plus branché du pays.

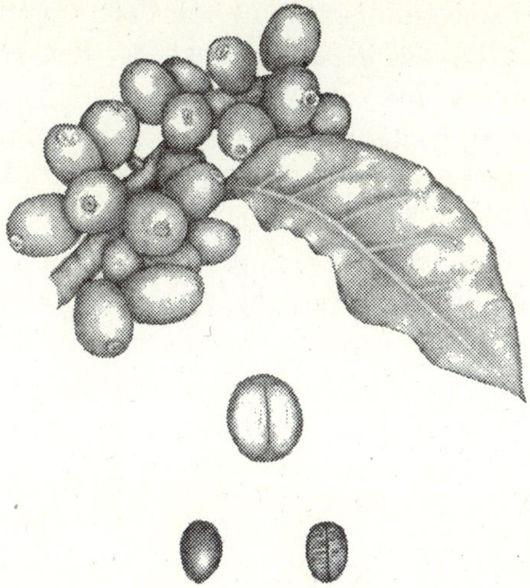

Café (Coffea *spp*).

Très appréciées pour leur caféine stimulante et leur saveur complexe, les graines de ce petit arbre africain sont devenues l'une des matières premières phares du commerce international. Les fruits semblables à des baies, représentés ci-dessus entiers et en coupe, contiennent chacun deux graines qui gonflent et deviennent plus foncées lorsqu'elles sont torréfiées (dessin du bas).

« Pour résumer, j'ai décroché un boulot chez Peet parce que mon petit ami avait envie de cafés gratos », avoua Chelsey lorsque je voulus savoir comment elle avait commencé dans le métier. Menue, portant des lunettes assorties à sa couleur de cheveux, elle fait preuve d'une modestie qui contraste avec l'évidente réussite qui est la sienne. Je me gardai bien de lui demander si l'histoire avec son petit ami avait duré, mais celle avec le café, visiblement, se poursuivait. Au fil des dix années qu'elle passa chez Peet, troisième chaîne spécialisée du pays, elle grimpa tous les échelons avant de quitter l'entreprise pour fonder *Slate*. Et, à peine un an après son établissement, son café décroche déjà des prix au niveau national. L'approche de *Slate* consiste avant tout à un retour aux fondamentaux, se concentrant sur le café en grains, en tant que plante, et prenant en compte les différentes conditions dans lesquelles il est cultivé – le terrain, l'altitude, les précipitations –, car celles-ci ont un impact sur les grains. Ils sont susceptibles de varier non seulement en taille, en couleur, en densité, mais aussi dans leur composition chimique, car les nuisibles auxquels ils sont confrontés au Vietnam n'ont rien à voir avec ceux d'Éthiopie, de Colombie ou de Martinique. Quand la majorité des établissements cherchent l'uniformité d'une tasse à l'autre, l'équipe du *Slate* jongle entre les torréfactions et les préparations, car elles permettent de souligner les éventuelles différences de goût.

« C'est un peu comme les toasts, résuma le chef d'équipe Brandon Paul Weaver. Le pain blanc et le pain complet ne sont pas du tout pareils, mais si on les brûle ils finissent par avoir exactement le même goût. » Il faut donc torréfier les grains à point, sans les priver de leur particularité. « Il ne faut pas non plus qu'ils soient trop crus, précisa-t-il en grimaçant. Le café cru a un goût d'herbe. »

Mon impatience était à son comble : je me demandais bien quel serait le goût de cette première petite tasse de café de la journée. Une gorgée suffit à me convaincre que le breuvage servi chez *Slate* ne ressemblait en rien à celui que je préparais chez moi. On aurait cru une sorte de tisane très intense – du café, oui, mais avec un puissant arôme d'agrumes et de myrtille. « Qu'est-ce que vous en dites ? s'enquit aussitôt Brandon, qui s'était aussi servi. Vous sentez la note de jasmin ? »

Pour la formation, Brandon, grand et mince, avec de longs cheveux bouclés, surmontés d'un petit chapeau de paille à l'arrière de son crâne, avait succédé à Chelsey, maintenant accaparée par les clients. Avec son débit rapide, il nous parla texture, température de l'eau, point de saturation. Il préparait chaque tasse séparément, sur plaque chauffante, à l'aide d'une balance et de gros vases à bec, si bien que l'on avait parfois l'impression de se trouver dans un laboratoire de chimie. La recette qui lui valut d'être sacré meilleur barista dans le concours de la Brewers Cup du nord-ouest fut récemment mise en ligne : « 19,3 g de café (de la région Limu d'Yrgacheffe, en Éthiopie) ; meule à mouture moyenne sur un moulin Baratza Virtuosi ; 300 g d'eau à 205 ° ; filtre Kalita pour une cafetière manuelle *Clever dripper* ; 3 min et 15 s d'extraction. »

Cette attention aux détails peut paraître excessive, mais Brandon, Chelsea et tous leurs collègues à Slate tiennent à redonner sa place au café, qui appartient, au même titre que les bons vins, à la catégorie des boissons tout en nuances. S'ils y parviennent, alors le public commencera à accorder aux grains de café la même importance qu'aux cépages, à reconnaître les variétés, les appellations et l'atout que constitue une bonne récolte. Cette nouvelle approche de la dégustation semble séduire les authentiques connaisseurs. En revanche, le but de *Slate*, en tant qu'établissement, reste très traditionnel : être un lieu de rencontre, tout simplement.

« Ce qui m'intéresse, c'est ce que le café facilite », expliqua Brandon, qui raconta avoir assisté à de formidables échanges entre des inconnus assis ensemble au comptoir. Comme pour prouver ses dires, notre séance de formation attira d'ailleurs une petite foule de curieux, des amateurs de café envisageant d'appliquer la méthode *Slate* à la maison. Voire au travail, pour ce qui était de mon voisin immédiat, barista chez *Toast*, un autre haut lieu du café du quartier. « Je sortais du boulot et j'ai eu envie d'une tasse avant de rentrer », m'expliqua-t-il sans ironie. La foule en question se composait aussi d'adolescents, d'un couple de retraités et même d'une touriste de Georgie qui avait découvert *Slate* grâce à un blog. Tout ce petit monde se trouva tant fasciné par Brandon que personne ne remarqua que le disque, rayé, restait bloqué sur un solo de Benny Goodman à la clarinette, une sorte d'arpège ascendant de jazz qui accompagnait à merveille le café – énergique, de plus en plus énergique !

Après trois heures non-stop de dégustation, mon cerveau me donna lui aussi l'impression d'être comme bloqué. Je visualisais une nuée de molécules de caféine en train d'adresser un pied de nez à l'adénosine. En y réfléchissant après coup, alors que je reprenais la route, je notai qu'un sujet n'avait pas été abordé pendant notre conversation : le décaféiné. Pour des aficionados comme ceux qui officient à *Slate*, ôter la caféine du café, c'est lui faire perdre son intérêt, en gâcher le goût, cependant le décaféiné représente 12 % du marché mondial. Le processus implique généralement des solvants ou de complexes bains de vapeur ou d'eau, mais il existe un Saint-Graal. Parmi la centaine d'espèces de caféiers sauvages, il en est une poignée en Afrique de l'Est et à Madagascar qui, naturellement, poussent sans aucune caféine. Leurs ancêtres s'écartèrent de la branche principale des caféiers avant l'apparition de la caféine, et ne la développèrent jamais. La domestication de l'une de ces espèces serait la promesse d'un décaféiné riche en saveurs, obtenu directement à partir du grain, sans aucune transformation. Sur le marché actuel, l'idée vaut quatre milliards de dollars et nombre de cultivateurs s'y essayèrent. Mais cette absence de caféine ne va pas de pair avec l'absence de nuisibles. Ces espèces subissent les mêmes agressions que les autres, elles développèrent donc leurs propres défenses chimiques. Malheureusement, dans toutes les variétés étudiées jusqu'à ce jour, le cocktail de substitution donne aux grains un goût amer épouvantable. La quête pour un décaféiné naturel se poursuit, mais, pour l'heure, pas un n'a produit une tasse buvable.

Tard ce soir-là, incapable de m'endormir et occupé à me retourner dans mon lit, j'en vins à souhaiter bonne chance aux chercheurs en décaféiné. Je finis par sombrer, mais cela me servit de piqûre de rappel : si les plantes chargent leurs graines en alcaloïdes, ce n'est pas pour le plaisir. La substance est censée être toxique, d'ailleurs elle l'est, pour bon nombre d'insectes et de champignons. Il est même possible, pour un humain, de mourir d'une overdose de caféine, à condition, tout de même, de boire d'une traite cent cinquante tasses de café. Empoisonneurs et assassins savent bien qu'il existe d'autres options, bien plus radicales et, sans surprise, la plupart proviennent, là encore, des graines. L'assassinat le plus célèbre de la guerre froide tournait d'ailleurs autour de trois choses : un pont, un parapluie et une graine.

CHAPITRE XI

LE PARAPLUIE FATAL

« Si l'on boit une bonne partie du contenu d'une bouteille portant l'étiquette : poison, ça ne manque presque jamais, tôt ou tard, d'être mauvais pour la santé. »

Lewis Carroll,
Alice au pays des merveilles (1865)

Dans les romans, lorsqu'un épais brouillard plane sur les rues de Londres, il y a fort à parier qu'un événement dramatique est sur le point de se produire. Il cache les vols et les enlèvements dans *Oliver Twist*. Il dissimule l'arrivée de Dracula venu chercher Mina Harker, et Sherlock Holmes le voit tourbillonner au bout de la rue avant les moments fatidiques dans *Le Signe des quatre*. Mais le 7 septembre 1978, la bruine matinale avait fait place à un beau soleil lorsque Georgi Markov emprunta le pont de Waterloo. S'il y avait eu du brouillard, justement, peut-être aurait-il laissé son coupe-vent au placard pour lui préférer un manteau, ou au moins un pantalon plus chaud. L'un ou l'autre aurait pu lui sauver la vie.

Chez lui, en Bulgarie, Markov était célèbre pour ses romans, il côtoyait l'élite littéraire, sociale et politique du pays. Il avait même participé à des parties de chasse en compagnie du président. Depuis son passage à l'Ouest, ses connaissances en tant qu'initié lui avaient permis de rédiger quelques commentaires cinglants sur la répression en cours derrière le rideau de fer. Il animait une émission hebdomadaire sur Radio Free Europe et travaillait à la BBC, sa destination lors de cette dramatique après-midi. Markov savait que ses prises de parole le mettaient en danger, il avait même reçu quelques menaces de mort. Mais il restait une personnalité relativement secondaire, et personne ne se doutait qu'il risquait d'être victime d'un complot, encore moins que celui-ci demeurerait comme l'un des assassinats les plus tristement célèbres de la guerre froide. Quant à l'arme du crime, elle se révéla si invraisemblable que même sa veuve eut du mal à y croire.

Alors qu'il longeait un arrêt de bus au sud du pont, Markov sentit une soudaine piqûre à la cuisse droite, il se retourna et vit un homme qui ramassait son parapluie. L'inconnu présenta de vagues excuses, héla un taxi et disparut. En arrivant au bureau, Markov remarqua une tache de sang et une minuscule blessure sur sa cuisse. Il en parla à un collègue, puis chassa l'incident de son esprit. Tard dans la nuit, il fut pris d'une fièvre soudaine et violente. Il raconta à sa femme ce qui s'était passé, se demandant aussitôt si le parapluie en question n'était pas empoisonné. La réalité se révéla encore plus étrange.

« Le fusil parapluie fut inventé par l'équivalent du labo de la section Q au KGB », me raconta Mark Stout, faisant allusion à l'atelier fictif où sont élaborés les gadgets pour espions dans la série des James Bond. Si les dentifrices explosifs et les cornemuses lance-flammes sont monnaie courante à Hollywood, les armes exotiques sont très rares dans la réalité de l'espionnage. « La technologie est presque toujours absente en matière d'espionnage, poursuivit Stout.

Quelqu'un se fait tirer dessus ou une bombe explose. À l'époque, le fusil parapluie et ses plombs minuscules constituaient une prouesse technologique non négligeable. »

J'avais contacté Mark Stout pour avoir son éclairage sur cette affaire, lui qui fut trois années durant historien en chef du musée international de l'Espionnage. Ce titre, qui devait faire son petit effet sur une carte de visite, lui donna accès à une reproduction, en état de marche, du fusil parapluie, fabriqué par un ancien du laboratoire du KGB ayant créé l'original. Cette réplique se trouve en bonne place dans une section du musée intitulée « À l'école des espions », non loin d'une autre invention du KGB, le rouge à lèvres pistolet à un coup. Lorsque je l'appelai, Stout, désormais affecté à un poste moins pittoresque, n'avait rien perdu de son évident enthousiasme pour l'univers des agents secrets. « Le parapluie fonctionnait exactement comme une carabine à air comprimé », expliqua-t-il avec gourmandise. J'entendais couiner son fauteuil au bout du fil et me le représentai en train de parcourir son bureau sur sa chaise à roulettes, ne s'arrêtant que le temps de réfléchir. « Sauf qu'il était conçu pour être utilisé sur une très courte portée, cinq centimètres maximum. Dans le cas de Markov, la pointe fut même collée contre sa jambe. »

En 1978, cependant, les médecins n'avaient ni musée de l'Espionnage ni historien à interroger. Leur patient décéda peu de temps après dans un hôpital de Londres de ce qui ressemblait à un empoisonnement aigu du sang, sans que quiconque ait trouvé d'explication logique à ses symptômes. L'autopsie nota bien un petit bouton infecté sur sa cuisse, mais il faisait davantage penser à une piqûre d'insecte qu'à un coup de couteau. Quant aux mystérieux plombs logés dans sa chair, ils étaient si microscopiques que les techniciens crurent à un petit défaut sur le film radiographique. L'enquête aurait pu s'arrêter là si le même scénario ne s'était reproduit avec un autre dissident bulgare. Celui-ci avait été agressé près de l'Arc de Triomphe, à Paris, mais il s'en était remis après avoir été brièvement souffrant. Les médecins écoutèrent avec attention son récit évoquant une piqûre douloureuse et découvrirent bientôt une minuscule sphère de platine au creux de son dos. Freiné par son gros pull, le plomb s'était arrêté au tissu conjonctif et n'avait pas pénétré le muscle, empêchant ainsi la dispersion du poison. À Londres, le coroner décida aussitôt de réexaminer le corps de Markov. Il découvrit un plomb identique dans sa blessure à la jambe et en tira une conclusion restée fameuse pour sa circonspection : « Je ne vois pas comment ceci pourrait être un accident. »

Aux yeux du public, avec le meurtre de Markov, le monde imaginaire de James Bond devenait soudain une réalité – la même année *L'Espion qui m'aimait* fut le film britannique le plus rentable de tous les temps. Du côté des investigateurs, l'affaire laissait sans réponse deux questions évidentes : qui était l'homme au parapluie et, point qui intéressait tout particulièrement les services secrets britanniques et la CIA, quel était donc ce poison dont une si petite dose pouvait être à ce point fatale ? La première question n'a à ce jour pas été résolue. Des transfuges soviétiques confirmèrent plus tard que le KGB avait fourni le parapluie et les plombs au gouvernement bulgare, mais jamais personne ne fut arrêté pour ce meurtre, le dossier restant somme toute trop flou[1]. L'énigme du poison fut cependant élucidée par une équipe internationale de pathologistes et d'experts en renseignements. Cela nécessita des semaines d'analyses minutieuses,

1. Le documentariste Richard Cummings croit que l'assassinat de Markov implique toute une équipe, y compris un chauffeur de taxi. Dans cette version de l'histoire, le parapluie n'aurait été qu'une diversion, tandis qu'un objet de petite taille, comme un stylo, aurait tiré le plomb fatal.

l'aide de pharmacologues, de spécialistes de la chimie organique et d'un cochon de 90 kg.

Le premier défi consistait à établir la quantité précise de poison ayant pénétré le corps de Markov. D'un diamètre inférieur à 1,5 mm, le plomb retiré de sa cuisse comportait deux trous microscopiques d'une capacité totale estimée à 450 µg. Le simple fait de déterminer la dose limita les possibilités aux quelques substances les plus toxiques du monde. Les chercheurs éliminèrent aussitôt les agents bactériens tels que le bacille botulique, la diphtérie, le tétanos, qui auraient tous déclenché des symptômes caractéristiques ou des réactions immunitaires. Des isotopes radioactifs comme le plutonium ou le polonium ne correspondaient pas non plus – ils peuvent être fatals, mais la victime n'aurait pas succombé aussi vite. L'arsenic, le thallium et le gaz sarin, neurotoxique, étaient loin d'être assez puissants. Quant au venin du cobra, qui, lui, aurait pu déclencher une réaction similaire, il aurait fallu au moins deux fois la dose. Un seul groupe de poisons pouvait avoir provoqué l'apparition rapide de ces symptômes mortels chez Markov : les poisons produits par des graines.

Des milliers d'années durant, les bourreaux et les assassins utilisèrent les graines pour se débarrasser de leurs victimes. Le règne végétal dans son ensemble offre une grande variété de toxines, mais les graines ont l'avantage d'une bonne conservation doublée d'une dangerosité maximale. Elles constituent d'ailleurs la partie la plus nocive de la ciguë, la plante qui tua Socrate, et du vératre blanc, soupçonné d'avoir eu raison d'Alexandre le Grand. Un arbre de la famille des strychnées porte même le nom de vomiquier, tant ses graines sont toxiques, au point d'être responsables des meurtres d'un président turc, mais aussi des jeunes femmes victimes du tueur en série de l'époque victorienne, le Dr Thomas Cream. À Madagascar et en Asie du Sud-Est, chaque année des centaines de morts sont attribuées aux noix d'un arbre des marais salants connu tout simplement sous le nom d'« arbre aux suicides ». William Shakespeare pensa lui aussi au potentiel meurtrier des graines lorsqu'il écrivit la scène évoquant un mélange versé dans l'oreille du père d'Hamlet. À en croire les universitaires, presque tous unanimes, la « lépreuse liqueur » dont il est alors question serait un extrait de graines de jusquiame. Quant aux lecteurs de romans policiers, ils n'ignorent pas que, pour créer « le pied du diable » qui manqua de tuer Holmes et Watson, Arthur Conan Doyle s'inspira de la dangereuse fève de Calabar, originaire d'Afrique de l'Ouest. Toutes ces plantes tirent leur poison des alcaloïdes, mais les enquêteurs de l'affaire Markov ne tardèrent pas à se concentrer sur une toxine plus inhabituelle, plus dangereuse, et plus difficile à repérer. Il existe d'ailleurs un slogan, choisi par la marque Castrol pour sa société, qui convient très bien à la substance en question : « Plus qu'un lubrifiant. »

Cette entreprise fabrique des huiles et des lubrifiants pour moteurs à base de graines de ricin, ou « *castor bean plant* » en anglais, qui lui a inspiré son nom. Ces graines stockent leur énergie sous forme d'une huile épaisse qui a l'avantage, rare, de garder sa viscosité même à très haute température. (Castrol propose désormais une gamme de produits à base de pétrole, cependant l'huile de ricin demeure le lubrifiant de choix pour les voitures de course.) Mais ces graines contiennent autre chose : une protéine étrange qui, quant à elle, donna son nom français à la plante, la ricine. Les chimistes la connaissent bien pour sa structure particulière, constituée de deux chaînes de molécules. Lors de la germination, ces molécules se décomposent et, comme n'importe quelle autre protéine de stockage, émettent de l'azote, du carbone et du soufre, permettant une croissance rapide. Mais lorsqu'elles se trouvent dans le corps d'un animal – ou d'un dissident bulgare –, leur structure bizarre leur donne la capacité de pénétrer dans les cellules vivantes et de les détruire. Une chaîne perce la surface tandis que la seconde se détache à l'intérieur, créant le chaos parmi les ribosomes, des petits organites essentiels à la traduction du code génétique en protéines actives[1]. (En biochimie, cela fait de la ricine un membre du club des « protéines inactivant les ribosomes », aussi connues sous cette abréviation tout à fait appropriée : les PIR.) Dispersée dans le réseau sanguin, la ricine envoie une vague de mort cellulaire si impossible à endiguer qu'elle suscite, jusque dans la description qu'en donnent les journaux scientifiques, un certain respect mêlé d'effroi : « l'une des substances les plus dangereuses qui soient », « l'un des poisons les plus fascinants » ou tout simplement « d'une exquise toxicité ». Comme si cela ne suffisait pas, la ricine contient un puissant allergène, de sorte que l'on peut raisonnablement s'attendre à agoniser tout en souffrant de violents éternuements, de nez qui coule et de douloureuses plaques d'urticaire.

En théorie, le plomb retrouvé dans la jambe de Markov aurait pu contenir suffisamment de ricine pour détruire plusieurs fois toutes les cellules de son corps. Mais les enquêteurs manquaient d'indices[2]. Il mourut trop vite pour que des anticorps identifiables aient le temps de se développer et, même si la ricine était connue pour sa toxicité, les empoisonnements documentés étaient extrêmement rares et il n'existait aucune description clinique des symptômes. Les

1. La chaîne qui s'infiltre dans une cellule interfère avec la transcription de l'ARN, empêchant essentiellement la capacité de la cellule à synthétiser les protéines qui la font fonctionner. Seule, incapable de pénétrer dans les cellules, cette chaîne est tout à fait inoffensive et ressemble fort aux protéines de stockage présentes dans bon nombre de céréales très communes, comme l'orge.
2. La confirmation définitive que la ricine était bien le poison vint de l'assassinat raté de Paris. La dose entière ne s'étant pas répandue comme prévu, la victime survécut. Son organisme avait eu le temps de fabriquer des anticorps pour se défendre contre les traces de ricine qui étaient parvenues à entrer dans son système.

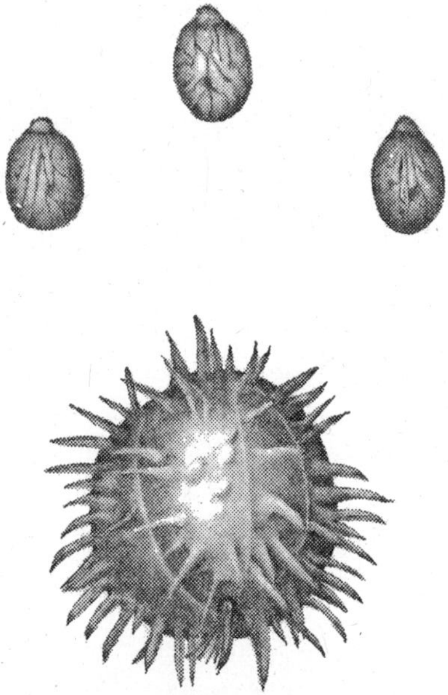

Ricin (Ricinus communis).

Assez jolies pour être convoitées par les fabricants de bijoux fantaisie, les graines tachetées du ricin contiennent une huile précieuse ainsi que la ricine, un des poisons les plus toxiques au monde. La capsule hérissée de pics, qui sert de protection à la graine, s'ouvre en séchant, projetant les graines jusqu'à 11 m de distance de la plante mère.

pathologistes décidèrent donc de réaliser une expérience. Ils se fournirent en graines de ricin, préparèrent une dose de ricine, qu'ils injectèrent ensuite à un cochon. La pauvre bête mourut en à peine vingt-six heures dans les mêmes atroces souffrances que Markov. « Les [...] défenseurs des animaux seraient horrifiés », remarqua un médecin qui assistait à l'expérience. Cependant, il apparut que les Bulgares avaient fait preuve d'une plus grande cruauté encore : ils avaient peaufiné la dose à infliger à Markov après l'avoir testée, en plus petite quantité, sur un détenu, qui avait survécu. Une fois certains que leur dose viendrait à bout d'un cheval adulte, ils étaient passés à l'action[1].

L'assassinat de Georgi Markov braqua les projecteurs des médias sur le potentiel meurtrier des graines. Quelques criminels en prirent bonne note et, depuis, la ricine réapparaît régulièrement parmi les armes de choix des bioterroristes. Ces dernières années, des lettres anonymes en comportant des traces ont été envoyées à la Maison-Blanche, au Congrès, au maire de New York et à diverses autres administrations gouvernementales, obligeant parfois des structures de distribution de courrier à plusieurs semaines de fermeture. Lors d'une descente de la police londonienne sur une cellule d'al-Qaida en 2003, il fut découvert vingt-deux graines de ricin, un moulin à café et tout l'équipement de chimiste nécessaire pour procéder à une extraction simple. (Le butin comprenait également quantité de pépins de pomme et de noyaux de cerises écrasés, qui les uns comme les autres contiennent des traces de cyanure.) Les poisons fabriqués par les graines ont tout pour plaire : ils sont non seulement puissants, mais aussi faciles à trouver. Lorsque je souhaitai entrer en possession de graines de ricin, une simple recherche sur Internet me donna accès à des dizaines de variétés en vente légalement. On continue de les cultiver pour leur huile et comme plante d'ornement, elles ont d'ailleurs envahi les bords de route un peu partout sous les tropiques. Quelques clics et une carte bleue me suffirent pour me faire livrer chez moi un sachet de ces jolies graines brillantes grosses comme l'ongle du pouce à la coque lisse marquée de volutes bordeaux. De teinte terre de Sienne ou rose, elles sont souvent utilisées en guise

1. Kalugin, 2009, p. 207.

de perles. D'ailleurs, les plus toxiques, qui arborent des couleurs vives d'« avertissement », connaissent en général un franc succès dans la fabrication de bijoux, par exemple le pois rouge, l'érythrine de Caroline, les graines d'ormosia, celles des cycas. Mais une autre raison explique que toutes ces graines toxiques soient à ce point répandues. Un principe qui sous-tend toute l'industrie pharmaceutique moderne, mais qui fut aussi parfaitement exprimé au XIXe siècle par Friedrich Nietzsche comme par Lewis Carroll.

Nietzsche est avant tout connu pour ses réflexions sur la religion ou la morale, mais il est également l'inventeur de la maxime : « Ce qui ne me tue pas me rend plus fort. » Il envisageait cette phrase comme un commentaire général sur la vie, cependant elle peut tout à fait s'appliquer aux poisons à base de graines. Lewis Carroll, lui aussi, apporta un éclairage sur la question ; son plus célèbre personnage, Alice, apprit qu'il valait mieux « ne pas boire trop » à ce flacon marqué « poison ». En incluant « trop » dans l'avertissement, Carroll laissait entendre qu'en boire « un peu » ne serait pas désagréable du tout, voire que cela pourrait se révéler positif. Il en va souvent de même avec les graines toxiques. Dans des doses bien loin d'être fatales, beaucoup peuvent être utiles médicalement – ce sont même des traitements vitaux pour certaines des maladies les plus graves au monde. La petite bouteille d'Alice contient non pas du poison, mais un liquide qui la fait rétrécir, préparant ainsi la suite de ses aventures au pays des merveilles. Le cas de Nietzsche semble plus riche d'enseignement. Il rédigea ce célèbre dicton peu avant de subir une attaque désormais diagnostiquée comme les prémices d'un cancer du cerveau, l'une de ces pathologies que l'on traite aujourd'hui à l'aide d'extrait de graines, justement.

Dans le langage des poisons, la ricine est connue sous le nom de « cytotoxine », soit tueuse de cellules. Avec d'autres composés similaires tirés des graines de gui, de saponaire et de pois rouges, elle se montre très prometteuse pour un assassinat ultraciblé : celui des cellules cancéreuses. En fixant ces protéines du « PIR » aux anticorps luttant contre une tumeur, les chercheurs ont réussi à attaquer le cancer en laboratoire, mais aussi en essais cliniques et même, pour le cas du gui, chez des dizaines de milliers de patients. Le défi est double, bien sûr : trouver la bonne dose et s'assurer que les poisons ne se répandent pas dans d'autres parties du corps.

On ignore si la ricine deviendra réellement un traitement efficace contre le cancer. Si c'est le cas, elle rejoindra la longue liste des produits curatifs à base de plantes ou de graines qui remontent aux origines de la médecine. Les primates dans la nature, chimpanzés ou capucins, se soignent régulièrement à l'aide des végétaux, choisissant certaines feuilles, écorces ou graines bien précises, connues pour leurs propriétés médicinales. Lorsque des chercheurs virent des gorilles de République centrafricaine récupérer des graines d'arbre ébom dans les excréments des éléphants, personne ne fut surpris de découvrir qu'elles contenaient de puissants alcaloïdes. Les guérisseurs locaux les prescrivent d'ailleurs (ainsi que l'écorce et les feuilles) comme traitement pour tout, depuis le mal de pieds jusqu'aux problèmes de ventre. Ce schéma se répète dans l'ensemble des pays tropicaux : les primates trouvent au sein de la forêt des remèdes pour se débarrasser des parasites, ou soulager les douleurs liées à une blessure ou à une maladie. Rares sont les anthropologues qui doutent que nos ancêtres aient fait comme eux ; d'ailleurs une étude conduite en Amazonie montra que les plantes utilisées par les chasseurs-cueilleurs ressemblaient fort à celles choisies par les singes. Ces pratiques ancestrales non seulement se retrouvent au cœur des médecines traditionnelles, mais elles continuent d'inspirer la création de nouveaux traitements.

Pour juger de l'importance des graines dans la médecine moderne, je contactai David Newman, expert en développement de médicaments à l'Institut national de la santé américain. Il m'apprit que, jusqu'au milieu du XXe siècle, de nombreuses préparations pharmaceutiques étaient issues des plantes, notamment des substances présentes dans les graines. Encore aujourd'hui, à l'ère des produits synthétiques, des antibiotiques et de la thérapie génique, près de 5 % de tous les nouveaux médicaments ayant reçu l'agrément aux États-Unis découlent directement d'extractions botaniques. En Europe, les proportions sont même plus élevées. Une récente tentative pour résumer la recherche médicale sur les graines dépassa très vite les mille deux cents pages, réunissant des contributions de trois cents scientifiques issus de laboratoires un peu partout dans le monde[1]. Elles jouent un rôle dans des traitements pour la maladie de Parkinson (graines de vesce et de pois mascate), le VIH (haricots noirs, raisin d'Amérique), la maladie d'Alzheimer (fève de Calabar), l'hépatite (chardon-Marie), les varices (marron d'Inde), le psoriasis (ammi élevé) et les arrêts cardiaques (laurier-rose grimpant). Comme la ricine, la majeure partie de ces composés sont à la fois un poison et un remède. Et l'*almendro* nous fournit, lui aussi, un bel exemple en la matière.

Fraîchement sorties de leur coque, les graines d'*almendro* ressemblent un peu à l'amande dont elles tiennent leur

1. Voir Preedy *et al.*, 2011.

nom espagnol, dans une version plus fine, plus foncée. La première fois que j'en fis griller, je remarquai la douce odeur épicée qui leur valut l'attention des parfumeurs du XIXe siècle. Connue dans le commerce sous le nom de « fève tonka », ces graines furent également utilisées comme substitut pour la vanille et comme arôme pour le tabac à pipe et le rhum épicé. Les variétés commerciales sont issues d'un *almendro* d'Amazonie très proche de celui que j'étudiai en Amérique centrale. Elles donnèrent naissance à une industrie brièvement assez lucrative pour justifier d'énormes plantations de fèves tonka au Nigéria et dans les Antilles. Un chimiste français isola l'ingrédient actif, le baptisa « coumarine » en l'honneur du terme indien désignant cet arbre, *cumarú*, « coumarou » en français. Tout se passa pour le mieux pour les cultivateurs de fèves tonka jusque dans les années 1940, lorsque des chercheurs découvrirent que la coumarine était toxique pour les cellules du foie. Selon les organismes de contrôle, même en petite quantité, la substance pouvait se révéler néfaste ; elle ne tarda pas à être interdite en tant qu'additif alimentaire. Inutile de dire que par la suite sa consommation chuta de manière dramatique, même s'il arrive encore que des chefs audacieux en ajoutent quelques copeaux à leurs recettes de chocolats, crèmes glacées ou autres desserts.

Je n'ignorais rien de tout cela lorsque je m'installai pour découvrir la saveur de mes graines grillées en compagnie de Steve Brunsfeld, le confrère qui me conseilla lors de la rédaction de ma thèse et fut coauteur de tous mes articles sur l'*almendro*. Il avait aussi survécu à un cancer du foie, mais nous ne nous laissâmes pas impressionner pour autant. Le botaniste se trouve fréquemment contraint de goûter des choses bizarres : saveurs et odeurs sont des outils précieux pour identifier les plantes. Nous nous contentâmes tout de même d'en grignoter quelques-unes du bout des dents, juste le temps de déceler un goût de vanille et de cannelle mêlées, avec une pointe d'agrumes sur la fin. Steve, qui avait l'art des commentaires bien sentis, grimaça sous sa moustache et résuma son avis plus simplement : « On dirait de la cire pour les meubles. » *A posteriori*, notre dégustation d'*almendro* se chargea d'une certaine ironie. À l'époque, nous ignorions lui et moi que, son cancer s'était réveillé, qu'il gagnait déjà d'autres parties de son corps et que, quelques mois plus tard, ses médecins lui prescriraient certainement une variation de ce composé dont nous dénigrions le goût.

Depuis l'âge d'or des fèves tonka, les scientifiques ont découvert des traces de coumarine dans une grande variété de plantes. C'est à cette substance que l'on doit le parfum de cannelle du cannelier de Chine, l'odeur de foin frais des champs de flouve ou de mélilot coupés. Mais ils remarquèrent un phénomène étrange qui survient lorsque les végétaux contenant de la coumarine commencent à pourrir. La présence de moisissure bleue, et d'autres champignons communs, transforme la substance : de modérément toxique pour le foie, elle devient un anticoagulant assez puissant pour tuer une vache[1]. Cette découverte permit d'expliquer pourquoi certains troupeaux furent décimés après avoir mangé du foin moisi. Dès lors que les chercheurs eurent maîtrisé cette spécificité chimique, deux secteurs en firent une innovation à plusieurs milliards de dollars : l'industrie pharmaceutique et celle de la dératisation.

Renommée *warfarine*, d'après le groupe ayant financé la recherche (la Wisconsin Alumni Research Foundation), cette coumarine modifiée devint très vite la mort-aux-rats la

1. Ce fait ne surprendrait pas du tout les mycologues comme Noelle Machnicki. La recherche se poursuit pour montrer que nombre de composants botaniques sont en réalité le produit d'interactions entre plantes et champignons et, dans certains cas, ils sont même entièrement fabriqués par les champignons vivant sur, ou dans la plante.

plus utilisée dans le monde. Mélangée à un appât, elle tue les rongeurs en provoquant une anémie, puis une hémorragie interne incontrôlable. Mais chez les humains, une toute petite dose permet de fluidifier le sang, donc de réduire les risques de caillot dans les veines, un des effets secondaires les plus banals et les plus dangereux du cancer et de ses traitements. La chimiothérapie s'accompagne souvent d'une prescription de warfarine, commercialisée sous la marque Coumadine, surtout quand le cancer se généralise, ce qui était le cas pour Steve. Ce traitement est également très répandu chez les patients cardiaques, cela reste l'un des médicaments les plus vendus plus de cinquante ans après sa découverte.

Durant toute la période que Steve et moi consacrâmes à l'*almendro*, son corps luttait contre le cancer. J'imagine qu'il ne doit pas être si rare qu'un botaniste malade ait sur sa planche d'herbier ou sa lamelle de microscope des plantes à l'origine de son traitement. Steve ne me précisa jamais s'il prenait de la warfarine, mais, à plusieurs reprises au fil de sa carrière, ses recherches avaient eu un lien avec l'armoire à pharmacie. Il travailla longtemps sur le saule, dont a été extrait le principe actif de l'aspirine, et aida une société de biotechnologie à trouver une bonne réserve naturelle de vératre vert, de la famille du lis, dont les graines, feuilles et racines toxiques contiennent de prometteurs alcaloïdes anticancers.

Malheureusement, aucun remède n'y suffit, Steve succomba quelques semaines à peine avant ma soutenance. Il n'aimait pas abandonner en cours de route, autant dans sa vie professionnelle que personnelle, il continua donc à travailler bien au-delà de ce que l'on attendrait de la plupart des gens. Il mourut prématurément, il eut cependant la chance d'obtenir quelques réponses, l'essence même de la recherche. Et, pour un esprit aussi curieux que le sien, ce fut, à n'en pas douter, une satisfaction. Aujourd'hui, des années après, l'amitié, la compagnie et le féroce sens de l'humour de Steve me manquent toujours, ainsi que sa très grande intelligence. Il avait ce talent rare de voir à travers les informations superflues « toutes ces conneries », comme il disait, pour aller droit au cœur des choses. Un art utile autant dans les conversations que pour la science, car, dans la nature, même les idées les plus évidentes sont rarement aussi simples qu'elles le paraissent.

Au premier abord, l'idée que des graines puissent contenir des poisons mortels semble tout à fait logique. Ce serait une sorte d'extension naturelle des adaptations qui menèrent à l'apparition des épices, de la caféine et d'autres composés défensifs. Après tout, quel meilleur moyen de protéger ses rejetons qu'en tuant ceux qui tentent de les manger ? En pratique, cependant, passer de « désagréable » à « mortel » en termes d'évolution est assez compliqué. Lorsqu'une graine est attaquée, le premier impératif de la plante est de faire en sorte que cela cesse, raison pour laquelle le piquant, l'amertume et les sensations de brûlure sont si répandus. Une gêne physique immédiate éloigne les prédateurs et leur apprend à ne pas recommencer, leçon qu'ils peuvent même transmettre à leurs congénères. En ce qui concerne les poisons, en revanche, l'effet est parfois décalé de plusieurs heures, voire de plusieurs jours, ce qui n'empêche en rien l'agression en cours. Avec une toxine indécelable comme la ricine, en théorie, un animal peut parfaitement consommer et détruire l'ensemble des graines présentes sur un pied de ricin, s'en aller et décéder sans même savoir pourquoi. (Et bien entendu, sans transmettre autour de lui le moindre avertissement comportemental concernant la plante !) Si les substances chimiques qui provoquent une gêne peuvent bien décourager des groupes entiers de prédateurs de graines, les poisons mortels ne font qu'éliminer des individus, et la bataille paraît sans fin. Cela soulève donc la question de ce qui, dans l'évolution, peut motiver ce renforcement des toxines, au point de devenir, comme la ricine et d'autres, dangereuses jusqu'à l'absurde.

« Aucune réponse évidente ne vient à l'esprit », m'informa Derek Bewley lorsque je lui posai la question. Voilà un bon moment que je ne l'avais pas contacté, pourtant ce « dieu » de la recherche sur les graines me réserva une fois encore cet accueil généreux qui avait toujours été le sien lorsqu'il m'arrivait de lui soumettre les énigmes qui me résistaient. Il m'expliqua que les poisons des graines affectaient les agresseurs de différentes manières. Une substance qui donne à tel animal un léger mal de ventre (lui apprenant qu'il ferait mieux d'éviter la graine à l'avenir) peut fort bien se révéler fatale pour tel autre. Ou bien, un poison qui met plusieurs jours à tuer un gros mammifère fait effet en quelques secondes sur un insecte, permettant ainsi d'empêcher une attaque aussi efficacement qu'un goût répugnant. « Ou alors tout ça n'est qu'un accident », réfléchit-il, en reprenant l'exemple de la ricine. « La ricine est une protéine de stockage facile et rapide à mobiliser, ses propriétés toxiques ne sont peut-être qu'un effet secondaire très utile. »

Lors de ses travaux sur la capsaïcine des piments, Noelle Machnicki découvrit que ce simple antifongique finit par tout influencer autour de lui, les insectes, les oiseaux, les papilles des mammifères, et les humains aussi. Cette complexité s'applique aux poisons des graines, il faudrait sûrement qu'un autre doctorant, à l'instar de Noelle, se penche sur le sujet pour dévoiler le mystère qui entoure chacune de ces substances. Cependant, une certitude demeure : quelle que soit la nocivité des graines, leur dispersion est prévue par la plante, qui dut imaginer comment la mener à bien. En effet, quel intérêt y aurait-il à les préserver si elles ne pouvaient être déplacées ? Dans le cas du ricin, la solution est double : une cosse explosive projette les graines mûres jusqu'à onze mètres autour de la plante mère et un petit paquet nourrissant fixé à l'extérieur de l'enveloppe sert à attirer les fourmis. Partout dans le monde, les abords du pied de ricin se ressemblent – les cosses s'ouvrent, les graines volent, et des milliers de fourmis s'affairent pour les emporter sous terre. Une fois dans leur fourmilière, elles avalent le petit paquet, mais laissent la graine intacte, qui se retrouve donc dans la terre, prête à germer. Étonnamment, personne n'a encore cherché à savoir si les petits paquets sont inoffensifs ou si les fourmis ont développé une immunité à la ricine. Quoi qu'il en soit, cet ingénieux système permit aux graines de ricin d'amplifier leur dangerosité sans risquer de compromettre leur dispersion. Pour l'*almendro*, en revanche, la présence de la coumarine est un peu plus difficile à expliquer.

Certes, la coumarine ne devient mort-aux-rats qu'après avoir été modifiée par la moisissure ou la chimie, cependant il est étonnant de trouver cette substance dans une graine principalement dispersée par les rongeurs. Car, même sous sa forme non modifiée, elle provoque des dégâts sur leur foie. D'ailleurs, la toxicité qui lui valut d'être interdite en tant qu'additif alimentaire fut d'abord remarquée lors d'une expérience sur des rats de laboratoire. Les cobayes dont le régime alimentaire comportait de la coumarine développaient des tumeurs au foie et mouraient jeunes. La dynamique ne fut pas étudiée dans la nature, mais on imagine sans peine que le régime des agoutis, des écureuils et des rats épineux vivant sous l'*almendro* est chargé en coumarine. Pourtant aucun effet secondaire apparent ne semble les affecter. Auraient-ils développé une immunité ? Leur foie se répare-t-il entre deux saisons, en l'absence de graines d'*almendro* ? Ou alors peut-être meurent-ils jeunes, sans qu'on le sache vraiment, dans leurs terriers ? Personne ne connaît la réponse, mais il y a une autre possibilité, plus intrigante encore.

Parmi toutes les plantes dans lesquelles on trouve de la coumarine, les graines d'*almendro* présentent la plus forte concentration. C'est d'ailleurs la raison pour laquelle les parfumeurs européens continuent de se tourner vers les fèves tonka plutôt que vers la flouve qui pousse dans leur jardin. Mais cette concentration ne serait-elle pas en hausse ? Assisterions-nous aux prémices d'une nouvelle stratégie de défense chimique ? Pour l'instant, les rongeurs dispersent bel et bien les graines d'*almendro*, mais cette situation n'est qu'une photographie d'un instant de l'évolution. De la perspective de la plante, l'affaire est assez compliquée, floue. Les agoutis et les écureuils ont tendance à manger, donc à détruire, un maximum de graines, ne dispersant que celles qu'ils oublient en passant. Si la coumarine avait pour but de les tenir éloignés, ce ne serait pas la première fois qu'une graine cible les rongeurs. Souvenez-vous de la capsaïcine qui brûle la bouche des rats et des souris, mais reste sans effet sur le bec des oiseaux disperseurs. Cependant, pour pouvoir se permettre de repousser ainsi ces prédateurs, il faudrait que l'*almendro*, à l'instar du piment, détienne une carte maîtresse, une autre option pour disperser ses graines. L'analyse de centaines de transects sur le terrain et de milliers d'échantillons en laboratoire nous permit de comprendre que c'est exactement ce qui est à l'œuvre.

PARTIE V

LES GRAINES VOYAGENT

« Sur chaque chêne fécond prennent forme
[dix mille glands
Qu'abondamment dispersent les tempêtes en saison ;
Dix mille graines sur chaque coquelicot fécond
Qu'abondamment disperse sa tête dans le vent. »

Erasmus Darwin
The Temple of Nature (1803)

CHAPITRE XII

TENTATION DE LA CHAIR

« La nature avait-elle prévu
notre délectation lorsqu'elle créa
la pomme, la pêche, la prune, la cerise ?
Assurément ; mais seulement en tant
que moyen pour arriver à ses fins.
Quelle exquise corruption que la chair
de ces douceurs pour attirer les créatures
qui sèmeront leurs graines ! Et la nature
a rendu la graine indigeste, ainsi le fruit
peut être mangé, mais la graine,
elle, ne peut être que plantée. »

John Burroughs,
Birds and Poets (1877)

« *Murciélago*, souffla José. Une chauve-souris ! » Et pour la première fois depuis que nous travaillions ensemble, le flegme abandonna José, remplacé par une forme d'admiration. Sur le sol devant nous, les graines d'*almendro* étaient rassemblées en un tas informe. Nous nous considérions chanceux lorsque nous en trouvions une ou deux, or ce butin en réunissait plus de trente, nous eûmes l'impression d'avoir décroché la timbale. Pourtant, nous le savions bien, le premier *almendro* adulte se situait à près d'un kilomètre, aucun rongeur n'aurait pu les convoyer sur une telle distance. J'entrepris de ramasser les graines et de les placer chacune dans un sachet soigneusement numéroté. Elles étaient encore fraîches, leur enveloppe dure entourée d'une fine pulpe verte mâchée, dont il ne restait que des filaments humides. En levant la tête, je ne fus pas surpris de découvrir la silhouette penchée d'un jeune palmier haut de quatre mètres, perchoir favori des plus grosses chauves-souris frugivores d'Amérique centrale.

Avec son envergure de quarante-cinq centimètres, la grande chauve-souris frugivore a le battement d'ailes largement assez vigoureux pour transporter les graines d'*almendro*. En vol, ses immenses appendices donnent l'impression que son corps de dix centimètres n'est qu'un détail négligeable, juste assez d'os et de peau pour agripper une lourde charge. Elles se nourrissent souvent de figues, de fleurs ou de pollen, mais le tas sous nos yeux prouvait bien l'importance de l'*almendro* – pour la chauve-souris comme pour l'arbre. Contrairement aux écureuils et aux agoutis, qui cassent et mangent toute graine qu'ils n'égarent pas, la chauve-souris frugivore elle, comme son nom l'indique, se nourrit de fruits. Elle ne recherche que la fine pellicule de chair pleine d'eau qui entoure la coque. Perchée à l'envers, elle arrache la pulpe à l'écale en quelques minutes à l'aide de ses dents acérées, laissant tomber la graine, intacte, sur le sol de la forêt.

Pour moi, le fruit de l'*almendro* évoque un genre de pois gourmand fade et trop mûr, desséché par le soleil. Mais, de toute évidence, les chauves-souris des environs le trouvaient assez savoureux pour mériter une trentaine d'allers-retours, qui leur faisaient pourtant courir le risque de croiser un hibou, un faucon des chauves-souris ou un python à l'affût, susceptibles de se jetter sur une proie innocente. L'élément de danger joue d'ailleurs un rôle essentiel. Sans cela, les chauves-souris auraient élu domicile dans l'*almendro* lui-même, pour mieux se gaver de ses fruits, abandonnant les graines sous l'arbre mère, intactes, certes, mais non dispersées. C'est ce que font les singes pendant la journée, tout comme les plus petites chauves-souris qui n'ont pas la force d'emporter les fruits, trop lourds. Mais, tant que les prédateurs surveillent les arbres, n'importe quelle chauve-souris assez costaud préférera prendre son trésor avec elle pour aller le déguster sur son perchoir – elle crée ainsi un schéma de dispersion si distinctif que José et moi en vînmes bientôt à connaître les moindres déplacements de l'animal, sans même en avoir croisé un[1].

Je jetai un dernier coup d'œil au feuillage vide du palmier, au-dessus de nous, puis nous reprîmes notre route. C'était une vision familière. Pour confirmer notre intuition, nous avions levé la tête, exactement de la même manière près de deux mille fois, pour comparer la localisation des palmiers par rapport à celle des *almendros*. Nous avions deux fois plus de chances de retrouver des graines sous un perchoir à chauve-souris, qu'elles soient seules, par deux ou nombreuses comme en cette occasion, notre plus grande découverte à ce jour. (Les chauves-souris choisissent les palmiers, car leurs feuilles tombantes les cachent des prédateurs arrivant par le ciel, et leur tronc frêle tremble, les avertissant quand un animal tente l'ascension.) Le système fonctionnait de la même manière partout, des poches de forêt isolées aux immenses étendues de forêt vierge. De retour au laboratoire, l'empreinte génétique

1. Les principaux disperseurs, sur longue distance, de l'*almendro* sont la grande chauve-souris frugivore (*Artibeus lituratus*) et parfois la chauve-souris frugivore jamaïcaine ; les autres espèces de chauves-souris sont considérées trop petites pour transporter un fruit d'*almendro* de taille normale (voir Bonaccorso *et al.*, 1980).

me permit d'approfondir l'analyse des données[1]. En pistant certaines graines bien précises de l'arbre jusqu'au perchoir, je parvins à démontrer qu'une chauve-souris était capable d'entreprendre de très longs trajets, pourvu qu'un *almendro* chargé de fruits soit au bout du voyage. Même les arbres plantés au milieu des prairies faisaient partie du circuit, attirant des chauves-souris affamées, les incitant à emporter leurs graines vers des habitats situés à des kilomètres. Malgré la disparition des vastes forêts tropicales, nos résultats me donnèrent ainsi l'espoir de voir persister l'*almendro* et avec lui les nombreuses espèces qui en dépendent, même dans ce nouveau paysage fragmenté de fermes et de prés.

Progressant le long de notre transect, nous débouchâmes soudain, dans un soleil éblouissant, à l'orée de la forêt. Devant nous une prairie s'étirait jusque sur des collines arrondies ponctuées de quelques arbres, dont certains semblaient être des *almendros*. Nous connaissions bien le coin et ne fûmes pas surpris de voir le propriétaire, Don Marcus Pineda, qui traînait derrière lui un âne dans un champ voisin. Il nous salua et vint à notre rencontre. Pineda, qui possède de nombreux terrains, est sans cesse occupé à défricher, à réparer les clôtures ; il est aussi à la tête d'un vaste troupeau de bétail. À son approche, je sentis une odeur chimique qui provenait des bidons jaunes remplis de liquide fixés au bât de l'âne. Il nous expliqua qu'il s'apprêtait à asperger de désherbant une fougère prolifique et immangeable dont il voulait débarrasser sa prairie. Mais nous nous doutions qu'il n'avait pas fait tout ce chemin uniquement

1. Un autre aspect de ma recherche consista à déterminer la dispersion du pollen, obtenant le même résultat. Les abeilles appâtées par les prolifiques fleurs violettes de l'*almendro* parcouraient près de 2,5 km entre les arbres, déplaçant le pollen d'un individu à l'autre, jusqu'aux individus les plus isolés.

pour partager cette information avec nous. Pour finir, il reprit la parole.

« *El papa ha muerto* », annonça-t-il simplement, « Le pape est mort. » Marcus Pineda, qui vivait dans une ferme rustique à la frontière du Nicaragua, représentait, dans mon imaginaire, la virilité incarnée – visage dur, buriné, yeux plissés sous son éternel chapeau de cowboy. Il semblait cependant très affecté par ce décès, et José également. Durant plusieurs minutes, nous restâmes là, tous les trois, en silence, tête baissée, dans cette chaleur lourde. Au CostaRica, où 70 % de la population se disait catholique, le pape Jean-Paul II était considéré comme un véritable héros. Il était plus qu'un chef religieux. Ses fréquents voyages en Amérique latine, son charisme personnel, son authentique intérêt pour la région faisaient de lui quelqu'un de très aimé tant par les croyants que par les non-croyants.

En tant que scientifique, moi aussi, j'avais une certaine affection pour Jean-Paul II. Après tout, il fut le pape qui pardonna enfin à Galilée, et il fit davantage que n'importe lequel de ses prédécesseurs pour réconcilier les enseignements de l'Église avec la théorie de l'évolution. Dans ses discours devant l'Académie pontificale des sciences, il avait parlé des idées de Darwin comme étant « plus qu'une hypothèse » et était allé jusqu'à sous-entendre que la Genèse était une allégorie, et non « un traité scientifique ». Jean-Paul II ne s'était pas étendu, mais il aurait pu insister sur le nombre de métaphores présentes dans la Genèse, dont beaucoup sont biologiques. Les passages concernant Adam et Ève, par exemple, ne se contentent pas de décrire l'aube de l'humanité et le péché originel. Ils détaillent l'une des plus grandes histoires de dispersion de graines de tous les temps.

Depuis la Renaissance, les artistes n'eurent de cesse de représenter cette scène, la rendant indélébile : Adam et

Ève partageant une appétissante pomme sous l'arbre de la connaissance du bien et du mal, à une branche duquel un serpent est enroulé. Les puristes de la botanique arguent que des variétés de pommes aussi grosses ne sont véritablement apparues qu'au XIIe siècle et que le fruit en question devrait plutôt être une grenade. Quoi qu'il en soit, le vicieux serpent avait choisi l'appât parfait pour susciter la tentation. Pour un animal affamé, les minuscules pépins à l'intérieur d'une pomme ou le noyau au centre d'une datte peuvent paraître sans intérêt, un détail face à l'irrésistible chair. Mais, en vérité, c'est le contraire. Les fruits, dans leur merveilleuse variété, n'existent que pour servir les graines.

Que la plante pousse au jardin d'Éden, dans une forêt tropicale ou sur un terrain vague, son investissement pour produire, nourrir et protéger ses graines n'a de sens que si celles-ci sont ensuite dispersées. Des rejetons qui s'éterniseraient sur la plante mère ou tomberaient directement en dessous reviendraient à un effort inutile. Quand bien même ils parviendraient à germer, ils ne survivraient pas longtemps dans l'ombre d'un parent adulte. Dans certains cas, les adultes libèrent même des toxines dans la terre, à proximité, qui empêchent toute concurrence de leurs rejetons. En ce qui concerne l'*almendro*, la fine couche de pulpe autour des graines motive les chauves-souris frugivores à les emporter sur plusieurs centaines de mètres. L'arbre de la connaissance fit encore mieux. À en croire la Genèse, manger le fruit défendu occasionna l'expulsion immédiate d'Adam et Ève du jardin d'Éden. Métaphoriquement, au moins, le fruit partit avec eux. Certaines représentations montrent le couple tenant dans leur main une pomme entamée. Imaginons que cela ait été une grenade, les graines auraient alors été bien à l'abri à l'intérieur de leur appareil digestif. Cet arbre en tout cas réussit à se placer dans une position idéale. Par ce fruit unique et si tentant, il transforma son existence : non plus confinée à un jardin, mais promise à une dispersion de masse sur la planète tout entière grâce à l'humanité.

Les écrits ne manquent pas sur la relation entre l'homme et les fruits ou les espèces cultivées, quelles qu'elles soient, notamment sur cette manie que nous avons de les emporter avec nous, où que nous allions. Dans le cas des pommes, une unique espèce domestiquée dans les montagnes du Kazakhstan donna des milliers de variétés, aujourd'hui cultivées sur tous les continents, à l'exception de l'Antarctique. Il n'est pas si exagéré de nous considérer comme les serviteurs de nos plantes alimentaires : nous les déplaçons avec zèle autour du monde, nous veillons sur elles servilement dans des vergers et des champs tenus au cordeau. Cette activité participe de la dispersion des graines. Nous le faisons tout aussi inconsciemment que les chauves-souris, suivant une interaction entre végétaux et animaux presque aussi ancienne que les graines elles-mêmes. Les fruits jouent sur notre comportement, parce que leur évolution en a décidé ainsi : leur chair nous plaît par son goût, leurs couleurs et leurs formes attirent notre attention. Leur influence ne se limite pas aux exploitations agricoles ou aux cuisines, elle touche aussi la culture et l'imagination. Voyez les innombrables poires, pêches, coings, melons, oranges, grappes de raisin et baies diverses qui ornent les natures mortes depuis toujours. Le fruit tant désiré n'est pas qu'un symbole de la tentation – il nous aide à définir la beauté en soi.

Dans la nature, le fruit est à la fois délicieux et fugace, des caractéristiques qui contribuent à attirer le disperseur adéquat au moment qui convient. Les humains le souhaitent généralement le plus sucré possible, mais les plantes peuvent très bien chercher à contenter d'autres palais, davantage en quête de protéines et de graisses. Ces riches paquets qui accompagnent les graines de ricin (et d'autres espèces) sont conçus pour attirer les fourmis pourtant carnivores[1], tandis que le melon *Tsamma,* un melon sauvage du désert de Kalahari, ancêtre de la pastèque, attire tous ceux qui le voient pour satisfaire ce besoin universel : la soif. Dans tous les cas, la saveur désirée n'apparaît qu'au moment où les graines sont mûres et prêtes pour le départ. Avant, les plantes maintiennent les animaux à distance par l'amertume, voire la toxicité de leurs fruits. Le physicien qui accompagnait Christophe Colomb lors de son deuxième voyage observa un jour un groupe de marins sur la plage cueillir ce qui ressemblait à des pommes sauvages. « Mais à l'instant où ils goûtèrent les fruits, leur visage se mit à enfler, si enflammé, si douloureux qu'ils manquèrent d'en perdre l'esprit[2]. » Les hommes survécurent, cependant ils n'essayèrent probablement plus jamais de croquer le manzanillo, un fruit utilisé par les Indiens Caraïbes pour fabriquer le poison dont ils enduisaient les pointes de leurs flèches. Il reste toxique même mûr, peut-être pour repousser les insectes ou les champignons ou écarter tout sauf un disséminateur de graines bien spécifique (et encore inconnu)[3]. Il est cependant rare qu'une plante compte sur une seule espèce en matière de dispersion. Dans le but d'attirer un maximum de disséminateurs potentiels, la plante génère des fruits à chair particulièrement appétissants, les plus tentants qu'elle puisse se permettre de produire.

1. Appelées « élaïosomes », ces excroissances charnues riches en protéines sont au cœur de l'interaction entre plantes et fourmis. La stratégie s'est développée au moins cent fois au sein de groupes aussi divers que les laîches, les violettes, les acacias. Si la plupart des distances de dispersion par fourmi sont réduites, en au moins une occurrence, les graines furent transportées sur 180 m (Whitney, 2002).
2. Cohen, 1969, p. 132.
3. De nombreux botanistes incluent le manzanillo sur la liste des végétaux potentiellement dispersés par les gomphothères ou d'autres membres d'une mégafaune depuis longtemps disparue.

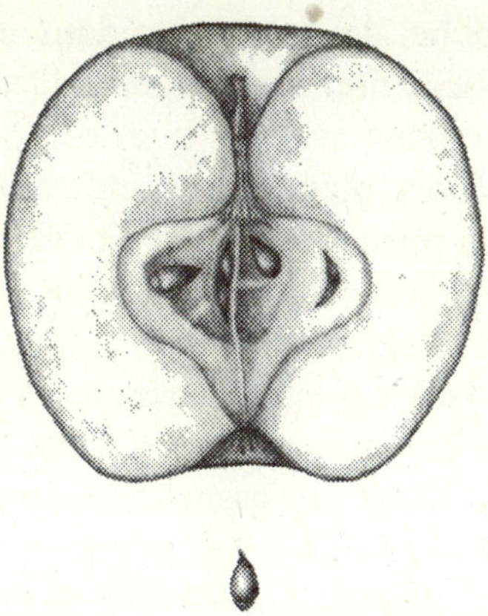

Pomme (Malus domestica).

En tant que symbole emblématique de la tentation dans les œuvres d'art, de la Bible à Blanche-Neige, *la pomme tient un rôle qui ne pouvait revenir qu'à un fruit. Dans la nature, des fruits charnus de toutes sortes sont apparus dans le seul but de tenter les animaux pour les amener à disperser les graines des plantes.*

« Se permettre », l'expression ne semble pas relever du registre de la botanique, pourtant la recherche d'un budget équilibré est bien ce qui domine la vie des plantes. Énergie, nutriments, eau sont les monnaies d'échange du royaume, des ressources limitées qui doivent être gérées selon les priorités les plus vitales. Consacrer une fortune à la dispersion pourrait mettre en péril l'alimentation des graines ou leur protection, sans parler de la croissance de la plante elle-même ou la défense de ses feuilles, de ses tiges, de ses racines. Dans l'économie des plantes, la production d'un fruit bien charnu coûte cher. Jardiniers et agriculteurs le savent d'expérience – les « gros mangeurs » du potager sont les tomates, les melons, les courges, les aubergines, les concombres et les poivrons. L'ajout d'engrais ou de compost fait pencher la balance, aidant ces espèces à se consacrer à la fabrication du meilleur. Dans la nature, les plantes se débrouillent avec ce que le terrain et le temps leur fournissent. Mais, même une bonne année, les énormes dépenses liées à la production de fruits impliquent presque toujours que la saison sera brève, ce qui la rend d'autant plus précieuse.

Étant l'une des choses les plus rares, les plus délicieuses, les plus nourrissantes du paysage, les fruits mûrs attirent des animaux de loin. Dans le bassin du Congo, les éléphants font des détours de plusieurs kilomètres pour trouver leurs espèces préférées, comme *Sacoglottis gabonensis* qui produit d'odorants fruits de la taille des cerises, ou le marula, une douceur d'Afrique du Sud de la famille des mangues. Des chercheurs réussirent, dans une forêt, à cartographier un réseau de pistes d'éléphants reliant, entre eux, tous les arbres du genre *balanites*, qui pourtant ne donnent des fruits que tous les deux ou trois ans. Notre propre espèce peut, elle aussi, aller très loin lorsqu'il s'agit de profiter d'une récolte sauvage. Les tribus San qui peuplent le désert du Kalahari établissent leur itinéraire et leurs campements saisonniers en fonction de la disponibilité du melon *Tsamma*, tout comme le faisaient les Aborigènes d'Australie dans le désert de l'Ouest autrefois avec les figues, les tomates sauvages et le quandong, de la famille du santal, et qui rappelle les pêches. Il n'est pas rare qu'un intérêt commun pour des fruits mette humains et faune sauvage en concurrence. En Ouganda, les frictions entre villageois et gorilles des montagnes se multiplient à la saison des omwifa, car les singes comme les habitants se ruent sur ces arbres pour y récolter leurs gros fruits parfumés.

Le charme des fruits commence par la biologie, mais il se prolonge par d'infinies références culturelles. En Chine, la pêche symbolise l'immortalité, le raisin la richesse et la grenade, la fertilité ; aux États-Unis, un ananas représente la bienvenue. Freyja, la déesse scandinave de l'Amour, se nourrissait de fraises, et les Grecs rendaient hommage à Athéna, à qui était attribuée la création des olives. En Asie du Sud-Est, le dieu hindou Ganesha est connu pour son amour des mangues, et les grands rameaux du figuier bodhi veillèrent autant sur la naissance de Vishnu que sur l'éveil de Bouddha. L'aspect sacré de l'espèce n'échappa pas aux taxinomistes qui le baptisèrent du nom botanique *Ficus religiosa*. La manne du jardin d'Éden biblique reflète une longue tradition consistant à décrire le paradis comme un lieu résolument chargé de fruits. Dans les mots du poète Hésiode, ceux qui eurent la chance de rejoindre les fameux champs élyséens savouraient « trois fois par an une récolte florissante de fruits doux comme le miel ». Les textes islamiques font allusion à des jardins éternels remplis de dattes, de concombres, de pastèques et de « coings du Paradis ». Les Bretons médiévaux étaient encore plus explicites, baptisant la patrie mythique du roi Arthur, *Avalon*, mot gallois qui signifie « île des pommes ». Les universitaires spécialisés en étymologie font remonter la trace du mot « paradis » à un terme perse décrivant un lieu clos que les premiers Hébreux adoptèrent pour dire « verger ». Le français aussi offre un bel exemple d'estime pour le fruit dans l'expression « porter ses fruits » pour décrire un succès.

Le fruit étant si puissamment inscrit dans notre langage et notre culture, il est facile d'oublier que, d'un point de vue fonctionnel, cette chair savoureuse n'est qu'une vitrine pour les graines et un moyen de transport sophistiqué pour aller d'un point à un autre. Le terme technique pour la dispersion des fruits est l'« endozoochorie », qui semblerait bien plus élégant si tout le monde comprenait encore le grec ancien : « partir loin à l'intérieur des animaux ». (Nous, les scientifiques, aimons beaucoup les mots-valises à rallonge issus des langues mortes. Une chauve-souris qui déplace une graine d'*almendro*, par exemple, pratique la « chiroptérochorie », c'est-à-dire « partir loin à l'intérieur d'un animal dont les mains ressemblent à des ailes ».) Ce mode de transport apparut tôt dans l'histoire de la dispersion des graines, à peu près au moment où les créatures devenaient assez grosses pour se charger de cette tâche. À l'époque du carbonifère, les forêts que Bill DiMichele étudie maintenant sur les plafonds des mines de charbon accueillaient une communauté animalière relativement modeste composée d'insectes, d'amphibiens et des premiers reptiles. Mais les fougères à graines et les conifères primitifs inaugurèrent bientôt toute une série de stratégies pour les piéger, soit grâce à de petits paquets tout légers de graines qui, peut-être, attiraient les mille-pattes, soit grâce à de grosses graines à pulpe de la taille de mangues, qui devaient sûrement embaumer la viande pourrie, parfum irrésistible pour les dinosaures. Des échos de cette époque persistent dans les graines âcres de fossiles vivants tels que le ginkgo, dont l'odeur est si répugnante que la plupart des villes interdisent de planter des représentants femelles de l'espèce. La quasi-totalité des ginkgos d'ornement dans le monde est mâle et ne répand qu'un pollen inodore.

Les premières plantes à graines ne produisaient pas ces tissus spécifiques que l'on placerait en botanique dans la catégorie des véritables « fruits ». Elles développèrent tout de même des analogues qui fonctionnaient très bien, donnant un goût sucré à la couche extérieure de l'enveloppe de la graine, par exemple, ou ajoutant un peu de chair à une tige ou à une bractée toute proche. Les conifères modernes et les gymnospermes dans leur ensemble perpétuent cette tradition, comme le savent les buveurs de gin, lequel est fabriqué à partir de cônes pulpeux et aromatiques connus sous le nom de « baies » de genièvre. Mais, si la dispersion par les animaux reste répandue chez les gymnospermes[1], la plupart des fruits familiers évoluèrent chez les angiospermes, ou plantes à fleurs, dont les graines venaient, par définition, dans un paquet. Cette « enveloppe » permettait nombre de possibilités fructueuses, et son apparition coïncida avec l'explosion du nombre de disperseurs disponibles. Oiseaux, mammifères et plantes à fleurs connurent en effet ce que les taxinomistes appellent une « explosion radiative », c'est-à-dire une augmentation rapide des espèces, immédiatement après l'extinction des dinosaures. Et, si les groupes plus anciens comme les lézards, les insectes et même les poissons continuèrent de disperser les graines, la plupart des fruits à chair étaient censés attirer les oiseaux et les mammifères, davantage susceptibles de les emmener loin.

Pour juger de la diversité des productions, rien ne vaut une expérience simple que nous réalisons plusieurs fois par semaine : l'achat de fruits et légumes. Même la forêt tropicale n'atteint pas le niveau de diversité du rayon fruits et légumes de n'importe quel supermarché. Mon épicerie existe depuis 1929, stratégiquement située entre deux autres commerces antédiluviens, la pharmacie et la taverne locale. Par un récent matin de printemps, je comptai sur les rayonnages soixante et onze variétés de fruits frais provenant de trente-neuf espèces distinctes. La plus petite était la myrtille. On en trouve à l'année en magasin, pourtant dans la nature, en Amérique du Nord où elles apparurent, leur maturation coïncide avec les migrations automnales des oiseaux et les périodes précédant l'hibernation durant

1. Si l'on associe les fruits aux plantes à fleurs, la dispersion animale est en réalité bien plus fréquente au sein des gymnospermes. Elle se produit dans 64 % des familles de gymnospermes et seulement 27 % des familles d'angiospermes (voir Herrera & Pellmyr, 2002, et Tiffney, 2004).

lesquelles les ours se gavent de baies. À l'autre bout du spectre, je vis également une caisse remplie de pastèques pesant jusqu'à sept kilos chacune. Leur ancêtre, le melon *Tsamma*, mûrissait à la saison sèche en Afrique subsaharienne, fournissant une eau vitale aux antilopes, aux hyènes ou aux humains. Chaque fruit de cette épicerie me racontait sa version d'une même histoire : un scénario rendu banal par l'efficacité de l'agriculture moderne. Bien sûr, de nombreux arbres fruitiers sont désormais issus de boutures et la plupart des graines de l'épicerie termineront dans les égouts ou dans le compost, mais leur seule présence montre bien le succès de la stratégie du fruit. La richesse des produits en magasin au quotidien s'apparente à une forme de dispersion extrême : ils proviennent en effet de contrées aussi lointaines que l'Italie, le Chili, la Nouvelle-Zélande. Ce sont donc de grands voyageurs. Mais ils nous proposent surtout une démonstration des différentes manières dont les plantes à fleurs fabriquent leur fruit, depuis les plus évidentes – la chair sucrée d'une pomme – jusqu'à celles auxquelles on ne pense pas vraiment comme les fibres remplies de jus à l'intérieur des oranges, ou le renflement savoureux du réceptacle floral de la fraise qui explique que les graines soient si bizarrement incrustées à l'extérieur de la chair.

L'interaction entre les fruits et les disperseurs concerne tous les partenaires. Elle influence les régimes alimentaires, les migrations saisonnières, même la chronologie de la reproduction, pour les plantes comme pour les animaux. Mais les adaptations sont parfois encore plus spécifiques. Les dents des chauves-souris frugivores, par exemple, évoluèrent depuis les couperets destinés aux insectes jusqu'à se doter de surfaces angulaires capables d'écraser, de pulvériser. Les vervets, des petits singes de l'Ancien Monde, ont des bajoues spéciales qui s'étirent de leurs joues jusqu'au côté de leur cou, leur permettant de stocker d'impressionnantes quantités de fruits qu'ils consommeront tranquillement plus tard. Si vous surprenez l'un d'entre eux dans un arbre fruitier, vous le verrez détaler dans la forêt, les joues gonflées. Les oiseaux frugivores ont développé des becs plus larges, des gorges flexibles, des intestins plus courts pour digérer rapidement des fruits en quantité. Les perroquets contrent les toxines des fruits trop verts grâce à l'ingestion de terre glaise riche en kaolinite, cette espèce minérale qui fut d'ailleurs utilisée pour créer le Kaopectate, un médicament antidiarrhéique. Il m'est arrivé de voir des jaseurs d'Amérique becqueter de la glaise, eux aussi, et ce n'est pas là leur unique spécificité : ils digèrent les baies si rapidement que leurs excréments sont encore sucrés : leur rectum est ainsi unique en son genre, il absorbe les sucres aussi bien que leur estomac.

Les plantes apprirent, à leur tour, à mettre en place des stratégies sur mesure pour attirer des types bien spécifiques de disséminateurs[1]. Les oiseaux apprécient les baies rouges ou noires très visibles telles que les framboises, les mûres, les canneberges, les cassis, les aubépines, les baies de houx ou d'if, mais c'est l'odeur qui compte pour attirer les animaux qui voient mal comme les éléphants, à la vision exclusivement nocturne comme les chauves-souris, ou ceux dont l'odorat est beaucoup plus performant que leurs yeux comme les tortues et les opossums. Les pépins et noyaux au centre des fruits peuvent se prévaloir des protections les plus solides de la nature, capables de supporter des griffures, des coups de dents et même le processus chimique de la digestion. Le simple fait d'être mangé par un disperseur donne à la

1. Les botanistes appellent ces stratégies les « syndromes de dispersion ». Très pratiques pour catégoriser les interactions entre plantes et animaux, leur rôle dans l'évolution des plantes reste controversé.

germination de la graine deux fois plus de chance de réussir que d'échouer. Quand un éléphant d'Afrique du Sud mâche le fruit parfumé du marula, ses formidables dents dilatent les bouchons ligneux du noyau, étape essentielle permettant ensuite à la graine de s'imbiber d'eau et de germer. Le bénéfice exact n'est pas toujours aussi évident, mais la digestion accélère en général la germination, par exemple pour les cerises englouties par les ours ou les figues de Barbarie dont se régalent les tortues des Galápagos. D'abord, la combinaison des modifications chimiques et de l'abrasion physique contribue probablement, d'une manière ou d'une autre, à mettre un terme à la dormance de la graine, et puis il y a le résultat final : leur atterrissage dans un tas bien chaud d'excréments fertilisants[1]. Il arrive que d'autres créatures les récupèrent ensuite pour les emporter encore plus loin : les écureuils, qui extirpent les graines de marula des bouses d'éléphant, ou les peromyscus, des petites souris qui dispersent les fruits du cerisier de Virginie et les graines de cornouiller trouvés dans les crottes des ours. Mais l'exemple le plus fameux nous ramène dans l'univers du café de gourmets : certains sont prêts à payer 650 dollars le kilo des grains de café récupérés dans les déjections de la civette palmiste hermaphrodite. Une seule tasse dans un café branché de Manhattan peut vous en coûter jusqu'à 100 dollars. Un tel tarif suscita bien des imitations, tout aussi lucratives, tirées des excréments d'autres espèces dont on connaît le goût pour les grains de café : les éléphants en Thaïlande, les coatis au Pérou, ainsi qu'un oiseau brésilien ressemblant à une dinde, la pénélope yacouhou ou *Penelope obscura*. Malheureusement, l'explosion de l'attrait pour le café de civette provoqua aussi

1. Dans certains cas, les excréments sont bénéfiques, mais lorsqu'ils contiennent trop de graines qui se mettent à pousser toutes au même moment la compétition intense peut aller à l'encontre de la fertilisation.

l'apparition d'un système dans lequel des animaux en cage étaient nourris de force. Lors de ma visite au café *Slate*, à Seattle, le barista Brandon Paul Weaver écarta toute cette folie d'une formule lapidaire et mémorable : « Du café de trous du cul, pour les trous du cul. »

La dispersion par le biais de la chair savoureuse du fruit fonctionne pour près d'un tiers des familles de plantes, que ce soient les cycas, les courges ou les agrumes. Cette stratégie d'évolution se répète dans des environnements très divers parce que ses résultats peuvent être spectaculaires. Par exemple, une hyène brune assoiffée peut dévorer dix-huit melons *Tsamma* en une nuit, laissant leurs graines derrière elle sur un rayon qui peut aller jusqu'à 400 km^2. Des ours bruns font encore mieux avec les myrtilles dont ils engloutissent quelque seize mille baies en une poignée d'heures. Chacune contenant en moyenne trente-trois graines, un plantigrade affamé peut en disperser plus d'un demi-million par jour. Les exemples ne manquent pas, des carrières scientifiques entières furent consacrées à en explorer les nuances. Cependant, la plupart des graines voyagent par d'autres moyens.

Pour la vaste majorité des plantes, la dispersion des graines représente l'unique moment de mobilité dans une vie autrement sédentaire. Cela détermine ce qui pousse où, un principe fondamental d'organisation de l'écoystème. En tant que tel, le processus comporte d'importantes conséquences évolutives et les plantes à graines proposent des variations sur ce thème depuis près de quatre cents millions d'années. Certaines offrent une récompense, le fruit, mais d'autres envoient simplement leurs graines faire du stop : à l'aide de crochets[1], de piquants, de surfaces collantes, elles

1. La forme commerciale de ce stratagème est connue sous le nom de Velcro, produit inspiré par la manière dont les graines de bardane adhéraient aux poils du chien de l'inventeur.

voyagent gratuitement à l'extérieur d'un animal. Certaines sont propulsées par des cosses explosives, d'autres tombent dans l'eau et se laissent emporter par le courant. Nous avons tous connu ces petits paquets de graines d'herbe qui s'enfoncent dans les chaussettes, et que l'on est obligé de déloger de force quand on s'en trouve trop gêné. Mission dispersion accomplie.

Au Costa Rica, José et moi apprîmes que l'*almendro* se déplaçait en quelques coups d'ailes de chauves-souris. Mais, bien avant l'apparition de cet animal sur Terre, les graines avaient appris à voler par elles-mêmes. En planant, en tourbillonnant, poussées ou soulevées, elles ont toujours profité du vent pour se disperser, et cela reste le moyen le plus courant. Les plantes, à force de pratique, finirent par développer des systèmes pour voler (et, dans certains cas, flotter) qui permettent de transporter des graines en quantité et sur des distances que ni les chauves-souris, ni les ours, ni les oiseaux ne pourraient atteindre. C'est ainsi que nous pouvons écrire un nouveau chapitre de la longue histoire des graines et des hommes – de l'influence des ailes de papier et des petits moutons sur l'aéronautique, la mode, mais aussi l'histoire de l'industrie, l'Empire britannique et la guerre de Sécession. Et, comme pour tant d'autres contes biologiques, tout commence par les journaux et carnets d'un certain jeune naturaliste aux îles Galápagos.

CHAPITRE XIII

PAR LE VENT ET LA HOULE

« La vie végétale ne se contente pas
d'une unique graine lancée d'une fleur
ou d'un arbre, elle emplit l'air et la terre
d'une profusion de graines dont des milliers
périssent, certes, mais dont des milliers d'autres,
peut-être, arrivent en terre,
parmi lesquelles des centaines pousseront,
des dizaines parviendront à maturité et une,
au moins, pourra un jour remplacer le parent. »

Ralph Waldo Emerson,
Essai : Deuxième série (1844)

Jeune, Charles Darwin ne se souciait guère des plantes. Lorsqu'il embarqua comme naturaliste sur le HMS *Beagle*, son intérêt pour la botanique arrivait loin derrière sa passion pour la géologie et la zoologie. Il se décrivait d'ailleurs comme un homme « à peine capable de faire la différence entre une pâquerette et un pissenlit[1] », et même son mentor à Cambridge, qui l'avait pourtant recommandé pour ce poste, fut forcé de le reconnaître : « Il n'a rien d'un botaniste[2]. »

1. Lettre à J.D. Hooker, 1846 (van Wyhe, 2002).
2. Lettre de J.S. Henslow à W.J. Hooker, 1836, citée par Porter, 1980.

Pourtant la botanique finit par régner sur les travaux de Darwin : il écrivit des livres entiers sur les plantes carnivores, grimpantes, la structure des fleurs et la pollinisation des orchidées. Mais à l'époque, à bord du *Beagle*, le long de la côte sud-américaine, Darwin ne développait sa collection botanique que par conscience professionnelle, allant jusqu'à envisager de se débarrasser de ses spécimens. Aussi, lorsque le navire accosta enfin aux Galápagos, il choisit tout naturellement de consacrer son attention aux volcans et aux champs de lave ainsi qu'aux tortues et aux oiseaux étranges qui peuplaient ce territoire plutôt qu'à ses plantes. Un commentaire, dans son carnet de terrain, résume assez bien ce que Darwin semblait penser de la végétation : « Le Brésil, sans les grands arbres[1]. » À propos de son premier jour à terre sur l'île de Chatham, il écrivit plus tard : « Bien que j'aie tenté de faire preuve de zèle et de ramasser le plus de plantes possible, je ne parvins à en trouver que dix ; et des mauvaises herbes en si piteux état, plus proches de la flore arctique qu'équatoriale[2]. »

Si, aux Galápagos, Darwin éprouvait un plus grand enthousiasme pour les cratères et les pinsons, il fut néanmoins récompensé pour son zèle en botanique. Au fil des cinq semaines que dura son séjour, il parvint à rassembler cent soixante-treize espèces, soit un quart de la flore connue. Les années suivantes, ces plantes ajouteraient une dimension critique à ses idées sur l'évolution. À l'origine des réflexions de Darwin, sur l'apparition des espèces, se trouvait une question que se poserait n'importe quelle personne embarquée dans un voyage aussi lointain que celui du *Beagle* : pourquoi les végétaux et les animaux existent-ils dans tel endroit plutôt que dans tel autre ? Les universitaires débattent encore de l'importance des Galápagos sur les théories de Darwin, cependant

1. Tiré des carnets de Darwin sur les Galápagos (van Wyhe, 2002).
2. Darwin, 1871, p. 374.

dès son cinquième jour dans l'archipel il notait : « Je reconnais là l'avifaune de l'Amérique du Sud, pourrait-on dire la même chose de la botanique ? » Il s'interrogeait clairement sur la provenance des ancêtres de la flore des Galápagos. Il apparut que, parmi ces fameuses mauvaises herbes si piteuses, il s'en trouvait une qui pouvait répondre à sa question. Lorsque son ami Joseph Hooker examina ce spécimen, quelques années plus tard, il remarqua immédiatement à la fois les similarités et les différences avec sa cousine sud-américaine. Les botanistes l'appellent désormais *Gossypium darwinii* – le coton de Darwin –, et le récit de son arrivée sur les Galápagos est un exemple frappant de la distance que peuvent parcourir les graines, des raisons qui les poussent à circuler et de ce qui se passe une fois qu'elles sont arrivées à destination.

Les scientifiques qui étudient le coton n'eurent pas besoin d'inventer un terme latin pour le genre ; ils adoptèrent aussitôt « *Gossypium* » utilisé par les Romains. Le coton était en effet bien connu dans tout le monde antique. Les armées d'Alexandre le Grand rapportèrent d'Inde les premiers échantillons de tissu et il se répandit bientôt tout autour de la Méditerranée et au sud de la péninsule arabique (où il était appelé *qutun*, qui donna les termes anglais et français). Aztèques et Incas avaient eux aussi du coton, tout comme les Indiens Arawak rencontrés par Christophe Colomb. Partout où il accostait dans les Caraïbes, il croisait des gens occupés à le tisser, fabriquant des filets de pêche, des hamacs ou des jupes qu'il décrivait comme étant « à peine assez grandes pour dissimuler leur nature, mais rien de plus[1] ». Colomb mentionna le coton arawak dix-neuf fois dans son récit de voyage, notant : « Ils ne le plantent pas à la main, car il pousse naturellement dans les champs, comme les roses[2]. »

1. Columbus, 1990, p. 97.
2. Cohen, 1969, p. 79.

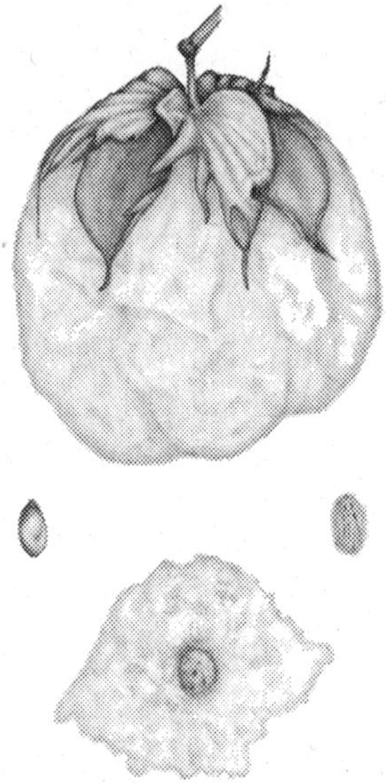

Coton (Gossypium *spp*).

Mises bout à bout, les fibres d'une seule boule de coton pourraient s'étirer sur plus de 30 km. Tissées ensemble, elles donnèrent naissance aux empires, à la révolution industrielle et à la guerre de Sécession. Ci-dessus, une boule de coton complète et, juste en dessous, le duvet et la graine.

Cette même observation aurait pu être faite n'importe où sous les tropiques, car il existe plus de quarante espèces de coton sauvage. Parmi elles, certaines avec des graines simples, « nues », et d'autres couvertes de fibres, que les humains apprirent à tisser. Le coton règne désormais sur le monde, c'est l'une des étoffes les plus utilisées, son marché s'élève à 425 milliards de dollars, ce qui fait de lui l'une des cultures non alimentaires les plus précieuses de tous les temps. Il est si répandu qu'il semble avoir évolué seulement dans le but d'être transformé en toges, turbans, hamacs ou tee-shirts. Or le halo de poils qui entoure la graine de coton existe bien sûr pour une tout autre raison : aider le bébé plante à s'envoler au gré du vent.

Pour bien comprendre la dispersion par le vent, au printemps, laissez donc pousser votre pelouse, mauvaises herbes incluses, puis faites-y un tour en compagnie d'un enfant. Depuis ses premiers pas ou presque, notre fils Noah a toujours adoré arracher les pissenlits bien mûrs ; il les brandit et exige d'un ton irrésistible : « Souffle ! » D'après ce que j'ai compté, une unique bouffée peut emporter plus de deux cents graines qui retombent tels de minuscules et ravissants parachutes. Pour les retrouver, il vous faudra parfois aller jusqu'à six mètres de la plante mère. Et par grand vent, elles vous échapperont totalement. Les pissenlits existent partout, de Londres à Tokyo en passant par Le Cap, et ce rituel est devenu une leçon universelle sur l'aérodynamique naturelle, l'aboutissement architectural de la graine et de la brise. Pour les pissenlits, tout repose sur une tige délicate hérissée d'aigrettes portant les akènes, symétriques, flexibles et régulièrement espacées entre elles, formant une sphère parfaite pour une diffusion optimale. Le coton adopte quant à lui une structure différente et pour la comprendre je décidai de faire ce que peu de gens ont fait depuis l'invention, par Eli Whitney, de sa célèbre égreneuse : égrener à la main une graine de coton.

Dans la nature, les plants de coton poussent sous forme de buisson vivace ou de petit arbre pourvu de branches angulaires et de feuilles gris-vert. Les variétés domestiques sont des plantes annuelles à croissance rapide, moins grandes, mais globalement assez similaires. Tous appartiennent à la famille des mauves, un vaste groupe qui inclut le jute du Congo et le gombo, mais surtout des variétés bien connues des amateurs de jardins fleuris, les roses trémières et les hibiscus. Le coton a des fleurs splendides lui aussi, des pétales jaunes, fins comme du papier, disposés autour d'un cœur violet. Une cosse ronde se forme, la graine, qui éclate et s'inverse à mesure qu'elle mûrit, révèle un duvet blanc qui donne aux plantations de coton l'air de champs de boules de neige, ou de moutons étonnants. Au XIVe siècle, l'Anglais Sir John Mandeville, qui émerveillait ses lecteurs par ses récits de voyage, décrivit notamment un arbre d'Asie qui donnait des fruits en forme de gourde s'ouvrant sur de minuscules moutons. On ne peut pas affirmer qu'il voulait parler du coton, qu'il évoqua avec davantage de précision ailleurs, mais l'image frappa les esprits. L'histoire fut enjolivée, on attribua le coton à des « agneaux végétaux », certains illustrateurs les dessinèrent d'ailleurs en train de tendre le cou depuis leur tige pour brouter l'herbe[1].

Comme Mandeville, je suis originaire d'une île froide et pluvieuse où l'idée de cultiver le coton paraît très exotique. Contrairement à un Anglais du Moyen Âge, cependant, je n'eus pas besoin d'aller jusqu'en Inde pour en trouver à l'état naturel. Les magasins de travaux manuels modernes proposent, pour les compositions florales, des branches de coton brut à un prix raisonnable. Chacune des boules de coton résulte d'une incroyable histoire évolutive ; une dissection suffit à s'en rendre compte. Mais pour tenter l'aventure, le passionné de botanique devra s'armer de

1. Le texte original de Mandeville décrivait les agneaux comme « sans laine » et suggérait qu'on les faisait pousser pour consommation alimentaire plutôt que pour le tissage. Il prétendait même en avoir goûté un, que la saveur en était « merveilleuse ». Les interprétations récentes omettent souvent ce texte, cependant. La citation de Mandeville sur les arbres à coton aux « branches pliables » et aux agneaux « affamés » semble être une complète invention, en partie répandue par la fiche Wikipédia sur l'auteur.

courage. Équipé d'une pince fine et d'un canif, je prélevai de la branche une boule de coton de taille moyenne et me dirigeai vers la cabane du raton laveur.

La boule de coton posée sur mon bureau ressemblait effectivement à un mouton, avec un dos blanc aussi doux que de la laine. Mais en serrant simplement la petite boule moelleuse dans ma main, je pus sentir le relief des graines enfoncées à l'intérieur, enfouies sous les fibres. La boule de coton mesurait sept centimètres et demi sur cinq, pesait quatre grammes, une taille à peu près comparable au petit roitelet que j'avais disséqué pour mon livre sur les plumes. Lui aussi était léger, compact, fait pour voler. Plumer cet oiseau avait nécessité deux bonnes heures de travail minutieux à la pince – le temps d'attraper, tirer, trier plus de mille deux cents minuscules plumes. Un jeu d'enfant. Après moins d'une minute d'égrenage du coton à la main, je compris que je n'avais pas la moindre chance de démêler ne serait-ce qu'une fibre. Elles étaient si enchevêtrées, si entortillées qu'il m'était impossible d'en isoler une sans faire des nœuds dans des dizaines, voire des centaines d'autres. Mon plan, qui était de soigneusement séparer la graine des fibres, venait donc de s'effondrer. J'avais espéré non seulement égrener le coton, mais aussi compter, trier, mesurer les fibres une à une, exactement comme je l'avais fait avec les plumes du roitelet. Pour finir, je m'armai d'une paire de ciseaux et il me fallut tout de même des dizaines de coups pour me faufiler à travers l'épaisseur laineuse. J'obtins finalement un petit paquet de coton emmêlé et une pile pathétique de graines, encore entourées d'un duvet inégal. L'analogie avec un troupeau mal tondu me vint tout de suite à l'esprit.

Sous un microscope, la source de mes problèmes m'apparut clairement. La surface de chaque graine était couverte d'un duvet dense évoquant un gazon ras, si épais qu'il m'était impossible de voir où se terminait l'enveloppe de la graine et où commençait le duvet. Un coup d'œil à l'entrée « coton » dans l'encyclopédie des graines de Derek Bewley m'apprit pourquoi : ce n'était qu'une seule et même chose. En matière d'enveloppe de graines, les plantes comme le coton ne suivent pas les règles. La couche extérieure n'est pas consacrée à la protection, mais à la promesse de dispersion. La perspective du vol (et de la flottaison, nous le découvrirons bientôt) suffit à motiver la transformation des cellules qui, de riens du tout microscopiques, devinrent d'impressionnants filaments de plus de cinq centimètres de long. Pas étonnant que j'aie eu du mal à les démêler. Avec toutes ces cellules en forme de longs poils, les graines de coton, qui sont de la taille d'un pois cassé, peuvent facilement tisser une enveloppe duveteuse de plus de vingt mille fibres. Chaque fruit est doté de trente-deux graines, donc chaque boule est composée d'un enchevêtrement de plus d'un million de brins. Mis bout à bout, ils s'étireraient sur 32 km.

On raconte qu'Eli Whitney trouva l'inspiration pour sa célèbre machine, la *cotton gin*, en regardant un chat de ferme bondir sur une poule. La volaille déguerpit en piaillant, laissant quelques plumes accrochées aux griffes du félin. L'égreneuse fonctionne de la même manière, récupérant les fibres des graines grâce à des crochets fixés à de grands cylindres. Le schéma qui figure sur la demande de brevet de Whitney, en 1793, représentait une modeste boîte en bois dotée d'une manivelle et d'un unique rouleau. À l'ère de la vapeur et de l'électricité, la technologie progressa rapidement, jusqu'à ce monstre moderne, colossal, informatisé, capable de trier, nettoyer, compresser des balles de plus de deux cent vingt-sept kilos en moins de deux minutes. Peu importe la machine, en termes d'évolution l'intention du coton demeurait tout à fait claire :

il tournoyait, virevoltait en nuage filandreux comme une « tempête de neige furieuse », ainsi que le nota un observateur du XIXe siècle. Les cellules en forme de poils des graines de coton représentent une surface maximale pour un poids minimal, à peine perceptible, à vrai dire. Propulsée par le vent, ou par la machine, la boule reste portée par l'air et se déplace exactement comme prévu par la graine.

La dispersion par le vent entraîne ce que les biologistes appellent une « ombre des graines ». Les vents sont capricieux, et même une aérodynamique idéale ne permet pas de voler éternellement. Il en résulte un scénario prévisible : la plupart des graines tombent sur la terre à une proximité relative de la plante mère, agglutinées, puis à mesure que l'on s'éloigne, de plus en plus dispersées et enfin tout à fait rares. Les phénomènes de véritable longue distance étant trop peu fréquents pour être étudiés, la limite de l'ombre des graines reste inconnue. L'une des rares tentatives pour les pister dans l'atmosphère se concentra sur un aster chétif, la vergerette du Canada. À l'aide d'un avion radiocommandé équipé de pièges à graines collants, les chercheurs découvrirent des aigrettes qui montaient, en suivant les courants, jusqu'à cent vingt mètres d'altitude au moins[1]. De là, même un vent modeste pouvait les propulser à des dizaines ou des centaines de kilomètres. Mais nous savons que certaines graines peuvent aller beaucoup plus haut encore, beaucoup plus loin. Dans l'Himalaya, des graines non identifiées, portées par le vent, furent découvertes dans des crevasses rocheuses à six mille sept cents mètres d'altitude, bien au-delà du domaine où les plantes peuvent pousser. Il fut impossible de déterminer quelle distance elles avaient parcourue, mais elles s'y trouvaient en assez grand nombre pour former la base d'une chaîne alimentaire : des

1. Dauer *et al.*, 2009.

champignons se développaient sur les graines, des collemboles mangeaient les champignons et de mini-araignées s'attaquaient aux collemboles[1].

La meilleure preuve d'une dispersion à longue distance, cependant, ne provient ni des cimes montagneuses ni du passage au peigne fin de l'atmosphère en quête d'une éventuelle graine. On la trouve dans ce processus qui fascina tant Charles Darwin lors de son périple à bord du *Beagle* – la distribution des espèces – et dans le simple fait que les plantes qui poussent dans des contrées reculées, comme le coton sur les îles Galápagos, n'auraient pu arriver là autrement. Les notes de Darwin ne révèlent pas exactement quand il commença à envisager la dispersion des graines, mais, durant les années qui suivirent le retour du *Beagle* en Angleterre, il entreprit d'immerger des végétaux de toutes sortes, graines de céleri ou plants entiers d'asperges, dans des flasques ou des cuves d'eau de mer. La plupart des espèces pouvaient germer normalement après un mois d'immersion et certaines survécurent près de quatre, mais il fut déçu de constater que quelques graines seulement continuaient à flotter au-delà des premiers jours. Il réussit cependant à calculer une distance de dispersion d'au moins 483 km sur un courant atlantique moyen[2], et envisagea l'idée de graines disséminées par le vent venant s'échouer sur des plages lointaines, où elles séchaient en attendant d'être emportées à l'intérieur des terres.

Les expériences de Darwin se concentraient sur les plantes les plus répandues dans les jardins anglais – les choux, les carottes, les coquelicots, les pommes de terre, etc.

1. Voir Swan (1992) pour un récit fascinant de cet écosystème d'altitude dépendant du vent, qu'il appelle le « biome éolien ».
2. Darwin revit à la hausse cette estimation, la montant à 1 487 km lorsqu'il se rendit compte que des plantes entières, séchées, pouvaient rester beaucoup plus longtemps en surface.

À partir de ces débuts timides, il conclut avec prudence que la dispersion à longue distance par les courants océaniques, ainsi que par le vent et les oiseaux, pouvait expliquer la colonisation d'îles telles que les Galápagos. Il gardait toutefois quelques doutes sur la distance que les graines étaient capables de parcourir ainsi que sur leur destin une fois sur place : « La probabilité serait faible sûrement pour qu'une graine arrive sur un terrain favorable et parvienne à maturité[1] ! » S'il avait réalisé ses expériences avec du coton, il se serait peut-être montré plus confiant.

Car cet aspect mousseux permet au coton non seulement de voler grâce au vent, mais également de flotter sur l'eau. Entre les longues fibres, des bulles d'air sont emprisonnées qui permettent aux graines de demeurer en surface pendant au moins deux mois et demi. Ces poils denses empêchent aussi l'eau de s'infiltrer sous l'enveloppe de la graine – même une fois qu'elles ont coulé, les graines restent viables dans l'eau salée plus de trois ans. Aujourd'hui, les analyses génétiques nous permettent de faire le lien entre le coton de Darwin et son ancêtre, qui pousse sur les côtes sud-américaines, et les chercheurs ont désormais une idée assez claire de la manière dont ces graines ont traversé les 926 km qui séparent le continent et l'archipel. Emportée au large par une tempête, ou ce qui serait qualifié, dans le milieu de la dispersion, comme un « événement météorologique extrême », cette première graine aventureuse flotta ensuite durant des semaines sur le rapide courant de Humboldt avant d'arriver sur les rives rocheuses d'une île des Galápagos. De là, peut-être fut-elle entraînée vers l'intérieur de la manière imaginée par Darwin, grâce à un coup de vent. Il y a une autre possibilité, tout aussi probable et beaucoup plus séduisante. Un peu partout sur les

1. Darwin, 1859, p. 228.

basses terres arides des Galápagos, les pinsons endémiques tapissent le fond de leur nid exclusivement de plumes d'herbacées : on peut donc imaginer que la fin du voyage de la graine de coton de Darwin se soit passée à bord du bec d'un pinson de Darwin.

Il paraît peu probable qu'une graine bien précise trouve les conditions idéales à son développement après être arrivée par le vent ou par les flots. Mais avec le temps, et les efforts répétés, les deux stratégies finissent par produire des résultats. Si l'on comptabilise les modes de dispersion de leurs graines par les plantes, le vent est utilisé plus fréquemment que toutes les autres méthodes réunies, même si, généralement, il s'agit d'un voyage de quelques centimètres ou de quelques mètres. Ajoutez un courant océanique à l'équation, en revanche, et des histoires comme celle du coton de Darwin deviennent quasi banales – au moins cent soixante-dix autres espèces atteignirent l'archipel par des moyens similaires[1]. D'ailleurs, l'arrivée aux Galápagos paraît presque une partie de plaisir comparée à la façon dont le coton colonisa l'Amérique du Sud – après avoir traversé l'océan Atlantique sur toute sa largeur non pas une, mais deux fois. Les biogéographes appellent cela un « miracle au carré[2] », mais les preuves ne laissent aucun doute. Les espèces de coton américain contiennent les gènes de deux ancêtres africains distincts, ajoutant un aspect évolutif à une relation transatlantique dont l'impact n'intéresse pas seulement les botanistes. Au XIXe siècle, le mouvement du coton à travers l'océan Atlantique était au cœur des événements internationaux : industrialisation, mondialisation, domination britannique, esclavage et guerre de Sécession.

1. Porter (1984) attribua 134 colonisations au vent et 36 au courant, en comptant que certaines, comme le coton, résultaient d'une combinaison des deux.
2. Queiroz, 2014, p. 287.

Il est impossible de surestimer le rôle essentiel que joua le coton dans la configuration de l'ère moderne. Les historiens le surnommèrent la « fibre révolutionnaire » et le « carburant de la révolution industrielle »[1]. Il devint le premier produit de masse mondial et la base du tristement célèbre « commerce triangulaire » reliant les plantations américaines, les usines britanniques et les ports négriers africains – le coton brut filait à l'est, les tissus terminés étaient convoyés au sud et la main d'œuvre, composée d'esclaves, voguait vers l'ouest. Pour reprendre les termes de Karl Marx, « Sans esclavage, il n'y a pas de coton et sans coton, il n'y a pas d'industrie moderne[2] ». Marx écrivit ces mots en 1846, à une époque où le commerce du coton équivalait à 60 % des exportations américaines et employait un ouvrier britannique sur cinq. Sous sa forme brute ou finie, le produit resta l'activité exportatrice dominante en Amérique et en Europe durant plus d'un siècle. Mais les bouleversements sociaux et économiques considérables instillés par les fibres des graines de coton commencèrent bien avant.

Lorsque Christophe Colomb découvrit le coton aux Caraïbes, il y vit une preuve supplémentaire qu'il avait atteint les côtes asiatiques. Depuis plus de mille ans, cette matière première était en effet l'apanage de l'Asie, produite en Inde et distribuée au fil des routes commerciales s'étirant à l'est vers le Japon et à l'ouest vers l'Afrique et la Méditerranée. La Perse seule importait chaque année entre vingt-cinq et trente mille cargaisons de chameau de coton indien et l'Europe était alimentée de manière certes modeste, mais régulière, *via* Venise, où le produit semblait un lucratif complément au commerce des épices. Il était

1. Yafa, 2005, p. 70 ; Riello, 2013, p. 2.
2. McLellan, 2000, p. 221.

transporté et vendu largement un peu partout en Asie aussi. Les historiens soulignent que la route de la Soie était en partie une route du Coton à contresens. Les marchands chinois rentraient chez eux chargés de grandes quantités de ce tissu indien, sans parvenir à satisfaire la demande. À tel point que la Chine finit par créer sa propre réserve par décret : une loi stricte du XIXe siècle exigeait que tout paysan cultivant plus d'un arpent de terre consacre une partie de son terrain à faire pousser du coton. Lorsque Portugais et Hollandais accostèrent pour la première fois dans les ports asiatiques en quête d'épices, ils découvrirent le rôle clé du coton dans l'équation. Les tissus imprimés venus d'Inde avaient meilleure cote que l'argent européen, surtout dans les îles reculées où poussaient les clous de girofle et les noix de muscade. Le textile devint un à-côté profitable pour les Hollandais, mais ce fut la Compagnie anglaise des Indes orientales qui inaugura véritablement la nouvelle ère du coton.

La seconde partie du XVIIIe siècle vit l'alignement de trois éléments qui permirent de modifier cette économie : la mode, l'innovation, la politique. En copiant les créations des soies les plus coûteuses pour une fraction de leur prix, le calicot (du nom de la ville côtière indienne de Calicut) comme d'autres tissus imprimés permirent d'introduire la couleur et un certain sens du style dans la classe moyenne européenne de plus en plus nombreuse[1]. Malgré la résistance des industries de la laine et du lin – qu'elle prenne la forme de lois protectionnistes, d'émeutes ouvrières, voire

1. La simple lecture des étiquettes dans un magasin de vêtements, de nos jours, révèle très vite le rôle de l'Asie et du Proche-Orient dans l'histoire du coton. Aux calicots de Calicut, il faut ajouter le madras (de la ville de Madras), le chintz (du mot hindi signifiant « peinture » ou « éclaboussure »), la gaze (qui en arabe signifie « bourre de soie »), le satin (de l'arabe *zaitūnī*).

d'agressions de femmes vêtues de calicot, dont certaines finirent même nues dans les rues de Londres –, les importations de coton indien explosèrent. La Compagnie des Indes orientales en fit son cœur d'activité, négligeant les épices, fournissant les marchés européens, mais aussi les territoires sous domination britannique, de l'Afrique à l'Australie et jusqu'aux Antilles. Le succès des tissus indiens sur la scène mondiale suscita des imitations et quelques inventions révolutionnaires pour les filatures : la jenny de James Hargreave, la mule-jenny de Samuel Crompton et la machine à filer *water frame* de Richard Arkwright. La mécanisation augmenta la qualité des étoffes de fabrication britannique, fit chuter les prix et déplaça finalement le gros de la production des villages indiens aux villes industrielles anglaises. La révolution industrielle était en marche, les graines de coton inspirant ses machines tout comme une autre graine, celle du café, avait secoué les esprits de sa force de travail.

Politiquement, la hausse de la demande pour le coton et le besoin d'un approvisionnement régulier contribuèrent à justifier l'expansion britannique en Inde. Par la contrainte et la conquête, la Compagnie des Indes orientales en vint à dominer le sous-continent au moment où les industries britanniques captaient tout le commerce lié au coton, minant ainsi l'économie indienne. Il n'est pas étonnant que le Mahatma Gandhi ait choisi le coton filé en Inde comme symbole de résistance à la domination britannique, car c'était (disait-il) « le devoir patriotique de chaque Indien de filer son propre coton et de tisser ses vêtements ». Le rouet stylisé reste d'ailleurs le point central du drapeau indien. Première industrie hautement mécanisée, le coton aida l'économie européenne à basculer : d'agricole elle devint industrielle, établissant un mode de fonctionnement qui régirait les deux siècles suivants – importation de la matière première du sud vers le nord, puis exportation du produit fini vers le monde entier. En Europe, le système soutint des empires, créa un sursaut de prospérité. En Amérique, il fut à l'origine d'une guerre.

Le coton découvert par Christophe Colomb au Nouveau Monde était différent de ses ancêtres africains et asiatiques[1]. Les fibres étaient plus longues, les graines plus collantes, donc plus difficiles à travailler. Mais cela n'empêcha pas le bon amiral de vanter le produit, dont il prétendit qu'il poussait en abondance, ne nécessitait aucun entretien et pouvait être récolté toute l'année. Des descriptions remplies de fanfaronnades dont Christophe Colomb était spécialiste, certes, mais, dans le cas du coton, son enthousiasme n'était pas si exagéré. Les longues fibres étaient adaptées à un tissage de qualité supérieure, d'ailleurs une unique espèce de coton américain est responsable aujourd'hui de 95 % de la production mondiale. Cependant, ainsi que le prouvèrent mes tentatives, il n'était pas simple de séparer les graines des fibres. Malgré l'explosion de la production cotonnière, la variété américaine resta secondaire jusqu'à l'apparition de la fameuse machine à filer d'Eli Whitney. Il en résulta aussitôt un gain en efficacité, en productivité, mais le jeune inventeur n'aurait pas pu prévoir les autres conséquences.

Bien que son brevet eût été déposé et signé par Thomas Jefferson alors secrétaire d'État (qui, après avoir vu les plans de la machine, en commanda une pour sa plantation de Monticello), Eli Whitney ne put jamais en tirer profit. La

1. Les cotons à longues fibres du Nouveau Monde résultent d'une hybridation entre deux variétés de l'Ancien Monde. Ce sont ce que les généticiens appellent des « tétraploïdes », possédant deux fois plus de chromosomes que la normale. L'une des cinq espèces reconnues, le coton mexicain (*G. hirsutum*) domine désormais le marché mondial. Le coton créole (*G. barbadense*) a les plus longues fibres, mais il est plus difficile à cultiver. Il résiste sur le marché pour des tissus hauts de gamme, et est généralement vendu sous la dénomination de « coton égyptien » ou « coton pima péruvien ».

simplicité du système le rendait très facile à copier et il découvrit bien vite que les tribunaux ruraux du sud des États-Unis montraient fort peu de compassion pour un détenteur de brevet issu d'une ville du Nord. S'il avait récupéré ne serait-ce qu'une petite portion de ce qui lui était dû, Whitney aurait fait fortune. Durant la décennie qui suivit, la technologie de la *cotton gin* multiplia par quinze les exportations du sud de l'Amérique. La production continua de doubler tous les dix ans et, au milieu du XIXe siècle, les plantations du Sud fournissaient près de trois quarts de la production mondiale de coton brut. Plus que n'importe quelle autre matière première, celle-ci donna à la jeune nation américaine la richesse, l'influence et le prestige international.

Aucun historien ne conteste les revers judiciaires d'Eli Whitney, mais ses malheurs ne pèsent pas lourd face aux répercussions terribles qu'entraîna son invention. La mécanisation simplifia la transformation du coton, mais sa culture continuait d'exiger une grande force de travail. Le commerce du coton américain, soudain devenu profitable, donna un second souffle à la traite des esclaves en provenance d'Afrique, alors sur le déclin. Cette part effroyable du commerce triangulaire connut ainsi un nouveau pic dans les années 1790 ; quatre-vingt-sept mille esclaves empruntaient le « passage du milieu » vers l'Amérique chaque année[1]. Le Congrès bannit le trafic d'êtres humains de l'étranger en 1808, mais le commerce intérieur resta florissant et le nombre d'esclaves quintupla entre 1800 et 1860. Dans certaines régions, la vente et l'achat de cueilleurs de coton généraient autant d'échanges que la matière première elle-même.

Ce lien fondamental entre esclavage et coton définit toute l'économie du Sud d'avant la guerre de Sécession, préparant

1. Voir Klein, 2002.

le terrain du conflit le plus meurtrier d'Amérique. À la fin de cette guerre, en 1865, on compte plus d'un million de personnes tuées, blessées ou déplacées. Cette confrontation déterminante laissa derrière elle des divisions sociales et politiques durables. Mais l'économie de la fibre, elle, en fut à peine modifiée. Le métayage remplaça l'esclavage, et la production cotonnière retrouva son niveau d'avant-guerre en cinq ans pour demeurer au premier rang des exportations américaines jusqu'en 1937. Tout s'arrangea finalement pour Eli Whitney. Son brevet pour la *cottongin* expira sans rien lui avoir rapporté, mais il fit fortune dans une autre industrie : la manufacture de mousquets, fusils et pistolets. Ironie de l'histoire, l'armurerie Whitney produisit certaines des armes à feu les plus utilisées lors de la guerre de Sécession.

Au premier abord, le lien entre les graines et la guerre n'est pas forcément évident, pourtant la boule de coton ne fut pas l'unique stratégie de dispersion qui influença les événements sur un champ de bataille. Le premier bombardement aérien de l'histoire consistait en quatre grenades manuelles, lancées depuis le cockpit d'un avion de reconnaissance, durant la guerre italo-turque de 1911. Le pilote italien en prit seul l'initiative, sans ordre, et dégoupilla lui-même alors qu'il survolait un campement turc dans le désert libyen. Il n'y eut pas de blessé, mais les deux belligérants critiquèrent le geste, considéré comme un manquement à l'étiquette militaire. L'indignation fit long feu cependant, car les stratèges ne tardèrent pas à voir le potentiel de cette attaque d'un nouveau genre. L'envoi de ces grenades inaugura une nouvelle ère dans la façon de mener une guerre, le pilote s'assura ainsi une place anecdotique dans les livres d'histoire militaire. Rares sont ceux qui se souviennent, en revanche, de la forme inhabituelle qu'avait son avion. Ce n'était pas un biplan dans le style de celui des frères Wright ou d'Alberto Santos-Dumont, le pionnier brésilien de l'aviation ; il n'était pas non plus inspiré des planeurs semblables aux oiseaux créés par Otto Lilienthal. Il consistait en une queue en éventail et une aile qui aurait semblé familière à toute personne ayant vécu en Indonésie, où cette forme apparaît en des milliers d'exemplaires à travers la forêt tropicale. L'avion qui participa à ce fameux incident ressemblait à une graine volante, agrandie à partir des pépins profilés d'*Alsomitra macrocarpa*.

La plupart des pionniers de l'aviation s'inspirèrent des oiseaux et des chauves-souris, mais l'Autrichien Igo Etrich, pour sa part, imita des ailes plus anciennes encore. Les fossiles comme ceux qu'étudie Bill DiMichele prouvent que les graines ailées existent depuis des centaines de millions d'années. Les plantes eurent donc tout le temps d'affiner et d'étirer les tissus de leurs rejetons, donnant naissance à une grande diversité d'ailettes : les reliefs en nid d'abeille des parnassies, les jupettes superposées des fleurs de pied-d'alouette, les « hélicoptères » familiers de l'érable et du sycomore. Etrich se concentra sur une graine dont l'unique aile profilée pouvait atteindre quinze centimètres et qui, comme les fibres du coton, n'était composée que d'une cellule, ce qui lui permettait de se déplacer légèrement dans l'air. *Alsomitra macrocarpa*, une frêle plante grimpante d'Indonésie tout à fait banale, s'enroule autour des troncs dans la forêt pour aller chercher la lumière vers les cimes. Peu de botanistes occidentaux en ont vu – mais tous connaissent bien sa graine.

Emportées par centaines depuis l'extrémité fendue de chaque fruit, qui n'est pas sans rappeler une citrouille, les graines se déplacent fréquemment sur de longues distances, depuis les abords de la forêt. Des marins en ont signalé sur le pont de navires, à des milles de la côte. Pour pouvoir accomplir ces vols extraordinaires, les graines ont deux atouts que les ingénieurs aéronautiques leur envient : la stabilité passive et un angle de descente faible. La stabilité passive correspond à une autocorrection en vol, la capacité à retrouver l'équilibre quand le vaisseau tangue. La membrane flexible de la graine d'*Alsomitra macrocarpa* lui permet d'être autostable, de réajuster constamment le centre de gravité du vol. L'angle de descente faible signifie que la graine ne perd que cinquante centimètres d'altitude par seconde de vol. (Les graines d'érable « hélicoptères », par comparaison, tombent deux fois plus vite[1].) Bien qu'il ait baptisé son avion le *Taube*, la « Colombe », en allemand, Etrich ne cacha pas qu'il s'était inspiré de cette graine, et depuis *Alsomitra macrocarpa* est vénéré par les spécialistes de l'aéronautique. Les *Taube* arboraient un fuselage qui cassait la courbure de l'aile, mais Etrich rêvait de construire des avions en tous points semblables à son modèle – sans queue et avec le cockpit contenu dans une unique surface ailée ininterrompue. L'aviation commerciale s'éloigna de ce genre de prototypes après la Première Guerre mondiale, mais l'idée d'une « aile volante » persista dans l'imagination de quelques ingénieurs rebelles près de soixante-quinze années durant, pour culminer dans ce qui est toujours considéré comme l'avion le plus évolué, le plus cher, le plus redoutable jamais inventé.

1. La samare ailée de l'érable tombe peut-être plus vite que la graine d'*Alsomitra macrocarpa,* mais ça ne l'a pas empêchée d'inspirer elle aussi un avion. Lockheed Martin fabrique le « Samarai », un drone de surveillance qui tourne comme la graine d'érable, et des chercheurs australiens dévoilèrent récemment un engin qui tourne sur lui-même conçu pour transmettre les conditions atmosphériques au-dessus d'un feu de forêt. Des hélicoptères à rotor unique ont aussi été construits, mais il leur manque généralement la stabilité nécessaire pour permettre un vol habité.

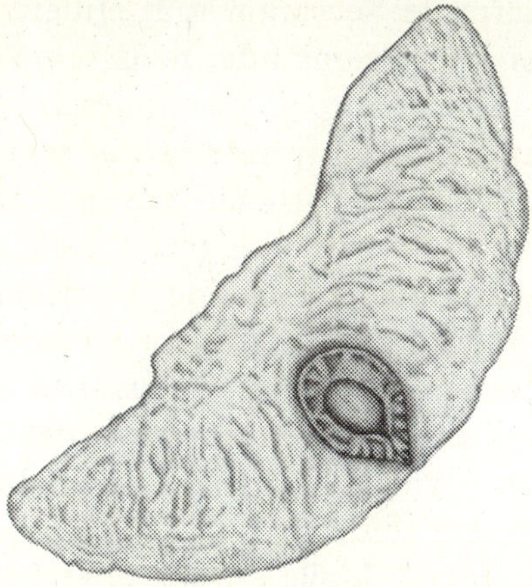

Alsomitra macrocarpa.

Avec ses bords étirés formant une aile large et délicate, cette graine est l'un des plus efficaces objets volants qui existent dans la nature. Cette lame ultrafine est capable de flotter sur la moindre brise et de parcourir des trajets qui se mesurent non pas en mètres, mais en kilomètres.

Le Northrop Grumman B-2 Spirit est plus connu sous son surnom : le « bombardier furtif ». Comme la graine qui inspira sa création, la forme à portance élevée et à faible frottement du B-2 est extrêmement efficace, elle rend possible un vol de 11 265 km sans ravitaillement en carburant. Bonus, grâce à son absence de dérive saillante, le B-2 évite la détection de tous les systèmes de défense aériens, à l'exception des plus sophistiqués. Seuls vingt et un exemplaires furent produits (portant le coût du programme à plus de deux milliards par avion), pourtant le B-2 est considéré comme un élément majeur de l'arsenal américain. Un seul de ces avions pensés pour le transport des charges nucléaires et conventionnelles a la capacité d'éliminer davantage de vies que la guerre de Sécession tout entière. La prouesse d'ingénierie est impressionnante, mais semble en complet décalage avec l'aile volante d'*Alsomitra macrocarpa*, conçue non pour répandre la mort, mais la vie, au contraire.

L'aviation militaire est particulièrement compétitive, tous les fournisseurs de l'armée aimeraient fabriquer l'appareil susceptible de remplacer celui de Northrop Grumman. Mais l'aile du bombardier furtif a encore assez d'avance en matière d'aérodynamisme pour surclasser ses rivaux, le programme B-2 est ainsi assuré de trouver des financements. La compétition permanente dans l'aéronautique incite à toujours se dépasser. Mais dans la nature, un système vaut-il mieux qu'un autre ? L'aile est-elle plus performante que l'aigrette ? Armé d'un escabeau de deux mètres de haut, d'un mètre ruban et accompagné d'un fervent passionné de graines de moins de 5 ans, je comptais bien en avoir le cœur net.

Par un beau et chaud matin d'été, Noah et moi nous rendîmes au fond du jardin pour une partie de ce jeu que nous baptisâmes « chute de graines ». Les règles étaient simples. Je grimpais sur l'escabeau, je laissais s'envoler toute une série de graines à tour de rôle et Noah les poursuivait à travers le champ, pour planter un petit fanion orange aux endroits où elles atterrissaient. Puis, mètre ruban en main, nous mesurions la distance parcourue. Nous commençâmes par le coton, qui se révéla assez décevant. Même par une brise modérée, la boule ne progressa pas au-delà de cinq mètres avant de se poser dans l'herbe. Certes, c'était mieux que de tomber droit à la verticale, mais il aurait fallu une sacrée tempête pour emporter des graines de coton par-delà un océan. Leurs fibres sont sans doute légères et prolifiques, mais la graine en soi reste volumineuse, ce qui amène les experts à conclure que la flottaison est peut-être leur avantage clé en termes d'évolution. (D'ailleurs, le coton de Darwin et tous les plus touffus poussent à proximité des zones côtières.) Nous passâmes ensuite aux pissenlits (neuf mètres), puis tentâmes notre chance avec les aigrettes d'un peuplier voisin, qui dérivèrent jusqu'à l'orée de la forêt, trente-cinq mètres plus loin.

Lorsqu'il fallut tester une graine ailée, je tirai avec le plus grand soin une unique graine d'*Alsomitra macrocarpa* d'une enveloppe. (Mes courriers à un jardin botanique des environs de Djakarta étaient restés lettre morte, mais j'avais réussi à en acheter une poignée à un collectionneur de graines compatissant.) Il était facile de voir pourquoi Igo Etrich avait été inspiré. De la taille de ma paume, aussi fin qu'une feuille, la graine consistait en un disque doré de la taille d'un pouce entouré d'une membrane translucide qui se froissait dans la brise comme du parchemin. Elle semblait imbattable, pressée de s'élever, pourtant le premier vol fut un échec complet.

« C'est nul, papa », constata Noah, visiblement dégoûté en la voyant tanguer puis s'écraser après quelques mètres comme un avion en papier au nez trop lourd. Cinq fois de suite, je grimpai à l'escabeau et lâchai la graine, mais il n'y eut qu'un départ réussi : elle plana, vacilla tel un oiseau nerveux sur une quinzaine de mètres. C'était plus que le coton, pourtant on était loin du modèle idéal pour un avion à un milliard de dollars. Je voyais l'intérêt de Noah commencer à faiblir, mais je décidai de faire une ultime tentative. De nouveau, elle piqua en tremblotant en direction de l'herbe. Soudain, comme emportée par un élan invisible, elle trouva le bon courant et se hissa dans les airs. Noah poussa un cri de joie, je descendis de mon escabeau à toute vitesse et la course-poursuite commença.

Nous la suivîmes jusqu'à la limite du jardin, où elle s'éleva, vira et franchit la clôture en quelques longs loopings et rebonds. L'une des hirondelles qui nichaient sous l'avant-toit de la cabane du raton laveur approcha pour mener l'enquête, tourna deux fois autour de la graine en pleine ascension. Ravis et émerveillés, nous la vîmes passer au-dessus de la forêt, emportée par un courant qui lui fit prendre de la vitesse.

« Elle est partie, Noah ! m'écriai-je. Nous ne la reverrons plus jamais ! »

Il n'avait pas lâché son petit drapeau orange, je tenais toujours mon mètre ruban, mais notre concours entre aigrettes et ailes était terminé. Nous regardâmes voler cette graine pour la beauté de la chose. Plantés là tous les deux, la tête tournée vers le ciel, nous attendîmes en riant de la voir disparaître – petite chose toute fine, toujours plus haute, jusqu'à ce qu'elle soit hors de notre vue[1].

1. Je ressentis une grande excitation à voir ainsi disparaître cette graine d'*Alsomitra macrocarpa*, mais aussi une certaine gêne. Et si elle germait ? Même s'il est extrêmement peu probable qu'une plante grimpante tropicale prospère dans notre climat froid, je ne pus m'empêcher d'imaginer que Noah et moi venions d'introduire le futur kudzu du nord-ouest pacifique !

CONCLUSION

L'AVENIR DES GRAINES

« Le Dieu est jour nuit
Hiver été
Guerre paix, abondance famine. »

Héraclite
(vers 500 av. J.-C.)

À chaque famille ses traditions. Les ancêtres de mon père étaient originaires de Norvège, de stoïques pêcheurs qui voguaient entre les fjords dans de petites embarcations en bois. De nos jours, plus aucun d'entre nous ne gagne sa vie à l'aide d'une canne et d'un hameçon, mais la pêche reste une activité classique. Il est rare de trouver une photo de famille où n'apparaisse pas un saumon mort. Du côté de ma mère, c'est le grand mélange, c'est l'Amérique, il y a des médecins de campagne, un voleur de chevaux, un membre du Congrès mort en duel. Lorsque j'épousai Eliza, je rejoignis un clan à la tradition solidement paysanne. Je découvre à peine l'histoire de sa famille, mais il semble que la pastèque soit leur incontournable.

« J'ai fait pousser la première pastèque tétraploïde d'Amérique du Nord », se vanta un jour le grand-père d'Eliza, Robert Weaver, une étincelle dans l'œil. À 94 ans, il n'a rien perdu de sa verve et se souvient dans les moindres détails de ses années dans la pastèque, la pollinisation manuelle de milliers de fleurs, les vaines tentatives pour vendre les résultats. « Je suis allé trouver les frères Burpee, raconta-t-il, mentionnant les célèbres grainetiers. Mais c'est tout juste s'ils voyaient ce qu'était un chromosome ! »

Le mot « tétraploïde » fait référence au nombre de chromosomes présents dans le noyau d'une cellule. Ainsi que le découvrit Gregor Mendel, les plantes en possèdent en général un double assortiment, hérités de chaque parent, une condition que les généticiens appellent « diploïdie ». Mais parfois la division cellulaire se passe mal et produit des graines dotées du double de l'effectif normal. Dans la nature, c'est une source importante de variations, susceptible de mener à de nouvelles caractéristiques, variétés et espèces. L'*almendro* est tétraploïde, le coton de Darwin également. Mais, au milieu du XXe siècle, les phytogénéticiens découvrirent que les chromosomes pouvaient être doublés chimiquement[1], et que le rétrocroisement d'un tétraploïde et de son parent diploïde produisait des hybrides stériles[2]. Le résultat, pour la pastèque ? Un fruit d'apparence parfaitement normale et tout aussi savoureux qui, cependant, ne parvenait pas à se remplir de pépins. Pratique, pour le consommateur. Et pour les entreprises faisant le commerce des graines, c'était une manière de contrôler la production,

1. Le produit chimique en question est la colchicine, un alcaloïde trouvé dans les graines et les tubercules du colchique d'automne.

2. Le nœud du problème tient à une simple affaire de division. Les plantes dotées d'un nombre égal de chromosomes peuvent facilement donner la moitié de leur capital à leur pollen ou à leur ovule qui s'unissent ensuite pour former une graine. Croiser des plantes diploïdes et tétraploïdes, en revanche, produit des individus à trois assortiments de chromosomes, donc impossibles à diviser par deux. Les plantes triploïdes peuvent être en pleine santé, cependant elles sont stériles, incapables de produire du pollen ou des ovules viables, donc de produire des graines.

agriculteurs et jardiniers se trouvant forcés d'acheter de nouvelles graines chaque année, puisqu'ils n'en produiraient plus eux-mêmes.

Aujourd'hui, les variétés sans pépins constituent 85 % du marché de la pastèque, mais Bob vendit ses parts de la société familiale avant que celle-ci ne devienne profitable. Je lui demandai combien cette idée rapporta à son beau-frère. « Des millions », répondit-il, sans une once de regret toutefois. Bob abandonna la production de pastèques pour déménager à l'ouest, et s'installer sur une île où, pour reprendre ses termes, « les enfants pouvaient aller pieds nus à l'école ». Ils construisirent une maison en bois flotté et, en contrebas, cultivèrent un jardin dont la terre était si fertile qu'une année il récolta plus de dix kilos de pommes de terre à partir d'un unique pied.

De bien des manières, l'expérience de Bob annonçait la controverse qui fait rage aujourd'hui à propos de l'avenir des graines. Il est issu d'une famille de cultivateurs et choisit par la suite un mode de vie rural. Entre-temps, cependant, il eut un aperçu des débuts de la modification génétique, un domaine qui va bien au-delà du simple doublement des chromosomes. Les phytogénéticiens modernes possèdent désormais les outils pour ajouter, supprimer, modifier, transférer, et potentiellement créer des gènes spécifiques pour des caractéristiques spécifiques. Les possibilités sont infinies, mais troublantes, aussi. Les agriculteurs sont aux prises avec des litiges de propriétés industrielles, accusés d'avoir conservé des graines, pratiqué la pollinisation ouverte ou d'autres traditions millénaires. Les critiques soulèvent des inquiétudes légitimes sur des questions d'environnement, de santé, et de morale même, puisqu'il s'agit de mêler des gênes d'espèces différentes. Des graines génétiquement modifiées ont rejoint la liste des innovations et des technologies que nous avons du mal à accepter, aux côtés des drones, du clonage et des centrales nucléaires. Certains approuvent sans condition la manipulation des graines, particulièrement ceux qui en retirent un profit, mais nombre d'autres se méfient, voire s'en détournent. Il n'existe aucune solution qui satisfasse tout le monde à la fois, mais si vous êtes arrivé jusque-là dans votre lecture, alors, vous aussi, vous avez beaucoup réfléchi aux graines, et j'espère que nous pourrons tomber d'accord sur un point au moins : elles sont dignes de notre intérêt.

Bob Weaver ne cultiva plus jamais pour le commerce, cependant le jardinage garda une place centrale dans sa vie de famille. Sa femme et lui transmirent cette passion à leurs enfants, qui eux-mêmes la léguèrent à la génération d'Eliza. Et voilà que Noah y succombe à son tour. À chaque réunion de la famille Weaver, au fil de la conversation, les uns et les autres évoquent leurs plantations et leurs résultats en la matière. Il n'est pas inhabituel non plus que l'on finisse par voir apparaître des sachets de graines, des petits mots griffonnés sur des enveloppes bien repliées et le troc des variétés les plus prometteuses. Comme le peuple Mendé de Sierra Leone qui « essayait de nouveaux riz », les jardiniers partout dans le monde partagent cette envie d'échanger, d'expérimenter en permanence sur leur terrain, quel qu'il soit. Et par cette tradition de l'échange, les graines se chargent d'histoires.

Lorsque j'interviewai Diane Ott Whealy de Seed Savers Exchange, elle me confia qu'en plantant les belles-de-jour de son grand-père elle avait l'impression de se retrouver à ses côtés. Durant tout l'été, elle le voyait dans ces fleurs violettes qui lui faisaient de l'œil depuis la haie, ou qui pointaient le bout de leur nez dans la serre. Il en va de même dans notre jardin toutes les années où Eliza choisit de semer le chou Storage #4 qu'adore son grand-père, ou le chou kale de sa tante Chris (variété récupérée auprès d'un Irlando-Écossais unijambiste du nom de McNaught). Il peut aussi lui arriver de planter les haricots grimpants préférés de sa famille, le géant de l'Oregon – difficile à trouver à moins d'en garder les graines d'une année sur l'autre. En échange, j'aime à imaginer que ses parents font pousser la « laitue d'Eliza », variété locale qu'elle a découverte il y a des années, montée en graines dans une parcelle du jardin partagé, proche de la sienne.

L'évolution se comporte à peu près comme un jardinier, ne gardant que les expériences les plus réussies. Rien n'est nécessairement inviolé dans le triomphe des graines. Tout comme les plantes à spores perdirent leur position dominante, les graines laisseront peut-être un jour la place à quelque chose de nouveau. Et si le processus était déjà lancé ? Avec plus de vingt-six mille espèces connues, les orchidées forment la famille de plantes la plus diversifiée et la plus évoluée de la planète. Pourtant leurs graines n'en sont pour ainsi dire pas. Ouvrez une cosse d'orchidée, et vous verrez s'échapper des grains de poussière, microscopiques qui n'ont ni coque de protection, ni produit chimique défensif, ni élément nutritif visible. Ce sont bien des bébés plantes, mais, pour reprendre l'analogie de Carol Baskin, elles ne sont équipées ni d'une boîte ni d'un déjeuner. Elles ne sont en réalité capables de germer que si le terrain alentour contient précisément le champignon symbiotique dans la quantité nécessaire. En tant que telles, les orchidées n'ont que peu à offrir aux humains, pas de carburant, de fruit, ni d'aliment, de fibres, pas de stimulants, pas de médicament utile. De toutes ces espèces, une seule produit une graine ayant une valeur commerciale : la vanille. Sans leurs fleurs magnifiques, elles ne nous intéresseraient probablement pas beaucoup.

Les paléobotanistes, parmi lesquels Bill DiMichele, envisagent l'évolution des plantes au long cours, ils observent les caractéristiques, les espèces, les fluctuations de groupes entiers à travers les fossiles. Bill ne croit pas à la fin prochaine du règne des graines. « Les orchidées sont des parasites », m'assura-t-il. Non seulement elles dépendent des champignons, mais la plupart des espèces sont épiphytes, elles se servent d'autres en guise d'appui, de structure. Quant à leurs irrésistibles fleurs, elles contiennent rarement du nectar ou du pollen accessible, leur supercherie ne fonctionne que parce que les plantes qu'elles colonisent offrent des récompenses fiables. Cependant, puisque près d'une espèce sur dix de la flore mondiale est une orchidée, il est difficile de croire qu'elles ne tiennent pas là la recette du succès. Une telle réussite à l'aide de graines si microscopiques, toutes simples, nous rappelle que la complexité est un symptôme de l'évolution, pas une conséquence. Toutes les caractéristiques élaborées, remarquables des graines – nutrition, endurance, protection – ne perdureront que tant qu'elles bénéficieront aux générations futures. Elles incarnent la biologie de la transmission. D'une certaine manière, c'est aussi la raison fondamentale de leur signification culturelle profonde. Les graines nous donnent un lien tangible entre le passé et l'avenir, comme un rappel des relations entre les hommes, et du rythme naturel des saisons et de la Terre.

À l'automne dernier, je ramassai en compagnie de Noah les graines de campanule et de lavatère dans le jardin envahi de fleurs de ma mère. Je les rapportai chez moi pour mettre un peu de couleur dans un parterre trop nu devant la cabane du raton laveur. Une après-midi, au début du printemps, je retournai le sol, arrachai quelques mauvaises herbes et sortis mes graines. Noah les examina avec attention, remarquant les particules toutes noires de lavatères dans leur petite poche, ainsi que les minuscules campanules, comme des poussières d'or. Lorsque vint le moment de semer, il jeta gaiement quelques poignées de graines dans la terre, puis il ajouta sa touche personnelle – quatre popcorn qu'il avait soigneusement mis de côté après en avoir grignoté un peu plus tôt dans la journée.

Coup de chance, nous avions choisi le moment idéal. L'après-midi même, une grosse averse arrosa notre terrain, puis le ciel s'éclaircit et nous gratifia de plusieurs jours de soleil. Les lavatères germèrent très vite, lorsque leur feuille toute neuve surgit de terre, elle portait encore des vestiges de la protection de la graine. Deux semaines ont passé. Au moment où j'écris ces lignes, j'entends Eliza devant ma fenêtre qui interpelle Noah et lui fait remarquer, utilisant le nom botanique : « Tiens, regarde, une autre *Malva*. Tu la vois ? »

Un peu plus tard, il me montre, tout fier, les petites tiges vert tendre qui égaient notre coin de terre. Le temps que ce livre soit publié, elles seront en fleurs.

GLOSSAIRE

ADÉNOSINE : constituant cellulaire doté de multiples fonctions vitales en biochimie. Dans le cerveau, elle joue un rôle important pour signaler la fatigue et guider le corps vers le sommeil.

ALCALOÏDE : substance appartenant à un large groupe de composants à base d'azote, produits par les plantes et quelques organismes marins. Les alcaloïdes fonctionnent souvent comme des défenses chimiques et beaucoup produisent de fortes réactions chez l'homme. Parmi eux se trouvent des stimulants comme la caféine, des sédatifs comme la morphine et des poisons comme la strychnine.

ALLÈLE : une des formes possibles d'un gène, déterminé par les différences dans l'ADN et résultant en différentes expressions de ce gène (par exemple, pois lisses ou ridés, cheveux bruns ou roux).

ANGIOSPERME : une « plante à fleurs » dont la graine est enveloppée de tissus formant un carpelle (voir ci-dessous). La vaste majorité des plantes sont des angiospermes.

APOMIXIE : reproduction asexuée chez les plantes, qui survient quand les cellules de l'œuf sont produites à partir de chromosomes, sans qu'aucune fertilisation du pollen soit requise. Les graines qui en résultent sont essentiellement des clones du parent. Cette stratégie a évolué occasionnellement dans un grand nombre de familles de plantes, mais elle est surtout répandue chez les asters parmi lesquelles les pissenlits, et les épervières qui laissèrent Gregor Mendel si perplexe.

CAFÉINE : alcaloïde présent dans un certain nombre de plantes (particulièrement le café, le thé, le cola et le cacao) qui contribue à repousser les attaques des insectes ou d'autres nuisibles, et fonctionne également dans la terre comme herbicide et inhibiteur de germination. Elle est utilisée par l'homme comme stimulant.

CARBONIFÈRE : cinquième période de l'ère paléozoïque, postérieure au dévonien et s'étirant de – 360 millions à – 286 millions d'années (comprend les sous-périodes du mississippien et du pennsylvanien).

CARPELLE : caractéristique des angiospermes, il est le résultat de l'évolution des feuilles, ou bractées, qui entourent et renferment la graine, formant une couche protectrice et déclenchant une série d'adaptations pour la protection, la pollinisation et la dispersion.

CARYOPSE : fruit généralement considéré comme les « graines » des graminées.

CHROMOSOME : structure qui contient l'information génétique d'une plante ou d'un animal. Les chromosomes se composent d'une molécule d'ADN à « double hélice » et des protéines environnantes ; ils servent d'unités de transfert d'hérédité entre les générations. Lors d'une reproduction sexuée, les individus reçoivent la moitié de leurs chromosomes de chacun de leurs parents.

COÉVOLUTION : processus d'évolution dans lequel les changements dans un organisme en déclenchent d'autres dans un autre organisme. Traditionnellement, la coévolution se définissait comme une interaction réciproque entre deux espèces, mais on la voit désormais comme beaucoup plus nuancée, susceptible d'entraîner des changements dans tout un réseau d'espèces en interaction, qui peuvent varier selon la géographie et à travers le temps.

COPRAH : chair de la noix de coco, formée par l'endosperme solide, cellulaire.

COTYLÉDON : feuille embryonnaire d'un bébé plante, aussi appelée « feuille cotylédonaire ». Les cotylédons sont bien connus des jardiniers, ce sont les toutes premières feuilles des jeunes plants tout juste germés. Dans une graine comestible, c'est aussi la partie charnue qui se mange (par exemple, les deux moitiés d'une cacahouète).

CRÉTACÉ : ultime période du mésozoïque, suivant le jurassique, le crétacé s'étend de – 146 millions à – 65 millions d'années.

CYTOTOXINE : poison qui détruit physiquement les cellules individuelles, par opposition aux neurotoxines qui provoquent la paralysie ou d'autres dégâts sur le système nerveux.

DICOTYLÉDONE : grand groupe de plantes à fleurs défini par la présence de deux cotylédons dans la graine.

DIPLOÏDE : se dit d'un individu doté d'un double assortiment de chromosomes, un de chaque parent.

DORMANCE : en général considérée comme la période d'inactivité entre la maturation d'une graine et sa germination. Techniquement, la véritable dormance s'applique seulement aux graines qui résistent activement à la germination jusqu'à ce que des conditions physiques ou chimiques soient réunies (par exemple, changements dans la lumière, la température et l'humidité, ou exposition à la fumée).

ÉLAÏOSOME : excroissance charnue et riche attachée à certaines graines pour encourager leur dispersion par les fourmis.

EMBRYON : en général, descendance à naître. En botanique, ce terme évoque le bébé plante contenu dans une graine.

ÉMULSIFIANT : substance (par exemple, la lécithine) ajoutée pour stabiliser la suspension d'un liquide dans un autre. Dans les produits alimentaires, les émulsions sont en général des huiles ou des graisses suspendues dans l'eau (par exemple, dans la mayonnaise), mais peuvent aussi être de l'eau dans du gras (par exemple, le beurre). Les émulsifiants peuvent également contribuer à suspendre des particules dans un liquide, comme le sucre et le chocolat solides dans le beurre de cacao.

ENDOCARPE : partie interne du fruit, souvent durcie pour protéger la graine.

ENDORPHINE : groupe d'hormones sécrétées par le système nerveux central. En général les endorphines sont considérées comme participant à la régulation des réactions à la douleur et au plaisir.

ENDOSPERME : tissu important pour le stockage des ressources alimentaires des graines. Chez les angiospermes, il est techniquement un produit triploïde de la pollinisation. Chez les gymnospermes, ce rôle est joué par le mégagamétophyte.

ENDOSPERME ACELLULAIRE : substance peu commune, présente dans les noix de coco et vendue dans le commerce sous l'appellation « eau de coco ». Il se compose de nucléus libres flottant dans un bain nutritif cytoplasmique. À mesure que la noix de coco mûrit, les parois des cellules se forment, une grande partie de ce matériau se transforme en chair (c'est-à-dire en endosperme solide) de noix de coco. (D'autres endospermes de graines, passent par une courte étape acellulaire, très tôt dans leur développement, mais seules les noix de coco le maintiennent aussi longtemps en de telles quantités.)

ENDOZOOCHORIE : littéralement « partir loin à l'intérieur des animaux ». Ce terme fait référence à la stratégie de dispersion des graines, qui consiste à être consommées, transportées puis rejetées par un animal.

ENVELOPPE DE LA GRAINE : couche extérieure de la véritable graine, elle a souvent des fonctions de protection, d'imperméabilisation ou de dispersion, et se mêle parfois aux tissus du fruit qui l'entourent.

ENZYME : substance, généralement protéique, produite pour catalyser une réaction chimique au sein d'un organisme.

ÉPICOTYLE : signifiant littéralement « au-dessus de la feuille », ce terme désigne la portion d'un bébé plante semblable à une tige au-dessus des feuilles séminales et au-dessous de la pousse ou plumule.

ÉTAMINE : partie mâle de la fleur, dont les anthères produisent du pollen.

GAMÉTOPHYTE : littéralement « plante produisant des gamètes ». Le mot désigne une génération indépendante dans le cycle de vie d'une plante à spores qui produit des œufs et des spermatozoïdes. Chez les fougères, par exemple, il s'agit d'une toute petite plante séparée qui pousse à partir d'une spore et vit brièvement en terrain humide.

GÈNE : unité localisée sur un chromosome, où la forme et la structure de l'ADN déterminent une caractéristique spécifique.

GERMINATION : l'éveil de la graine. Techniquement, ce processus commence par l'intervention de l'eau (imbibition) et se termine quand la radicule émerge de l'enveloppe de la graine. Plus généralement, la germination comprend l'apparition et l'établissement de la racine et de la pousse du bébé graine.

GYMNOSPERME : littéralement « semence nue ». Grand groupe de plantes à graines définies par l'absence de carpelle, l'enveloppe autour de la graine.

HORMONE : substance chimique qui régule la croissance, le développement et d'autres processus ayant lieu chez une plante ou un animal.

HYBRIDE : résultat du croisement entre deux espèces ou entre deux variétés distinctes d'une même espèce.

HYDRATE DE CARBONE : composé de l'un des groupes les plus actifs en biochimie. Il comprend des atomes de carbone, d'hydrogène et d'oxygène sous diverses combinaisons. Les résultats sont en général définis comme des sucres, mais, sous forme d'amidon, les hydrates de carbone permettent aussi de stocker de l'énergie dans les graines ou, sous forme de chitine, constituent l'exosquelette des insectes.

HYPOCOTYLE : littéralement « en dessous de la feuille ». Ce terme évoque la partie du bébé plante, semblable à une tige, sous les feuilles séminales et au-dessus de la racine ou radicule.

IMBIBITION : imprégnation rapide d'eau qui marque le début de la germination.

IN SITU : expression latine signifiant « en place », communément utilisée en conservation et en sciences naturelles pour décrire des activités dans l'habitat naturel d'une espèce. (*Ex situ*, au contraire, décrit l'étude ou la conservation d'une espèce dans un zoo ou dans le cadre d'une pépinière.)

LÉCITHINE : substance grasse extraite des huiles de certaines graines, comme le soja, le colza, le coton et le tournesol. Elle est utilisée comme émulsifiant dans les produits alimentaires ainsi que comme complément alimentaire pour réduire le cholestérol.

MÉGAGAMÉTOPHYTE : littéralement « plante qui produit de grosses gamètes ». Ce terme fait référence aux tissus producteurs d'œufs qui sont des plantes à part entière chez les espèces anciennes telles que la sélaginelle, mais qui, chez les plantes à graines, sont incorporées dans les parties fleuries. Le mégagamétophyte produit l'œuf, puis ses tissus sont souvent inclus dans la graine dont ils semblent faire partie. Les conifères et les autres gymnospermes, par exemple, placent l'énergie ou le « déjeuner » de leurs graines dans le mégagamétophyte.

MÉIOSE : division cellulaire qui produit des œufs, des spermatozoïdes ou du pollen. Au lieu d'une division typique, ou mitose, dans laquelle tous les chromosomes sont dupliqués, la méiose produit des cellules contenant seulement la moitié de la dotation normale de chromosomes.

MÉRISTÈME : parties d'une plante où a lieu la division cellulaire, situées essentiellement à l'extrémité des racines et des pousses, mais aussi autour des périmètres des tiges et des troncs des espèces ligneuses.

MÉTABOLISME : ensemble des réactions et processus chimiques se produisant à l'intérieur d'un organisme, généralement considéré comme la base de la vie.

MICROGRAPHIE ÉLECTRONIQUE : image agrandie à l'extrême par un microscope électronique.

MONOCOTYLÉDONE : grand groupe de plantes à fleurs défini par la présence d'un seul cotylédon dans la graine.

ORGANISME GÉNÉTIQUEMENT MODIFIÉ (OGM) : plante, animal, ou microbe dont le code génétique a été changé artificiellement, typiquement par suppression ou manipulation de gène(s), ou par l'insertion de gène(s) provenant d'un autre organisme.

PALÉOBOTANIQUE : étude des plantes préhistoriques.

PENNSYLVANIEN : subdivision du carbonifère, aussi connu sous le nom de carbonifère supérieur, qui dura de – 323 à – 290 millions d'années.

PÉRISPERME : tissu de réserve présent dans les graines au côté de (ou, plus rarement, à la place de) l'endosperme.

PERMIEN : sixième et dernière période de l'ère paléozoïque, juste après le carbonifère et s'étirant de – 290 à – 245 millions d'années.

PHOTOSYNTHÈSE : utilisation de la lumière solaire par les végétaux pour transformer l'eau et le gaz carbonique en glucides, produisant au passage de l'oxygène.

PLUMULE : pousse de l'embryon de la plante.

RADIATION : divergence et diversification rapides de nouvelles espèces par rapport à leur forme ancestrale.

RADICULE : racine d'un embryon de plante.

RÉCALCITRANTE : graine qui ne se dessèche pas et ne traverse pas véritablement de période de latence ou de dormance.

RIBOSOME : organite cellulaire qui régule la traduction et l'expression de l'information génétique pour produire des protéines.

SPORE : minuscule unité reproductive utilisée par les fougères, les mousses, les sélaginelles et d'autres groupes de plantes anciennes. L'apparition des graines est due aux plantes à spores.

STIGMA : zone du pistil, ou partie femelle d'une fleur qui reçoit le pollen.

TÉTRAPLOÏDE : se dit d'un individu doté de quatre ensembles de chromosomes, deux de chaque parent.

THÉOPHRASTE : disciple et successeur d'Aristote au Lycée. Surtout connu pour ses études sur les plantes, souvent appelé le « père de la botanique ».

TRIPLOÏDE : se dit d'un individu doté de trois ensembles de chromosomes, conséquence de l'hybridation entre parents diploïdes et tétraploïdes.

ESPÈCES CITÉES

Cette liste inclut les noms vernaculaires, scientifiques, ainsi que la famille de toutes les espèces mentionnées dans l'ouvrage.

NOM VERNACULAIRE	NOM SCIENTIFIQUE	FAMILLE
Acacia	*Acacia* spp.	Fabacées
Afzelia	*Afzelia africana*	Fabacées
Agrostis	*Agrostis* spp.	Poacées
Ajonc	*Ulex* spp.	Fabacées
Almendro	*Dipteryx panamensis*	Fabacées
Alsomitra macrocarpa	*Alsomitra macrocarpa*	Cucurbitacées
Amande	*Prunus dulcis*	Rosacées
Ammi élevé	*Ammi majus*	Apiacées
Arbousier d'Amérique	*Arbutus menziesii*	Ericacées
Arbre à encens	*Boswellia sacra*	Burseracées
Arbre à soie	*Albizia julibrissin*	Fabacées
Arbre à suicide	*Cerbera odollam*	Apocynacées
Aristida contorta	*Aristida contorta*	Poacées
Asperge	*Asparagus officinalis*	Asparagacées
Aster	*Aster* spp.	Asteracées
Aubépine	*Crataegus* spp.	Rosacées
Aubergine	*Solanum melongena*	Solanacées
Avocat	*Persea americana*	Lauracées
Avoine sauvage	*Avena* spp.	Poacées

Balanites	*Balanites wilsoniana*	Zygophyllacées
Bardane	*Arctium* spp.	Asteracées
Basilic	*Ocimum basillicum*	Lamiacées
Blé	*Tricetum* spp.	Poacées
Bois de condori/cardinalier	*Adenanthera pavonina*	Fabacées
Brachiaria	*Brachiaria* spp.	Poacées
Brome des toits	*Bromus tectorum*	Poacées
Cacao	*Theobroma cacao*	Malvacées
Café	*Coffea* spp.	Rubiacées
Cajou	*Anacardium occidentale*	Anacardiacées
Canna	*Canna indica*	Cannacées
Canne à sucre	*Saccharum* spp.	Poacées
Canneberge	*Vaccinium* spp.	Éricacées
Cannelle de Chine	*Cinnamomum cassia*	Lauracées
Caroube	*Ceratonia siliqua*	Fabacées
Cassis	*Ribes nigrum*	Grossulariacées
Castilleja	*Castilleja* spp.	Orobanchacées
Céleri branche	*Apium graveolens*	Apiacées
Chardon-Marie	*Silybum marianum*	Asteracées
Châtaignier	*Castanea* spp.	Fagacées
Châtaignier d'Australie	*Castanospermum australe*	Fabacées
Chêne	*Quercus* spp.	Fagacées
Chigua	*Zamia restrepoi*	Zamiacées
Ciste	*Cistus* spp.	Cistacées
Coing	*Cydonia oblonga*	Rosacées
Colchique d'automne	*Colchicum autumnale*	Colchicacées
Colza	*Brassica napus*	Brassicacées
Concombre	*Cucumis sativus*	Cucurbitacées
Coton	*Gossypium* spp.	Malvacées
Coton de Darwin	*Gossypium darwinii*	Malvacées
Courge	*Cucurbita* spp.	Cucurbitacées
Cycas	*Cycas* spp.	Cycadacées
Dactyloctenium	*Dactyloctenium radulans*	Poacées

Ébom	*Anonidium mannii*	Annonacées
Égilopes	*Aegilops* spp.	Poacées
Épervières	*Hieracium* spp.	Asteracées
Érable	*Acer* spp.	Sapindacées
Éragrostis	*Eragrostis eriopoda*	Poacées
Fétuque	*Festuca* spp.	Poacées
Fève de Calabar	*Physostigma venenosum*	Fabacées
Fève tonka	*Dipteryx odorata*	Fabacées
Figue	*Ficus* spp.	Moracées
Figue des pagodes	*Ficus religiosa*	Moracées
Flouve odorante	*Anthoxanthum odoratum*	Poacées
Framboise	*Rubus* spp.	Rosacées
Ginkgo	*Ginkgo biloba*	Ginkgoacées
Gombo	*Abelmoschus esculentus*	Malvacées
Grande ciguë	*Conium maculatum*	Apiacées
Guar	*Cyamopsis tetragonoloba*	Fabacées
Gui	*Viscum* spp.	Viscacées
Haricot azuki	*Vigna angularis*	Fabacées
Haricot mungo	*Vigna radiata*	Fabacées
Hibiscus	*Hibiscus* spp.	Malvacées
Houx	*Ilex* spp.	Aquifoliacées
If	*Taxus* spp.	Taxacées
Iris	*Iris* spp.	Iridacées
Jojoba	*Simmondsia chinensis*	Simmondsiacées
Jusquiame noire	*Hyoscyamus niger*	Solanacées
Jute du Congo	*Urena lobata*	Malvacées
Kale	*Brassica oleracea*	Brassicacées
Lentille	*Lens culinaris*	Fabacées
Leucospermum	*Leucospermum* spp.	Proteacées
Lotus sacré	*Nelumbo nucifera*	Nelumbonacées
Maïs	*Zea mays*	Poacées
Malva à feuilles rondes	*Malva neglecta*	Malvacées
Manzanillo	*Hippomane mancinella*	Euphorbiacées
Marron d'Inde	*Aesculus hippocastanum*	Sapindacées
Marula	*Sclerocarya birrea*	Anacardeacées

Maté	*Ilex paraguariensis*	Aquifoliacées
Mélilot	*Melilotus* spp.	Fabacées
Molène blattaire	*Verbascum blatteria*	Scrophulariacées
Melon *Tsamma*	*Citrullus lanatus*	Cucurbitacées
Mûre	*Rubus* spp.	Rosacées
Muscade	*Myristica fragrans*	Myristicacées
Myosotis	*Myosotis* spp.	Boraginacées
Myrtilles	*Vaccinium* spp.	Ericacées
Nardoo	*Marsilea* spp.	Marsileacées
Noisette	*Corylus* spp.	Betulacées
Noix de coco	*Cocos nucifera*	Arecacées
Noix de cola	*Cola* spp.	Malvacées
Omwifa	*Myrianthus holstii*	Urticacées
Orge	*Hordeum vulgare*	Poacées
Ormosia	*Ormosia* spp.	Fabacées
Palmier à huile	*Elaesis guineensis*	Arecacées
Palmier dattier	*Phoenix dactylifera*	Arecacées
Panique velue	*Panicum effusum*	Poacées
Parnassia fimbriata	*Parnassia fimbriata*	Celastracées
Pastèque	*Citrullus lanatus*	Cucurbitacées
Pâturin	*Poa* spp.	Poacées
Peuplier	*Populus* spp.	Salicacées
Phalaris	*Phalaris* spp.	Poacées
Phalaris	*Phalaris caroliniana*	Poacées
Pied-d'alouette	*Delphinium* spp.	Ranunculacées
Piment	*Capsicum* spp.	Solanacées
Pissenlit	*Taraxacum officinale*	Asteracées
Pois	*Pisum sativum*	Fabacées
Pois bambara	*Vigna subterranean*	Fabacées
Pois chiche	*Cicer arietinum*	Fabacées
Pois mascate	*Mucuna pruriens*	Fabacées
Pois rouge	*Abrus precatorius*	Fabacées
Poivre (noir/blanc)	*Piper nigrum*	Piperacées
Pomme	*Malus domestica*	Rosacées
Quandong du désert	*Santalum acuminatum*	Santalacées

Ray-grass	*Sporobolus actinocladus*	Poacées
Ricin	*Ricinus communis*	Euphorbiacées
Rose trémière	*Alcea* spp.	Malvacées
Sacoglottis gabonensis	*Sacoglottis gabonensis*	Humiriacées
Saponaire	*Saponaria officinalis*	Caryophyllacées
Saule	*Salix* spp.	Salicacées
Sélaginelle	*Selaginella wallacei*	Sellaginelacées
Senna obtusifolia	*Senna obtusifolia*	Fabacées
Soja	*Glycine max*	Fabacées
Sorgho	*Sorghum* spp.	Poacées
Stipe	*Stipa* spp.	Poacées
Sumac	*Rhus* spp.	Anacardiacées
Strophanthus glabre du Congo	*Strophanthus gratus*	Apocynacées
Sycomore	*Acer pseudoplatanus*	Sapindacées
Tagua	*Phytelaphas* spp.	Arecacées
Tara	*Caesalpinia spinosa*	Fabacées
Thé	*Camellia sinensis*	Theacées
Tomate	*Solanum* spp.	Solanacées
Vérâtre blanc	*Veratrum album*	Melanthiacées
Vérâtre vert	*Veratrum viride*	Melanthiacées
Vergerette du Canada	*Conyza canadensis*	Asteracées
Vesce	*Vicia* spp.	Fabacées
Vigna unguiculata	*Vigna unguiculata*	Fabacées

BIBLIOGRAPHIE

ACOSTA-SOLIS M., 1948. « Tagua or vegetable ivory : a forest product of Ecuador », *Economic Botany* 2 : 46-57.

ALPERSON-AFIL N., RICHTER D. & GOREN-INBAR N., 2007. « Phantom hearths and controlled use of fire at Gesher Benot Ya'aqov, Israel », *Paleoanthropology* 2007 : 1-15.

ALPERSON-AFIL N., SHARON G., KISLEV M., MELAMED Y., ZOHAR I., ASHKENAZI S. *et al.*, 2009. « Spatial organization of hominin activities at Gesher Benot Ya'aqov, Israel », *Science* 326 : 1677-1680.

ANAYA A.L., CRUZ-ORTEGA R. & WALLER G.R., 2006. « Metabolism and ecology of purine alkaloids », *Frontiers in Bioscience* 11 : 2354-2370.

APPENDINO G., 2008. « Capsaicin and Capsaicinoids », p. 73-109 *in* Fattoruso E. and Taglianatela-Scafati O. eds., *Modern Alkaloids*, Weinheim : Wiley-VCH.

ASCH D.L. & ASCH N.B., 1978. « The economic potential of *Iva annua* and its prehistoric importance in the Lower Illinois Valley », p. 300-341 *in* Ford R.I. ed., *The Nature and Status of Ethnobotany*, University of Michigan Museum of Anthropology Paper No. 67, Ann Arbor, MI.

ASHIHARA H., SANO H. & CROZIER A., 2008. « Caffeine and related purine alkaloids : Biosynthesis, catabolism, function and genetic engineering », *Phytochemistry* 68 : 841-856.

ASHTIANIA F. & SEFIDKONB F., 2011. « Tropane alkaloids of *Atropa belladonna* L. and *Atropa acuminata* Royle ex Miers plants », *Journal of Medicinal Plants Research* 5 : 6515-6522.

ATWATER W.O., 1887. « How food nourishes the body », *Century Illustrated* 34 : 237-251.

ATWATER W.O., 1887. « The potential energy of food », *Century Illustrated* 34 : 397-405.

BARFOD A., 1989. « The rise and fall of Vegetable Ivory », *Principes* 33 : 181-190.

BARLOW N. ed., 1967. *Darwin and Henslow, The Growth of an Idea : Letters 1831-1860*. London : John Murray.

BASKIN C.C. & BASKIN J.M., 2001. *Seeds : Ecology, Biogeography, and Evolution of Dormancy and Germination.* San Diego, CA : Academic Press.

BATEMAN R.M., CRANE P.R., DIMICHELE W.A., KENRICK P., ROWE N.P., SPECK T. & STEIN W.E., 1998. « Early evolution of land plants : phylogeny, physiology, and ecology of the primary terrestrial radiation », *Annual Review of Ecology and Systematics* 29 : 263-292.

BATESON W., 1899. « Hybridisation and cross-breeding as a method of scientific investigation », *Journal of the Royal Horticultural Society* 24 : 59-66.

BATESON W., 1925. « Science in Russia », *Nature* 116 : 681-683.

BAUMANN T.W., 2006. « Some thoughts on the physiology of caffeine in coffee – and a glimpse of metabolite profiling », *Brazilian Journal of Plant Physiology* 18 : 243-251.

BAZZAZ F.A., CHIARIELLO N.R., COLEY P.D. & PITELKA L.F., 1987. « Allocating resources to reproduction and defense », *BioScience* 37 : 58-67.

BECKETT S.T., 2008. *The Science of Chocolate, 2nd Edition*, Cambridge : RSC Publishing.

BENEDICTOW O.J., 2004. *The Black Death : the Complete History*, Woodbridge, UK : The Boydell Press.

BEN-YEHUDA, 1995. *The Masada Myth : Collective Memory and Mythmaking in Israel*, Madison, WI : The University of Wisconsin Press.

BERRY E.W., 1920. *Paleobotany*, Washington DC : U.S. Governement Printing Office.

BEWLEY J.D. & BLACK M., 1985. *Seeds : Physiology of Development and Germination*. New York : Plenum Press.

BEWLEY J.D. & BLACK M., 1994. *Seeds : Physiology of Development and Germination, 2nd Edition*, New York : Plenum Press.

BILLINGS H., 2006. « The *materia medica* of Sherlock Holmes », *Baker Street Journal* 55 : 37-44.

BLACK M., 2009. « Darwin and seeds », *Seed Science Research* 19 : 193-199.

BLACK M., BEWLEY J.D. & HALMER P. eds, 2006. *The Encyclopedia of Seeds : Science, Technology, and Uses*, Oxfordshire, UK : CABI.

BLUMLER M., 1998. « Evolution of caryopsis gigantism and the origins of agriculture », *Research in Contemporary and Applied Geography : A Discussion Series* 22(1-2) : 1-46.

BONACCORSO F., GLANZ W.E. & SANFORD C.M., 1980. « Feeding assemblages of mammals at fruiting *Dipteryx panamensis* (Papilionaceae) trees in Panama : seed predation, dispersal and parasitism », *Revista de Biología Tropical* 28 : 61-72.

BROWNE J., TUNNACLIFFE A. & BURNELL A., 2002. « Plant desiccation gene found in a nematode », *Nature* 416 : 38.

BUREAU OF RECLAMATION, 2000. *Horsetooth Reservoir Safety of Dam Activities – Final Environmental Impacts Assessment, EC-1300-00-02.* United States Bureau of Reclamation, Eastern Colorado Area Office, Loveland, CO, 65p.

CAMPOS-ARCEIZ A. & BLAKE S., 2011. « Megagardeners of the forest – the role of elephants in seed dispersal », *Acta Oecologica* 37 : 542-553.

CARMODY R.N. & WRANGHAM R.W., 2009. « The energetic significance of cooking », *Journal of Human Evolution* 57 : 379-391.

CHANDRAMOHAN V., SAMPSON J., PASTAN I. & BIGNER D., 2012. « Toxin-based targeted therapy for malignant brain tumors », *Clinical and Developmental Immunology* 2012 : 15 p., doi:10.1155/2012/480429.

CHEN H.F., MORRELL P.L., ASHWORTH V.E., DE LA CRUZ M. & CLEGG M.T., 2009. « Tracing the geographic origins of major avocado cultivars », *Journal of Heredity* 100 : 56-65.

CLARKE P.A., 2007. *Aboriginal People and their Plants*, Dural Delivery Center, New South Wales : Rosenberg Publishing.

COE S.D. & COE M.D., 2007. *The True History of Chocolate, Revised Edition*, London : Thames & Hudson. Traduit par

Clémence Guibout et Marie-Ange Guillaume : *Généalogie du chocolat*, Paris : Abbeville, 1998.

COHEN J.M. ed., 1969. *The Four Voyages of Christopher Columbus*, London : Penguin Books.

COLUMBUS C., 1990. *The Journal : Account of the First Voyage and Discovery of the Indies*, Beckwith, Mac A. and others (translators) Rome : Istituto Poligrafico e Zecca Della Stato.

CORCOS A.F. & MONAGHAN F.V., 1993. *Gregor Mendel's Experiments on Plant Hybrids : A Guided Study*, New Brunswick, NJ : Rutgers University Press.

CORDAIN L., 1999. « Cereal grains : humanity's double-edged sword », p. 19-73 *in* Simopolous A.P. ed., *Evolutionary Aspects of Nutrition and Health : Diet, Exercise, Genetics and Chronic Disease*, Basel : Karger.

CORDAIN L., MILLER J.B., EATON S.B., MANN N., HOLT S.H.A. & SPETH J.D., 2000. « Plant-animal subsistence ratios and macronutrient energy estimations in worldwide hunter-gatherer diets », *American Journal of Clinical Nutrition* 71 : 682-692.

COWAN W.C., 1978. « The prehistoric use and distribution of maygrass in eastern North America : cultural and phytogeographical implications », p. 263-288 *in* Ford R.I. ed. *The Nature and Status of Ethnobotany*, University of Michigan Museum of Anthropology Paper No. 67, Ann Arbor, MI.

CROWE J.H., HOEKSTRA F.A. & CROWE L.M., 1992. « Anhydrobiosis », *Annual Review of Physiology* 54 : 579-599.

CUMMINGS C.H., 2008. *Uncertain Peril : Genetic Engineering and the Future of Seeds*, Boston : Beacon Press.

D'AMATO A., FASOLI E., KRAVCHUK A.V. & RIGHETTI P.G., 2011. « Going nuts for nuts ? The trace proteome of a cola drink, as detected via combinatorial peptide ligand libraries », *Journal of Proteome Research* 10 : 2684-2686.

DARWIN C., *Voyage d'un naturaliste autour du monde fait à bord du navire le Beagle de 1831 à 1836*, trad. de l'anglais par Edmond Barbier, Paris : La Découverte, 2003.

DARWIN C., 1855. « Does sea-water kill seeds ? », *The Gardeners' Chronicle* 21 : 356-357.

DARWIN C., 1855. « Effect of salt water on the germination of seeds », *The Gardeners' Chronicle* 47 : 773.

DARWIN C., 1855. « Effect of salt water on the germination of seeds », *The Gardeners' Chronicle* 48 : 789.

DARWIN C., 1855. « Longevity of seeds », *The Gardeners' Chronicle* 52 : 854.

DARWIN C., 1855. « Vitality of seeds », *The Gardeners' Chronicle* 46 : 758.

DARWIN C., 1856. « On the action of sea-water on the germination of seeds », *Journal of the Proceedings of the Linnean Society of London, Botany*. 1 : 130-140.

DARWIN C., 1859. *On the Origin of Species by Means of Natural Selection*, reprint of 1859 first edition, Mineola, NY, Dover. *L'Origine des espèces*, trad. de l'anglais par Edmond Barbier, Paris : La Découverte, 1985.

DARWIN C., 1871. *The Voyage of the Beagle*, New York, D. Appleton.

DAUER J.T., MORENSEN D.A., LUSCHEI E.C., ISARD S.A. *et al.*, 2009. « *Conyza canadensis* seed ascent in the lower atmosphere », *Agricultural and Forest Meteorology* 149 : 526-534.

DAVIS M., 2009. *Dead Cities*, trad. Maxime Boidy et Stéphane Roth, Paris : Les Prairies ordinaires.

DAWS M.I., DAVIES J., VAES E., VAN GELDER R. & PRITCHARD H., 2007. « Two-hundred-year seed survival of *Leucospermum* and two other woody species from the Cape Floristic region, South Africa », *Seed Science Research* 17 : 73-79.

DEJOODE D.R. & WENDEL J.F., 1992. « Genetic diversity and origin of the Hawaiian Islands cotton, *Gossypium tomentosum* », *American Journal of Botany* 79 : 1311-1319.

DE QUEIROZ A., 2014. *The Monkey's Voyage : How Improbably Journeys Shaped the History of Life*, New York : Basic Books.

DE VRIES J. & VAN DER WOUDE A., 1997. *The First Modern Economy : Success, Failure, and Perseverance of the Dutch Economy 1500-1815*, Cambridge : Cambridge University Press.

DIAMOND J., 1999. *Guns, Germs and Steel: The Fate of Human Societies*, New York, W.W. Norton.

DIMICHELE W.A. & BATEMAN R.M., 2005. « Evolution of land plant diversity : major innovations and lineages through time », p. 3-14 *in* Krupnick G.A. and Kress W.J. eds, *Plant Conservation : A Natural History Approach*, Chicago : University of Chicago Press.

DiMichele W.A., Davis J.I. & Olmstead R.G., 1989. « Origins of heterospory and the seed habit : the role of heterochrony », *Taxon* 38 : 1-11.

Dodson E.O., 1955. « Mendel and the rediscovery of his work », *The Scientific Monthly* 81 : 187-195.

Dunn L.C., 1944. « Science in the U.S.S.R. : Soviet biology », *Science* 99 : 65-67.

Dyer A.F. & Lindsay S., 1992. « Soil spore banks of temperate ferns », *American Fern Journal* 82 : 9-123.

Emsley J., 2008. *Molecules of Murder : Criminal Molecules and Classic Cases*, Cambridge : The Royal Society of Chemistry.

Enders M.S. & Vander Wall S.B., 2012. « Black bears *Ursus americanus* are effective seed dispersers, with a little help from their friends », *Oikos* 121 : 589-596.

Evenari M., 1981. « The history of germination research and the lesson it contains for today », *Israel Journal of Botany* 29 : 4-21.

Falcon-Lang H.J., DiMichele W.A., Elrick S. & Nelson W.J., 2009. « Going underground : in search of Carboniferous coal forests », *Geology Today* 25 : 181-184.

Falcon-Lang H.J., Nelson W.J., Elrick S., Looy C.V., Ames P.R. & DiMichele W.A., 2009. « Incised channel fills containing conifers indicate that seasonally dry vegetation dominated Pennsylvanian tropical lowlands », *Geology* 37 : 923-926.

Faust M., 1994. « The apple in paradise », *HortTechnology* 4 : 338-343.

Finch-Savage W.E. & Leubner-Metzger G., 2006. « Seed dormancy and the control of germination », *New Phytologist* 171 : 501-523.

Fitter R.S.R. & Lousley J.E., 1953. *The Natural History of the City*, London : The Corporation of London.

Fraser E.D.G. & Rimas A., 2010. *Empires of Food : Feast, Famine, and the Rise and Fall of Civilizations*, New York : Free Press.

Friedman C.M.R. & Sumner M.J., 2009. « Maturation of the embryo, endosperm, and fruit of the dwarf mistletoe

Arceuthobium americanum (Viscaceae) », *International Journal of Plant Sciences* 170 : 290-300.

FRIEDMAN W.E., 2009. « The meaning of Darwin's "abominable mystery" », *American Journal of Botany* 96 : 5-21.

GADADHAR S. & KARANDE A.A., 2013. « Abrin immunotoxin : targeted cytotoxicity and intracellular trafficking pathway », *PLoS ONE* 8 : e58304. doi:10.1371/journal.pone.0058304.

GALINDO-TOVAR M.E., OGATA-AGUILAR N. & ARZATE-FERNÁNDEZ A.M., 2008. « Some aspects of avocado (*Persea americana* Mill.) diversity and domestication in Mesoamerica », *Genetic Resources and Crop Evolution* 55 : 441-450.

GARDINER J.E., 2014. *Musique au château du ciel : un portrait de Jean-Sébastien Bach,* trad. de l'anglais par Laurent Cantagrel et Dennis Collins, Paris : Flammarion.

GARNSEY P. & RATHBONE D., 1985. « The background to the grain law of Gaius Gracchus », *Journal of Roman Studies* 75 : 20-25.

GLADE M.J., 2010. « Caffeine – not just a stimulant », *Nutrition* 26 : 932-938.

GLOVER J.D., REGANOLD J.P., BELL L.W., BOREVITZ J., BRUMMER E.C. *et al.*, 2010. « Increased food and ecosystem security via perennial grains », *Science* 328 : 1638-1639.

GONZÁLEZ-DI PIERRO A.M., BENÍTEZ-MALVIDO J., MÉNDEZ-TORIBIO M., ZERMEÑO I., ARROYO-RODRÍGUEZ V., STONER K.E. & ESTRADA A., 2011. « Effects of the physical environment and primate gut passage on the early establishment of *Ampelocera hottlei* (Standley) in rain forest fragments », *Biotropica* 43 : 459-466.

GOOR A., 1967. « The history of the date through the ages in the Holy Land », *Economic Botany* 21 : 320-340.

GOREN-INBAR N., ALPERSON N., KISLEV M.E., SIMCHONI O., MELAMED Y., BEN-NUN A. & WERKER E., 2004. « Evidence of hominin control of fire at Gesher Benot Ya'aqov, Israel », *Science* 304 : 725-727.

GOREN-INBAR N., SHARON G., MELAMED Y. & KISLEV M., 2002. « Nuts, nut cracking, and pitted stones at Gesher Benot

Ya'aqov, Israel », *Proceedings of the National Academy of Sciences* 99 : 2455-2460.

GOTTLIEB O., BORIN M. & BOSISIO B., 1996. « Trends of plant use by humans and nonhuman primates in Amazonia », *American Journal of Primatology* 40 : 189-195.

GOULD R.A., 1969. « Behaviour among the Western Desert Aborigines of Australia », *Oceania* 39 : 253-274.

GRANT P.R. & GRANT B.R., 2008. *How and Why Species Multiply : The Radiation of Darwin's Finches*, Princeton, NJ : Princeton University Press.

GREENE R.A. & FOSTER E.O., 1933. « The liquid wax of seeds of *Simmondsia californica* », *Botanical Gazette* 94 : 826-828.

GREMILLION K.J., 1998. « Changing roles of wild and cultivated plant resources among early farmers of eastern Kentucky », *Southeastern Archaeology* 17 : 140-157.

GUGERLI F., 2008. « Old seeds coming in from the cold », *Science* 322 : 1789-1790.

HAAK D.C., MCGINNIS L.A., LEVEY D.J. & TEWKSBURY J.J., 2011. « Why are not all chilies hot ? A trade-off limits pungency », *Proceedings of the Royal Society B* 279 : 2012-2017.

HANSON T.R., BRUNSFELD S.J. & FINEGAN B., 2006. « Variation in seedling density and seed predation indicators for the emergent tree *Dipteryx panamensis* in continuous and fragmented rainforest » *Biotropica* 38 : 770-774.

HANSON T.R., BRUNSFELD S.J., FINEGAN B. & WAITS L.P., 2007. « Conventional and genetic measures of seed dispersal for *Dipteryx panamensis* (Fabaceae) in continuous and fragmented Costa Rican rainforest » *Journal of Tropical Ecology* 23 : 635-642.

HANSON T.R., BRUNSFELD S.J., FINEGAN B. & WAITS L.P., 2008. « Pollen dispersal and genetic structure of the tropical tree *Dipteryx panamensis* in a fragmented landscape », *Molecular Ecology* 17 : 2060-2073.

HARDEN B., 1996. *A River Lost : The Life and Death of the Columbia*, New York : W.W. Norton & Company.

HARGROVE J.L., 2006. « History of the calorie in nutrition », *Journal of Nutrition* 136 : 2957-2961.

HARGROVE J.L., 2007. « Does the history of food energy units suggest a solution to "Calorie confusion" ? », *Nutrition Journal* 6 : 44.

HART K., 2002. *Eating in the Dark : America's Experiment with Genetically Engineered Food*, New York : Pantheon Books.

HAUFLER C.H., 2008. « Species and speciation » *in* Ranker T.A. and C.H. Haufler eds, *Biology and Evolution of Ferns and Lyophytes*, Cambridge : Cambridge University Press.

HENIG R.M., 2000. *The Monk in the Garden*, Boston : Houghton Mifflin.

HÉRACLITE. *Fragments*, trad. par Jean-François Pradeau, Paris : GF Flammarion, 2002.

HERRERA C.M., 1989. « Seed dispersal by animals : a role in angiosperm diversification ? », *The American Naturalist* 133 : 309-322.

HERRERA C.M. & PELLMYR O., 2002. *Plant-Animal Interactions : An Evolutionary Approach*, Oxford : Blackwell Sciences, Ltd.

HEWAVITHARANGE P., KARUNARATNE S. & KUMAR N.S., 1999. « Effect of caffeine on shot-hole borer beetle *Xyleborus fornicatus* of tea *Camellia sinensis* », *Phytochemistry* 51 : 35-41.

HILLMAN G., HEDGES R., MOORE A., COLLEGE S. & PETITT P., 2001. « New evidence of Late glacial cereal cultivation at Abu Hureyra on the Euphrates », *The Holocene* 11 : 383-393.

HIRSCHEL E.H., PREM H. & MADELUNG G., 2004. *Aeronautical Research in Germany – From Lilienthal Until Today*, Berlin : Springer-Verlag.

HOLLINGSWORTH R.G., ARMSTRONG J.W. & CAMPBELL E., 2002. « Caffeine as a repellent for slugs and snails », *Nature* 417 : 915-916.

HOOKER J.D., 1847. « An enumeration of the plants of the Galápagos Archipelago ; with descriptions of those which are new », *Transactions of the Linnean Society of London, Botany* 20 : 163-233.

HOOKER J.D., 1847. « On the vegetation of the Galápagos Archipelago, as compared with that of some other tropical islands and of the continent of America », *Transactions of the Linnean Society of London, Botany* 20 : 235-262.

HUFFMAN M., 2001. « Self-medicative behavior in the African great apes : an evolutionary perspective into the origins of human traditional medicine », *BioScience* 51 : 651-661.

ILTIS H., 1966. *Life of Mendel.* (Réimpression 1932, trad. E. et C. Paul), New York : Hafner Publishing Company.

JANZEN D.H. & MARTIN P.S., 1982. « Neotropical anachronisms : the fruits the gomphotheres ate », *Science* 215 : 19-27.

JOLLY C.J., 1970. « The seed-eaters : a new model of hominid differentiation based on a baboon analogy », *Man* 5 : 5-26.

KADMAN L., 1957. « A coin find at Masada », *Israel Exploration Journal* 7 : 61-65.

KAHN V., 1987. « Characterization of starch isolated from avocado seeds », *Journal of Food Science* 52 : 1646-1648.

KALUGIN O., 2009. *Spymaster: My Thirty-Two Years in Intelligence and Espionage Against the West*, New York, Basic Books.

KARDONG K. & BELS V.L., 1998. « Rattlesnake strike behavior : kinematics », *Journal of Experimental Biology* 201 : 837-850.

KINGSBURY J.M., 1992. « Christopher Columbus as a botanist », *Arnoldia* 52 : 11-28.

KINGSBURY N., 2009. *Hybrid : The History and Science of Plant Breeding*, Chicago : The University of Chicago Press.

KLAUBER L.M., 1956. *Rattlesnakes, their Habits, Life Histories, and Influence on Mankind, vols 1, 2*, Berkeley, CA : University of California Press.

KLEIN H.S., 2002. « The structure of the Atlantic slave trade in the 19th century : an assessment », *Outre-mers* 89 : 63-77.

KNIGHT M.H., 1995. « Tsamma melons, *Citrullus lanatus*, a supplementary water supply for wildlife in the southern Kalahari », *African Journal of Ecology* 33 : 71-80.

KOLTUNOW A.M., HIDAKA T. & ROBINSON S.P., 1996. « Polyembry in Citrus », *Plant Physiology* 110 : 599-609.

KRAUSS R., 1945. *The Carrot Seed*, New York : Harper Collins.

LACK D., 1947. *Darwin's Finches*, Cambridge : Cambridge University Press.

LE COUTEUR P. & BURRESON J., 2003. *Napoleon's Buttons : 17 Molecules that Changed History*, New York : Jeremy P. Tarcher/ Penguin.

LEE H., 1887. *The Vegetable Lamb of Tartary*, London : Sampson Low, Marsten, Searle & Rivington.

LEE-THORP J., LIKIUS A., MACKAYE H.T., VIGNAUD P. *et al.*, 2012. « Isotopic evidence for an early shift to C4 resources by Pliocene hominins in Chad », *Proceedings of the National Academy of Sciences* 109 : 20369-20372.

LEMAY S. & HANNIBAL J.T., 2002. « *Trigonocarpus excrescens* Janssen 1940, a supposed seed from the Pennsylvanian of Illinois, is a millipede (Diplopida : Euphoberiidae) », *Kirtlandia* 53 : 37-40.

LEVEY D.J., TEWKSBURY J.J., CIPOLLINI M.L. & CARLO T.A., 2006. « A Weld test of the directed deterrence hypothesis in two species of wild chili », *Oecologica* 150 : 51-68.

LEVIN D.A., 1990. « Seed banks as a source of genetic novelty in plants », *The American Naturalist* 135 : 563-572.

LEV-YADUN S., 2009. « Aposematic (warning) coloration in plants », p. 167-202 *in* Baluska F. ed., *Plant-Environment Interactions, Signaling and Communication in Plants*, Berlin : Springer-Verlag.

LIM M., 2012. « Clicks, cabs, and coffee houses : social media and oppositional movements in Egypt, 2004-2011 », *Journal of Communication* 62 : 231-248.

LOBOVA T., GEISELMAN C. & MORI S., 2009. *Seed Dispersal by Bats in the Neotropics*, Bronx, NY : The New York Botanical Garden.

LOEWER P., 1995. *Seeds : the Definitive Guide to Growing, History & Lore*, Portland, OR : Timber Press.

LOSKUTOV I.G., 1999. *Vavilov and his institute. A history of the world collection of plant genetic resources in Russia*, Rome : International Plant Genetic Resources Institute.

LUCAS P., CONSTANTINO P., WOOD B. & LAWN B., 2008. « Dental enamel as a dietary indicator in mammals », *BioEssays* 30 : 374-385.

LUCAS P.W., GASKINS J.T., LOWREY T.K., HARRISON M.E., MORROGH-BERNARD H.C. *et al.*, 2011. « Evolutionary optimization of material properties of a tropical seed », *Journal of the Royal Society Interface* 9 : 34-42.

MACHNICKI N.J., 2013. « How the chili got its spice : ecological and evolutionary interactions between fungal fruit pathogens and wild chilies », Ph.D. Dissertation, University of Washington, Seattle, WA.

MANNETTI L., 2011. « Understanding plant resource use by the Khomani Bushmen of the southern Kalahari », M.Sc. Thesis, University of Stellenbosch, South Africa.

MARTINS V.F., GUIMARAES JR. P.R., HADDAD C.R.B. & SEMIR J., 2009. « The effect of ants on the seed dispersal cycle of the typical myrmecochorous *Ricinus communis* », *Plant Ecology* 205 : 213-222.

MARWAT S.K., KHAN M.J., KHAN M.A., AHMAD M., ZAFAR M., REHMAN F. & SULTANA S., 2009. « Fruit plant species mentioned in the Holy Qura'n and Ahadith and their ethnomedicinal importance », *American-Eurasian Journal of Agricultural and Environmental Sciences* 5 : 284-295.

MASI S., GUSTAFSSON E., SAINT JALME M., NARAT V. *et al.*, 2012. « Unusual feeding behavior in wild great apes, a window to understand origins of self-medication in humans : role of sociality and physiology on learning process », *Physiology and Behavior* 105 : 337-349.

MCLELLAN D. ed., 2000. *Karl Marx : Selected Writings*, Oxford : Oxford University Press.

MENDEL G., 1866. *Verhandlungen des naturforschenden Vereines in Brünn, Bd. IV für das Jahr 1865*, Abhandlungen : 3-47, trad. en français par Albert Chappelier : *Recherches sur des hybrides végétaux*, parue en 1907 dans le Bulletin scientifique de la France et de la Belgique, t. 41, p. 371-419.

MERCADER J., 2009. « Mozambican grass seed consumption during the Middle Stone Age », *Science* 326 : 1680-1683.

MERCADER J., BENNETT T. & RAJA M., 2008. « Middle Stone Age starch acquisition in the Niassa Rift, Mozambique », *Quaternary Research* 70 : 283-300.

MERCIER S., 1999. « The evolution of world grain trade », *Review of Agricultural Economics* 21 : 225-236.

MIDGLEY J.J., GALLAHER K. & KRUGER L.M., 2012. « The role of the elephant (*Loxodonta africana*) and the tree squirrel (*Paraxerus cepapi*) in marula (*Sclerocarya birrea*) seed predation, dispersal and germination », *Journal of Tropical Ecology* 28 : 227-231.

MOORE A.M.T., HILLMAN G.C. & LEGGE A.J., 2000. *Village on the Euphrates : from Foraging to Farming at Abu Hureyra*, Oxford : Oxford University Press.

MOSELEY C.W.R.D. transl., 1983. *The Travels of Sir John Mandeville*, London : Penguin.

MURRAY D.R. ed., 1986. *Seed Dispersal*, Orlando, FL : Academic Press.

NATHAN R., SCHURR F.M., SPIEGEL O., STEINITZ O., TRAKHTENBROT A. & TSOAR A., 2008. « Mechanisms of long-distance seed dispersal », *Trends in Ecology and Evolution* 23 : 638-647.

NATHANSON J.A., 1984. « Caffeine and related methylxanthines : possible naturally occurring pesticides », *Science* : 226 : 184-187.

NEWMAN D.J. & CRAGG G.M., 2012. « Natural products as sources of new drugs over the 30 years from 1981 to 2010 », *Journal of Natural Products* 75 : 311-335.

PETERSON K. & REED M.E., 1994. *Controversy, Conflict, and Compromise : A History of the Lower Snake River Development*, U.S. Army Corps of Engineers, Walla Walla District, Walla Walla, WA., 244 p.

PIPERNO D.R., WEISS E., HOLST I. & NADEL D., 2004. « Processing of wild cereal grains in the Upper Paleolithic revealed by starch grain analysis », *Nature* 430 : 670-673.

POLLAN M., 2004. *Botanique du désir : ces plantes qui nous séduisent*, trad. de l'anglais (américain) par Sébastien Marty, Paris : Autrement.

PORTER D.M., 1980. « Charles Darwin's plant collections from the voyage of the *Beagle* », *Journal of the Society for the Bibliography of Natural History* 9 : 515-525.

PORTER D.M., 1984. « Relationships of the Galápagos flora », *Biological Journal of the Linnean Society* 21 : 243-251.

PREEDY V.R., WATSON R.R. & PATEL V.B., 2011. *Nuts and Seeds in Health and Disease*, London : Academic Press.

PRINGLE P., 2008. *The Murder of Nikolai Vavilov*, New York : Simon & Shuster.

RAMSBOTTOM J., 1942. « Recent work on germination », *Nature* 149 : 658.

RANKER T.A. & HAUFLER C.H. eds, 2008. *Biology and Evolution of Ferns and Lyophytes*, Cambridge : Cambridge University Press.

RAVEN P.H., EVERT R.F. & EICHHORN S.E., 1992. *Biology of Plants, 5th Edition*, New York : Worth Publishers.

REDDY S.N., 2009. « Harvesting the landscape : defining protohistoric plant exploitation in coastal Southern California », SCA *Proceedings* 22 : 1-10.

RETTALACK G.J. & DILCHER D.L., 1988. « Reconstructions of selected seed ferns », *Annals of the Missouri Botanical Garden* 75 : 1010-1057.

RIELLO G., 2013. *Cotton : The Fabric That Made The Modern World*, Cambridge : Cambridge University Press.

ROSENTIEL T.N., SHORTLIDGE E.E., MELNYCHENKO A.N., PANKOW J.F. & EPPLEY S.M., 2012. « Sex-specific volatile compounds influence microarthropod-mediated fertilization of moss », *Nature* 489 : 431-433.

ROTHWELL G.W. & STOCKEY R.A., 2008. « Phylogeny and evolution of ferns : a paleontological perspective », p. 332-366 *in* Ranker T.A. and Haufler C.H. eds, *Biology and Evolution of Ferns and Lyophytes*, Cambridge : Cambridge University Press.

SALLON S., SOLOWEY E., COHEN Y., KORCHINSKY R. *et al.*, 2008. « Germination, genetics, and growth of an ancient date seed », *Science* 320 : 1464.

SATHAKOPOULOS D.C., 2004. *Famine and Pestilence in the Late Roman and Early Byzantine Empire*, Birmingham Byzantine and Ottoman Monographs Vol. 9, Aldershot Hants, UK : Ashgate Publishing, Ltd.

SCHARPF R.F., 1970. « Seed viability, germination, and radicle growth of dwarf mistletoe in California », Berkeley, CA Pacific SW. Forest & Range Exp. Sta., 18 p., illustr. (USDA Forest Serv. Res. Paper PSW-59).

SCHIVELBUSCH W., 1991. *Histoire des stimulants*, trad. de l'allemand par Éric Blondel, Ole Hanse-Love, Théo Leydenbach et Pierre Pénisson, Paris : Le Promeneur.

SCHOPFER P., 2006. « Biomechanics of plant growth », *American Journal of Botany* 93 : 1415-1425.

SCOTLAND R.W. & WORTLEY A.H., 2003. « How many species of seed plants are there ? », *Taxon* 52 : 101-104.

SEABROOK J., 2007. « Sowing for the apocalypse : the quest for a global seed bank », *New Yorker* (August 7) : 60-71.

SHARIF M., 1948. « Nutritional requirements of flea larvae, and their bearing on the specific distribution and host preferences of the three Indian species of *Xenopsylla* (Siphonaptera) », *Parasitology* 38 : 253-263.

SHAW G.B., 1918. « The vegetarian diet according to Shaw », Reprinted in *Vegetarian Times*, March/April 1979 : 50-51.

SHEFFIELD E., 2008. « Alteration of generations », p. 49-74 *in* Ranker T.A. and Haufler C.H. eds, *Biology and Evolution of Ferns and Lyophytes*, Cambridge : Cambridge University Press.

SHEN-MILLER J., WILLIAM SCHOPF J., HARBOTTLE G., CAO R *et al.*, 2002. « Long-living lotus : germination and soil y-radiation of centuries old fruits, and cultivation, growth, and phenotypic abnormalities of offspring », *American Journal of Botany* 89 : 236-247.

SIMPSON B.B. & OGORZALY M.C., 2001. *Economic Botany, 3rd Edition*, Boston : McGraw Hill.

STEPHENS S.G., 1958. « Salt water tolerance of seeds of *Gossypium* species as a possible factor in seed dispersal », *The American Naturalist* 92 : 83-92.

STEPHENS S.G., 1966. « The potentiality for long range oceanic dispersal of cotton seeds », *The American Naturalist* 100 : 199-210.

STÖCKLIN J., 2009. « Darwin and the plants of the Galápagos Islands », *Bauhinia* 21 : 33-48.

STRAIT D.S., CONSTANTINO P., LUCAS P., RICHMOND B.G., SPENCER M.A. *et al.*, 2013. « Viewpoints : diet and dietary adaptations in early hominins : the hard food perspective », *American Journal of Physical Anthropology* 151 : 339-355.

STRAIT D.S., WEBE G.W., NEUBAUER S., CHALK J., RICHMOND B.G. *et al.*, 2009. « The feeding biomechanics and dietary ecology of *Australopithecus africanus* », *Proceedings of the National Academy of Sciences* 106 : 2124-2129.

SWAN L.W., 1992. « The Aeolian biome », *BioScience* 42 : 262-270.

TAVIANI P.E., VARELA C., GIL J. & CONTI M., 1992. *Christopher Columbus : Accounts and Letters of the Second, Thirds, and Fourth Voyages*, Rome : Instituto Poligrafico e Zecca Dello Stato.

TELEWSKI F.W. & ZEEVAART J.D., 2002. « The 120-year period for Dr. Beal's seed viability experiment », *American Journal of Botany* 89 : 1285-1288.

TEWKSBURY J.J., LEVEY D.J., HUIZINGA M., HAAK D.C. & TRAVESET A., 2008. « Costs and benefits of capsaicin-mediated control of gut retention in dispersers of wild chilies », *Ecology* 89 : 107-117.

TEWKSBURY J.J. & NABHAN G.P., 2001. « Directed deterrence by capsaicin in chilies », *Nature* 412 : 403-404.

TEWKSBURY J.J., NABHAN G.P., NORMAN D., SUZAN H., TUXILL J. & DONOVAN J., 1999. « *In situ* conservation of wild chiles and their biotic associates », *Conservation Biology* 13 : 98-107.

TEWKSBURY J.J., REAGAN K.M., MACHNICKI N.J., CARLO T.A., HAAK D.C. *et al.*, 2008. « Evolutionary ecology of pungency in wild chilies », *Proceedings of the National Academy of Sciences* 105 : 11808-11811.

THÉOPHRASTE & AMIGUES S., 2010. *Recherches sur les plantes, à l'origine de la botanique* (trad. Suzanne Amigues), Belin.

THOMPSON K., 1987. « Seeds and seed banks », *New Phytologist* 26 : 23-34.

THORESBY R., 1830. *The Diary of Ralph Thoresby, F.R.S.* London : Henry Colburn and Richard Bentley.

TIFFNEY B., 2004. « Vertebrate dispersal of seed plants through time », *Annual Review of Ecology, Evolution, and Systematics* 35 : 1-29.

TRAVESET A., 1998. « Effect of seed passage through vertebrate frugivores' guts on germination : a review », *Perspectives in Plant Ecology, Evolution and Systematics* 1/2 : 151-190.

TRISTRAM H.B., 1865. *The Land of Israel : A Journal of Travels in Palestine*, London : Society for Promoting Christian Knowledge.

TURNER J., 2004. *Spice : The History of a Temptation*, New York : Vinage.

UKERS W.H., 1922. *All About Coffee*, New York : The Tea and Coffee Trade Journal Company.

UNGER R.W., 2004. *Beer in the Middle Ages and the Renaissance*, Philadelphia, PA : The University of Pennsylvania Press.

VALSTER A.H. & HEPLER P.K., 1997. « Caffeine inhibition of cytokinesis : effect on the phragmoplast cytoskeleton in living *Tradescantia* stamen hair cells », *Protoplasma* 196 : 155-166.

VANDER WALL S.B., 2001. « The evolutionary ecology of nut dispersal », *The Botanical Review* 67 : 74-117.

VAN WYHE J. ed., 2002. « The Complete Work of Charles Darwin Online » [http://darwin-online.org.uk].

VOZZO J.A. ed., 2002. *Tropical Tree Seed Manual*, Washington DC : USDA Forest Service, Agriculture Handbook 721.

WALTERS D.R., 2011. *Plant Defense : Warding off Attack by Pathogens, Herbivores, and Parasitic Plants*, Oxford : Wiley-Blackwell.

WALTERS R.A., GURLEY L.R. & TOBY R.A., 1974. « Effects of caffeine on radiation-induced phenomena associated with cell-cycle traverse of mammalian cells », *Biophysical Journal* 14 : 99-118.

WECKEL M., GIULIANO W. & SILVER S., 2006. « Jaguar (*Panthera onca*) feeding ecology : distribution of predator and prey through time and space », *Journal of Zoology* 270 : 25-30.

WEINER J., 1995. *The Beak of the Finch : A Story of Evolution in Our Time*, New York : Alfred A. Knopf.

WENDEL J.F., BRUBAKER C.L. & SEELANAN T., 2010. « The origin and evolution of *Gossypium* », p. 1-18 *in* Stewart J.M. *et al.* eds, *Physiology of Cotton*, Dordrecht, Netherlands : Springer.

WHEALY D.O., 2011. *Gathering : Memoir of a Seed Saver*. Decorah, Iowa : Seed Savers Exchange.

WHILEY A.W., SCHAFFER B. & WOLSTENHOLME B.N., 2002. *The Avocado : Botany, Production and Uses*, Cambridge, MA : CABI Publishing.

WHITNEY K., 2002. « Dispersal for distance ? *Acacia ligulata* seeds and meat ants *Iridomyrmex viridiaeneus* », *Austral Ecology* 27 : 589-595.

WILLIS K.J. & MCELWAIN J.C., 2002. *The Evolution of Plants*, Oxford : Oxford University Press.

WILLSON M., 1993. « Mammals as seed-dispersal mutualists in North America », *Oikos* 67 : 159-167.

WING L.D. & BUSS I.O., 1970. « Elephants and forests », *Wildlife Monographs* 19 : 3-92.

WOODBURN J.H., 1999. *20th Century Bioscience : Professor O. J. Eigsti and the Seedless Watermelon*, Raleigh, NC : Pentland Press.

WRANGHAM R.W., 2009. *Catching Fire : How Cooking Made Us Human*, New York : Basic Books.

WRANGHAM R.W., 2011. « Honey and fire in human evolution », p. 149-167 *in* Sept J. and Pilbeam D. eds, *Casting the Net Wide : Papers in honor of Glynn Isaac and his approach to human origins research,* Oxford : Oxbow Books.

WRANGHAM R.W. & CARMODY R., 2010. « Human adaptation to the control of fire », *Evolutionary Anthropology* 19 : 187-199.

WRIGHT G.A., BAKER D.D., PALMER M.J., STABLER D., MUSTARD J.A. *et al.*, 2013. « Caffeine in floral nectar enhances a pollinator's memory of reward », *Science* 339 : 1202-1204.

YADIN Y., 1967. *Massada, la dernière citadelle d'Israël*, trad. de l'anglais par Paul Delavigne, Paris : Hachette.

YAFA S., 2005. *Cotton : the Biography of a Revolutionary Fiber*, New York : Penguin.

YARNELL R.A., 1978. « Domestication of sunflower and sumpweed in Eastern North America », p. 289-300 *in* Ford R.I. ed. *The Nature and Status of Ethnobotany*, University of Michigan Museum of Anthropology Paper No. 67, Ann Arbor, MI.

YASHINA S., GUBIN S., MAKSIMOVICH S., YASHINA A. *et al.*, 2012. « Regeneration of whole fertile plants from 30,000-y-old fruit tissue buried in Siberian permafrost », *Proceedings of the National Academy of Sciences* 109 : 4008-4013.

YOUNG F., 1906. *Christopher Columbus and the New World of His Discovery*, London : E. Grant Richards.

ZACKS R., 2002. *The Pirate Hunter : The True Story of Captain Kidd*, New York : Hyperion.

REMERCIEMENTS

L'écriture de ce livre s'est nourrie de l'aide et de la patience d'un nombre incalculable de gens généreux. Voici, dans le désordre le plus complet, une liste partielle de ceux qui ont participé d'une manière ou d'une autre – qu'ils m'aient accordé un entretien, prêté un livre ou une publication, qu'ils aient répondu à mes questions ou accepté de faire un peu de baby-sitting : Carol et Jerry Baskin, Christina Walters, Robert Haggerty, Bill DiMichele, Fred Johnson, John Deutch, Derek Bewley, Patrick Kirby, Richard Wrangham, Sam White, Michael Black, Chris Looney, Ole J. Benedictow, Micaela Colley, Amy Grondin, John Navazio, Matthew Dillon, Sarah Shallon, Elaine Solowey, Hugh Pritchard, Howard Falcon-Lang, Matt Stimson, Scott Elrick, Stanislav Opluštil, Bob Sievers, Phil Cox, Robert Druzinsky, Greg Adler, David Strait, Judy Chupasko, Diane Ott Whealy, Sophie Rouys, Pam Stuller, Noelle Machnicki, Chelsey Walker-Watson, Brandon Paul Weaver, Hiroshi Ashihara, Jeri Wright, Ronald Griffiths, Chifumi Nagai, Steve Meredith, David Newman, Richard Cummings, Giovanni Giustina, Jaso Werden, Erin Braybrook, The International Spy Museum, Valeria Forni Martins, Mark Stout, Al et Nellie Habegger, Thomas Boghardt, Ira Pastan, Kirsten Gallaher, Uno Eliasson, Jonathan Wendel, Duncan Porter, Charles Moseley, Boyd Pratt, Bella French, Paul Hanson, Aaron Burmeister, Nason et Erica Hamlin, John Dickie, Suzanne Olive, Amy Steward, Derek et Susan Arndt, Kathleen Ballard et Chris Weaver.

Je remercie la Fondation John Simon-Guggenheim de m'avoir accordé une bourse, à laquelle s'est aussi généreusement associée la Fondation Leon-Levy pour la rédaction de cet ouvrage.

Un grand merci à la bibliothèque de l'université de l'Idaho et à la bibliothèque de San Juan Island pour leur aide dans mes recherches, et particulièrement à Heidi Lewis, coordinatrice de prêt interbibliothèques, pour sa patience et sa diligence.

Je dois beaucoup au talent et à l'enthousiasme de mon agent, Laura Blake Peterson, et de tous ses collègues chez Curtis Brown. Ce fut, une fois encore, un grand plaisir de travailler avec T.J. Kelleher et avec l'extraordinaire équipe de Basic Books et Perseus, plus particulièrement (entre autres) Sandra Beris, Cassie Nelson, Clay Farr, Michele Jacob, Trish Wilkinson, Nicole Jarvis et Nicole Caputo.

Enfin, rien ne serait possible ni très agréable sans l'amour et le soutien de mes amis et de ma famille.

IMPRIM'VERT®

CET OUVRAGE
A ÉTÉ ACHEVÉ D'IMPRIMER
SUR ROTO-PAGE
PAR L'IMPRIMERIE FLOCH
À MAYENNE EN JANVIER 2017

N° d'impression : 90589
Dépôt légal : janvier 2017
Imprimé en France